U0390734

光明社科文库
GUANGMING DAILY PRESS:
A SOCIAL SCIENCE SERIES

·政治与哲学书系·

气候变化争论的科学与政治

戴建平 | 著

光明日报出版社

图书在版编目（CIP）数据

气候变化争论的科学与政治 / 戴建平著 . -- 北京：
光明日报出版社，2023.5
ISBN 978 - 7 - 5194 - 7281 - 8

Ⅰ.①气… Ⅱ.①戴… Ⅲ.①气候变化—治理—国际
合作—研究 Ⅳ.①P467

中国国家版本馆 CIP 数据核字（2023）第 096164 号

气候变化争论的科学与政治

QIHOU BIANHUA ZHENGLUN DE KEXUE YU ZHENGZHI

著　　者：戴建平

责任编辑：郭思齐　　　　　　　　　责任校对：史　宁　贾　丹

封面设计：中联华文　　　　　　　　责任印制：曹　净

出版发行：光明日报出版社

地　　址：北京市西城区永安路 106 号，100050

电　　话：010 - 63169890（咨询），010 - 63131930（邮购）

传　　真：010 - 63131930

网　　址：http：//book. gmw. cn

E - mail：gmrbcbs@ gmw. cn

法律顾问：北京市兰台律师事务所龚柳方律师

印　　刷：三河市华东印刷有限公司

装　　订：三河市华东印刷有限公司

本书如有破损、缺页、装订错误，请与本社联系调换，电话：010-63131930

开　　本：170mm×240mm

字　　数：360 千字　　　　　　　　印　　张：19.5

版　　次：2024 年 1 月第 1 版　　　　印　　次：2024 年 1 月第 1 次印刷

书　　号：ISBN 978 - 7 - 5194 - 7281 - 8

定　　价：98.00 元

目 录
CONTENTS

导　论

　　以全球变暖为核心的全球气候变化已经对全球生态、经济、社会、政治产生广泛影响，得到国际社会和各国政府的高度重视，认识和应对气候变化成为全世界科学家、决策者、媒体和公众共同关心的重大问题。然而，围绕气候变化的原因及影响，气候科学的不确定性和可靠性，二氧化碳减排的政治、经济决策等问题，存在着科学上的争论及各种利益、政治势力的博弈。显然，气候变化不仅对科学研究提出了巨大挑战，也考验着人类在经济、政治上的协调合作，以及在发展道路和生活方式上反思自身的决心。

　　当前围绕气候变化的科学争论和政治博弈都是以气候科学知识的不确定性为核心的，因此本书首先以气候模型为中心，简要讨论气候科学的方法论和知识论，大体明确气候科学的基本结构及内在的不确定性；在此基础上，探讨气候科学共识的起源与本质，特别是IPCC的形成、建立、组织方式、报告撰写和评估过程及相关的一些问题；然后，以曲棍球杆曲线争议和气候门为例，探讨气候变化争议中科学与政治的复杂、紧张关系；最后，评述三位有代表性的持有不同于当前气候变化科学共识的科学家的观点。

　　气候模型或气候模式是气候科学的基本工具。从个人电脑上运行的简单程序，到超大型计算机上无比复杂的气候模拟，气候模式的规模、大小多种多样。因为很难在实验室中研究全球尺度的大气过程，所以只能依靠计算机模型进行所谓的大气"实验"。从科学哲学的角度来说，气候模型涉及一些认识论、本体论方面的问题。

　　较早从科学哲学角度讨论气候科学模型的是美国学者奥瑞斯科（N. Oreskes）

等人。① 她（他）们在《科学》（*Science*）上发表《地理科学中数字模型的证实、核验和确认》② 一文，提出自然系统的开放性和数字模拟的非唯一性使得模型的证实和确证是不可能的，只能用相对性的语言进行评价，而模式的意义在于它的启发性。

除了奥瑞斯科等人的文章，《科学》在随后几期连续刊载了几篇讨论"模型的意义"的文章。这些研究对气候科学产生了影响，如 IPCC 的第三次报告不再使用"确认"或"证实"这样的字眼，而采用了"评估"这一术语。此后，有更多科学家和科学哲学家讨论气候模型及计算机模拟的哲学问题。保罗·N. 爱德华兹（Paul N. Edwards）深入讨论了气候模型与数据的关系问题。他认为，人们对气候模型与数据之间的关系长期存在一些误导性的认识，即总是把数据和模型割裂开来加以对比。③ 他认为，在大气科学中，理论和观察之间的关系要求一个全新的观点，可以说，在气候科学中，所有的数据都来自模型，没有模型就没有数据。④ 按照爱德华兹等人的观点，我们有必要重新审视气候科学模型或理论与经验之间的关系，特别是气候科学模型的检验问题。在气候科学的实践中，是不是要如奥瑞斯科等人主张的那样，要抛弃以往用经验事实来验证科学理论（气候模式）的习惯做法？

对于气候模型和经验之间的复杂关系，埃里克·文斯伯格（Eric Winsberg）也提出了独到的观点。他认为，与一般科学理论不同的是，气候建模的目的并不是提供对经验的正确说明，而是去重现某些自然现象。因此，气候建模实际

---

① 科学模型本是科学哲学中的一个重要话题。最早对科学模型进行认识论讨论的是皮埃尔·迪昂，他在《物理学理论的目的与结构》（北京：华夏出版社 1999 年版，李醒民译）中把模型视为物理学理论的具化，是抽象思维能力下降的结果；尽管物理学模型能为某些物理学家提供指引，但并没有为物理学带来真正的进步。对迪昂的观点，英国著名科学哲学家玛丽·黑塞（Mary Hesse）（Models and Analogies in Science, Sheed and Ward: London, 1963）提出了不同的看法。黑塞认为，模型与类比内在于一般科学实践中，特别是在科学进步中占有特别重要的地位。她指出，为了帮助我们理解一个新系统或新现象，我们常常创造一些类比性模型，并将其与我们熟知的现象或系统加以比较，从而更加深刻地认识自然现象。黑塞为气候模型的哲学分析提供了重要的理论框架和分析案例。奥瑞斯科是黑塞的学生。

② ORESKES N, SHRADER-FRECHETTE K, BELITZ K. Verification, Validation, and Confirmation of Numerical Models in the Earth Sciences [J]. Science, 1994, 263 (5147): 641-646.

③ EDWARDS P N. Global Climate Science, Uncertainty and Politics: Data-laden Models, Model-filtered Data [J]. Science as culture, 1999, 8 (4): 437-472.

④ EWARDS P N. A Vast Machine: Computer Models, Climate data, and the Politics of Global Warming [M]. Cambridge: The Mit press, 2010: 83.

上是对理论的应用，而不是对理论的检验。这类科学实践涉及一个"复杂的推理链条，是把理论结构转变为明确的具体知识。……气候模型的认识论对大多数科学哲学家来说是不熟悉的。他们传统上只关心理论的辩护，而不是理论的应用。"① 因此，只能对气候模式的输出结果进行核验（应用的效果），而不是通常意义上的验证或证实（理论的真伪）。

在气候变化相关领域中，不确定性无处不在：从气候变化的归因，到气候变化影响的评估；从基本数据的收集，到气候模型的建构；从 IPCC 对气候科学信息的评估，到不同国家和地区有关气候变化的决策，各种不确定性不断积累、转化和放大，导致了持久的科学争议和激烈的政治斗争。

不确定性（uncertainty）是与确定性（certainty）相对的一种状态，与人类的知识和对知识的信念有关。从认识论的角度说，确定性是指：S 确定 P，或 S 知道 P 是确定的。不确定性就是缺少确定性，也就是说：S 不确定 P，或 S 不知道 P 是否确定，以及 P 会带来什么样的结果。因此确定性对应的是知识，而不确定性对应的是知识的缺乏或无知。在哲学上，最早对科学知识确定性进行挑战的是 18 世纪苏格兰哲学家大卫·休谟，他的有关归纳推理的论证第一次在哲学上动摇了知识确定性的理想。实际上从 17 世纪以来，关于世界和知识确定性的笛卡尔式的理想一直是推动西方科学和哲学发展的重要动力，牛顿科学的巨大成就被认为是这一理想的实现。然而到 19 世纪末、20 世纪初，科学知识确定性的信念开始受到挑战。其中最主要的挑战来自数学的基础危机和量子物理学的不确定性原理，科学家们不再素朴地坚持确定性的观念。随着 20 世纪后半叶复杂性科学的迅速发展，确定性的科学观和世界观遭遇全面质疑。而气候科学在这一过程中发挥了重要作用，不确定性逐渐得到越来越广泛的了解和重视。②

有学者对气候科学中不确定性的类型与来源进行了总结和分类。意大利科学哲学家西尔维奥·丰托维奇（S. O. Funtowicz）和英国科学哲学家杰罗姆·雷维茨（Jerome Ravetz）对包括气候变化在内的与全球环境问题相关的不确定性进行了长期深入的研究。他们把科学及相关决策中的不确定性分为三类：不精确性（数字数量上的误差）；不可靠性（信心的水平、质量、稳固性、知识的科

---

① WINSBERG E. Science in the Age of Computer Simulation ［M］. Chicago：University of Chicago Press，2019：126.

② 关于科学中的确定性与不确定性，可参考克莱因. 数学：确定性的丧失 ［M］. 李宏魁，译. 长沙：湖南科学技术出版社，2007；普利戈金. 确定性的终结：时间，混沌与新自然法则 ［M］. 湛敏，译. 上海：上海科技教育出版社，2009；波拉克. 不确定的科学与不确定的世界 ［M］. 李萍萍，译. 上海：上海科技教育出版社，2005 等著作。

学地位）；无知（不知道我们不知道什么，因为混沌导致的不可预测性）。① 这三个分类区分了技术上的、方法论上的和认识论上的不确定性。不精确性直接相关于观测和计算的数量。不可靠性是一个相对更复杂的不确定性类型，这也意味着那些貌似确定的数字本身实际上携带着自身的不精确性。至于最后一种不确定性，丰托维奇和雷维茨谈的是"无知的界线"，强调目前科学的局限和未来发展的可能性。

荷兰科学哲学家亚瑟·彼得森（Arthur C. Petersen）根据来源对气候科学中的不确定进行了划分：第一，输入资料的不确定性（质量和适当性）；第二，①与已经分辨的过程有关的科学模式结构的不确定性，②没有分辨的过程（参数化或被忽略为不重要的）的科学模式结构的不确定性；第三，技术模式方面所具有的不确定性（软件和硬件方面）②。彼得森的分类主要围绕气候模式，没有涉及气候科学的其他方面，也没有包括未来人类活动影响的不确定性。

我国气候科学家葛全盛、王绍武和方修琦全面总结了气候科学家对某些关键具体科学问题认识上的不确定性。他们指出，目前气候科学在如下几大科学问题上尚存在认识上的不确定性：关于过去两千年气候变化事实的认识；关于温室效应的认识；关于气候模式模拟的认识；关于2℃阈值的认识。③ 他们指出，作为政治共识的气候变化科学认识有大量科学成果作为支撑，代表了科学界的主流观点，但由于气候变化数据的不完备和对气候机制认识的局限，仍存在不确定性，在科学界并未完全达成共识。作为国际社会及各国制定气候政策和处理气候变化国际事务的出发点，这种科学认识上的不确定性是不容被轻视的。④

以不确定性为主要特征的气候科学给我们的科学观以及相应的管理与决策带来巨大挑战。正如丰托维奇和雷维茨所指出的，在面对以气候变化为代表的全球环境问题时，我们必须改变我们通常的科学观，抛弃传统的科学价值中立

① FUNTOWICZ S O, RAVETZ J R. Uncertainty and Quality in Science for Policy [M]. Dordrecht: Springer, 1990: 21-24.
② PETERSEN A C. Philosophy of Climate Science [J]. Bulletin of the American Meteorological Society, 2000, 81 (2): 265-272.
③ 葛全胜, 王绍武, 方修琦. 气候变化研究中若干不确定性的认识问题 [J]. 地理研究, 2010, 29 (2): 191-203.
④ 葛全胜, 方修琦, 程邦波. 气候变化政治共识的确定性与科学认识的不确定性 [J]. 气候变化研究进展, 2010, 6 (2): 152-153.

的图像，并构建新的方法论。① 他们提出了后常规科学（Post-Normal Science，简称 PNS）理论，为认识和处理气候科学的不确定性提供了有力的概念框架。② 所谓后常规科学，是指在科学认识上存在不确定性，在价值上存在争议，在行动上存在风险，在决策上又颇为紧迫的科学领域。③ 有科学哲学家和气候科学家认为，气候科学是后常规科学的典型案例。④ PNS 理论提出可以用"扩大的同行共同体"处理气候科学中的不确定性。这一共同体是跨学科的、与社会和政治相关的团体，其核心是主张在科学研究中引入各相关学科的科学家、社会学家、政治家、技术专家、非政府组织、利益相关者以及普通公众一起来进行问题识别、理论构架和研究方法的构建。

对气候科学中的不确定性进行系统研究和深入分析有极为重要的理论和现实意义，正如葛全盛等人指出的，气候科学中的不确定性既是重大科学问题，也是当前国际气候政治斗争中的核心问题，需要重点关注。

气候科学共识和气候科学的争论是需要关注的另一个重要问题。由于气候科学内在的不确定性为各种不同观点留下空间，因此气候科学家的共识成为论证气候科学知识之可靠性（或真理性）的重要依据。2004 年，《科学》发表了奥瑞斯科的一篇关于气候科学家科学共识的调查报告。该报告提出，气候科学的"科学共识"集中体现在 IPCC 报告的基本观点之中：地球气候正在受到人类活动的影响，"人类活动……正改变着吸收或散射辐射能量的大气成分的浓度。……可观测到的过去 50 年来的变暖可能归功于温室气体浓度的增加"。⑤ 尽

---

① FUNTOWICZ S O, RAVETZ J R. A New Scientific Methodology for Global Environmental Issues [M] // COSTANZA R. Ecological Economics: the Science and Management of Sustainability. Columbia: Columbia University Press, 1992.

② FUNTOWICZ S O, RAVETZ J R. Uncertainty, Complexity and Post-normal Science [J]. Environmental Toxicology and Chemistry: An International Journal, 1994, 13 (12): 1881-1885.

③ 后常规科学的概念是对库恩的常规科学概念的补充，而不是否定。按照库恩的说法，常规科学是指在科学家特定范式下的解题活动。科学家很少对这些范式产生怀疑。在后常规科学中，在一些基本科学问题上存在很多争议。常规科学的解题活动带来一些相对确定的科学答案，决策者据此作出常规的决策。而对后常规科学来说，由于科学上存在许多不确定性，因此决策者需要在不确定的基础上做出有风险的决策。

④ SALORANTA T M. Post-normal Science and the Global Climate Change Issue [J]. Climatic change, 2001, 50 (4): 395-404. 实际上，雷维茨本人一直非常关注气候科学争论，并活跃在各种气候科学论坛上。他自己也认为气候科学最能代表他本人提出的后常规科学。

⑤ ORESKES N. Beyond the Ivory Tower: The Scientific Consensus on Climate Change [J]. Science, 2004, 306 (5702): 3.

5

管有一些气候科学家和科学哲学家对奥瑞斯科的方法与结论提出怀疑，但借助《科学》这个平台所赋予的强大影响力，气候科学家已达成共识，并被政界和公众普遍接受，人们觉得，关于气候变化的科学研究似乎已有定论。

科学共识是科学哲学、科学社会学和科学史研究的重要课题。① 所谓科学共识，指的是科学家对某些科学问题的集体判断、立场和观点。从字面上说，共识意味着广泛的一致，虽然并不一定是全体科学家的同意。科学共识自身并非科学论证或科学方法，但共识是建立在科学论证和科学方法的基础上。就气候科学来说，由于很多科学问题尚存程度不等的不确定性和争议，因此人数上占优的科学家的看法似乎具有了某种真理性和确定性，通常成为公众了解气候变化和政府进行决策的依据。

奥瑞斯科声称，她以"气候变化"为关键词在 ISI 数据库中检索分析了1993 年至 2003 年在同行评议科学杂志上发表的带有摘要的 928 篇论文，发现没有一篇提出否定 IPCC 报告的观点。其中 75%明确或含蓄地接受了 IPCC 的观点；其余 25%的论文讨论方法问题和古气候，没有涉及人为气候变化，更没有表达与 IPCC 相异的观点。

这篇文章在科学界和科学哲学界引起了争议。有科学家和科学哲学家指出，科学共识并不能作为科学真理的标准，因为在历史上不乏科学共识最终被证明为错误的案例。在哥白尼之前，天文学家的共识是地球中心说；大陆漂移说也曾被科学共识认为是错误的理论。更重要的是，"科学共识"很可能演变为对不同科学观点进行意识形态压制的手段。毕竟，科学真理的唯一标准是自然事实的检验，而不是多数科学家投票表决的结果。

还有学者对奥瑞斯科的调查方法和结果提出怀疑。英国利物浦约翰穆尔斯大学的本尼·佩瑟（Benny Peiser）效仿奥瑞斯科以"气候变化"为关键词搜索了 ISI 数据库，发现有 12000 篇同行评议的文献涉及"气候变化"，而不是奥瑞斯科所说的 928 篇。后来又用"全球气候变化"为关键词进行检索，共有相关文献 1117 篇，论文 929 篇，带有摘要的有 905 篇。其中只有 1%（13 篇）明确

---

① 英国科学家、科学哲学家 M. 波兰尼较早对科学共识进行了一般性研究，他在《科学、信仰与社会》（王靖华译，南京：南京大学出版社，2004 年。原书出版于 1946 年）一书中讨论了科学家群体"关于日常经验之性质的普遍假定"和"一些有关科学发现及其验证过程的更具象的特殊假定"等全体科学家"在科学范域之内寻找"到的"彼此一致的共同基础"以及"共论"（consensus, 即共识）（详见第 44-53 页）。托马斯·库恩的《科学革命的结构》也讨论了科学共同体的"范式"，亦即核心共识的形成和转换问题。

支持 IPCC 的观点。这与奥瑞斯科的结果相差太大。显然奥瑞斯科的结果并不可信，甚至有操纵和篡改数据的嫌疑。① 但如此不严谨的调查报告顺利在《科学》上发表。实际上，就在收到奥瑞斯科的文章之前，《科学》杂志还收到了来自德国的科学哲学家丹尼斯·布雷（Dennis Bray）和气候科学家汉斯·冯·斯托奇（Hans von Storch）对国际上 500 多位气候科学家进行的调查统计报告。根据该报告，"至少四分之一的气候科学家对是否是人为导致的全球变暖持有疑问"。② 但《科学》编辑部选择发表了奥瑞斯克的有问题的报告，拒绝发表布雷和斯托奇的调查结果。佩瑟指出："对不同观点的压抑和对科学怀疑的限制使得气候科学研究丧失名誉。科学理应通过批判性评价、思想开放和自我校正而进步。那些气候变化的鼓噪者担心对其悲观预言的科学怀疑和疑惑可能会被政客利用来耽搁行动。但是如果政治上的考虑成为发表与否的标准，科学即将终结。"③

针对以上异议，奥瑞斯科进一步为气候变化的科学共识进行了辩护。她认为，判断科学共识是否可靠可以依据 5 个标准：方法标准，即科学之所以可靠是因为使用了正确的方法；证据标准，科学要经受经验检验和同行评议；效行标准，科学能做出有效预言并支持我们的行动；最好说明推断，即科学是对自然现象的最好说明；共同体标准，科学家们的一致意见具有某种可靠性。奥瑞斯科论证说，气候科学很好地满足了这些标准。因此，她毫不含糊地宣称："最近有些人声称'科学不是共识'，不，相反的说法才是正确的：科学正是共识，因为共识是共同体标准运用的结果。"④ 从哲学的角度说，奥瑞斯科的观点是有问题的，我们将在后文中详细加以研讨。

在科学史上，从未有过一门科学像气候科学这样强调科学家共识的作用并

---

① PEISER B J. The Dangers of Consensus Science［J］. National Post（Canada），17 May，2005. Peiser 致信 Science 杂志提出异议，并要求发表自己的调查结果，但被 Science 杂志拒绝。在 2005 年 5 月 1 日的 The Telegraph 上，发表了题为 "Leading Scientific Journals Are Censoring Debate on Global Warming" 的文章，对这一事件进行了报道。

② Dennis Bray 和 Hans von Storch 分别于 1996 年、2003 年及 2008 年对全球范围内的气候科学家进行调查分析，其结果都与 Oreskes 的结果相差很大。在其 2008 年的调查中，至少有 30% 的气候科学家不同意人为导致全球气候变暖的说法。Joseph Bast，James M. Taylor. Scientific Consensus on Global Warming，Results of an International Survey of Climate Scientists. The Heartland Institute，2009.

③ PEISER B J. The Dangers of Consensus Science［J］. National Post（Canada），17 May，2005.

④ ORESKES N. The scientific consensus on climate change：How do we know we're not wrong?［M］// DIMENTO J F C，DOUGHMAN P M，ABATZOGLOU J，et al. Climate Change：What It Means for Us，Our Children，and Our grandchildren. Cambridge：the MIT Press，2007.

引起如此广泛的重视和争议。除了 IPCC 这一气候科学共识的联合国官方代表之外，一些国家的科学组织和科学家群体也纷纷出台有关气候科学共识的声明。2009 年 10 月 21 日，包括美国科学促进协会、美国化学会、美国地球物理学会、美国大气学会、美国农学会、美国生物学会、美国大气研究联盟、美国生态学会等 18 家美国重要科学组织的负责人联名签署致美国参议院的公开信，声言美国科学界关于全球变暖的科学共识，并呼吁美国政府采取行动。不久之后，加拿大 550 多位自然科学家、社会科学家和人文学者联名致信加拿大政府申言气候变暖的共识，呼吁政府采取行动。

与此同时，有不少科学家对所谓的共识持怀疑态度。[1] 科学共识虽然反映了多数科学家的观点，也许需要政府和社会认真对待并采取相应行动。但从科学来说，所谓科学共识并非科学真理的确立标准，更不应被用于压制不同观点。实际上，早在 1992 年，美国麻省理工学院的气候科学家理查德·林尊（Richard S. Lindzen）就著文讨论所谓"气候变暖的科学共识"。他认为，"即便是在远为更不复杂的科学问题上，科学界都不会存在一致性。在关于如此不确定的全球变暖这样的问题上，存在所谓的'一致性'将是让人惊讶和怀疑的。"[2]

从科学哲学的角度来看，无论是气候科学的共识，还是怀疑和异议，都是气候科学进步的必要组成部分。我们既要认真研究气候科学共识的达成及其意义，也要严肃关注气候变化怀疑论者的观点和论证。这不仅有助于我们理解气候科学的真实情况，更有助于我们做出审慎的判断和行动。

气候科学知识直接关联着政府决策、经济发展和公民行动，因此，需要进行深入的政治学探究。如今，无论是在政治学领域，还是在气候研究领域，气候政治学都是焦点话题之一。然而，时至今日，气候变化的国际政治讨论似乎没有取得真正实质性的结果和进展。显然，目前急需一个有力的政治学框架来促成气候变化政治共识的达成。

英国学者安东尼·吉登斯（Anthony Giddens）对气候变化的政治进行了探索。首先，他对环境政治学和预警原则的批判颇有启发。他认为，环境运动的保守、抵制新事物的本性无助于实现将环境关切整合进我们现有政治制度框架

---

[1]　除了各种气候科学家民意调查所表明的持怀疑态度和不同观点的科学家比例之外，最具代表性的是著名的《美国参议院少数党报告》，其中列述了对人为全球变暖说持怀疑和否定态度的各位科学家的信息和言论。到 2010 年年底，这份名单上已经有了 700 多位科学家的名字。

[2]　LINDZEN R S. The Origin and Nature of the Alleged Scientific Consensus［J］. Problems of Sustainable Deuelopment, 2010, 5（2）: 13-28.

之中的任务。在他看来，"想找到任何一种试图在一定意义上'回到自然'的方法都是不可能的。'保守主义'也许有一定的同情价值，但它在对抗全球变暖的问题上将毫无作为。事实上，它甚至有可能妨碍我们的努力。"① 他断言，"必须拒斥对自然的神秘崇拜的一切残留形式，包括将价值核心从人类那里转移到地球本身之类的更加狭隘的眼光——应付全球变暖与拯救地球毫无关系，不管我们做过什么都无碍地球的存留。"②

预警原则（precautionary principle，或译为预防原则）是气候政治学和伦理学讨论的核心原则，自从 1992 年联合国《里约环境与发展宣言》开始，这一原则被写入无数的与全球变暖相关的官方文献③，并在有关气候变化的政治和伦理学讨论中广被接受。但是，吉登斯显然并不认可这一著名原则。他援引了美国法学家卡斯·森斯坦（Cass R. Sunstein）对这一原则的致命批评，即这一原则"可以按照截然不同的方式去援用"，既可以"用来赞同阻止现有事态继续恶化的干预行动"，也可以被用于其反面，即为"不作为"进行辩护。因此，吉登斯认为应当放弃预警原则而坚持"比例原则"，即对某些形式的行动进行成本收益分析。特别是，在民主背景下，成本收益分析将鼓励公开辩论，最终达成选择的共识。

吉登斯认为气候政治学的基本出路在于：一是立足现实主义，即在现有的制度框架内寻找解决问题的办法；二是强调国家主体的作用，即国家必须做出决策并确保行动的实施；三是市场原则，即市场作用不仅局限于碳排放交易领域，国家干预也应尽可能确保市场原则；四是国家和其他机构、个人共同行动。④ 由此，他提出了一套气候变化政治学的概念框架，包括保障型国家、政治敛合、经济敛合等新的政治学概念。

德国著名思想家乌尔里希·贝克（Ulrich Beck）提出了不同的气候政治主张。首先，他指出，当前气候政治话语的一个严重问题是其仅仅"是专家和精英的话语"，而"平民、社团、公民、工人、选民以及他们的利益、观点和声音

---

① 安东尼·吉登斯. 气候变化的政治 [M]. 曹荣湘，译. 北京：社会科学文献出版社，2009：6.

② 安东尼·吉登斯. 气候变化的政治 [M]. 曹荣湘，译. 北京：社会科学文献出版社，2009：64.

③ 联合国环境与发展大会（里约热内卢，1992 年 6 月 14 日），《里约环境与发展宣言》第 15 条原则：为了保护环境，各国应按照本国的能力，广泛适用预防措施。遇有严重或不可逆转损害的威胁时，不得以缺乏科学充分确实证据为理由，延迟采取符合成本效益的措施防止环境恶化。

④ 安东尼·吉登斯. 气候变化的政治 [M]. 曹荣湘，译. 北京：社会科学文献出版社，2009：61-63.

都被完全忽视了"。① 他认为，在当前气候风险的讨论中有一个基本条件没有得到满足，那就是"社会的绿化"。没有许多背景各异的人来谈论、参与和支持气候变化政治，气候变化政治就难成气候。

此外，贝克看到，在以气候变暖、核辐射等为主要特征的世界风险时代里，媒体发挥着至关重要的作用。他引用罗杰尔·希尔佛斯通（Roger Silverstone）提出的"媒体政治"② 概念，认为媒体关于风险的争论有某种启蒙的作用。贝克说："我们必须重视媒体'集结'（staging，或译为'登台'）的重要性以及它所具有的潜在的政治爆炸性。"③ 不过从现实来看，媒体政治的力量需要建立在科学可靠性的基础之上。④

此外，贝克对环境政治学和气候政治学的批判值得我们认真讨论。贝克认为，环境政治学的基本出发点就是错误的。他指出，在环境政治的普遍无知中，有一点是最为核心的，那就是"环境"范畴。这一范畴只是假定了人类对自然资源的无尽欲望和掠夺仅改变了"环境"，彻底忽视了人类社会自身在这一过程中遭受的伤害。"通过把人类凄凉的未来描绘成不可争议的事实，绿色政治学已经使政治热情的去政治化达到了极致，它给人们留下的只有暗淡的禁欲主义、冒犯自然的恐怖以及对现代性的现代化的漠不关心。……'环境'范畴是一种政治上的自我毁灭。"最终，"正是全球生态危机自身触发了环境政治学的死亡"⑤。

---

① 乌尔里希·贝克. 为气候而变化：如何创造一种绿色现代性［M］//曹荣湘. 全球大变暖：气候经济、政治与伦理. 北京：中国社会科学出版社，2009：355. 原文 Climate for Change, or How to Create a Green Modernity?［J］. Theory, Culture & Society, 2010, 27 (2-3)：254-266, 此处引文的译文稍有改动。

② SILVERSTONE R. Media and Morality：On the Rise of the Mediapolis［M］. Polity, Cambridge, 2006.

③ 乌尔里希·贝克. 为气候而变化：如何创造一种绿色现代性［M］//曹荣湘. 全球大变暖：气候经济、政治与伦理. 北京：中国社会科学出版社，2009：365. 此处引文的译文有所改动。

④ 从科学的角度来说，媒体应该慎重利用自己所具有的爆炸性政治力量。因为事实上很多媒体对全球风险的介绍和宣传缺乏科学的准确性。这往往会带来严重的误导性后果。对这一点，贝克似乎没有足够注意。

⑤ 乌尔里希·贝克. 为气候而变化：如何创造一种绿色现代性［M］//曹荣湘. 全球大变暖：气候经济、政治与伦理. 北京：中国社会科学出版社，2009：368-369. 贝克援引美国学者 Ted Nordhaus 和 Michael Shellenberger 的观点，认为环境政治学的核心词汇，如"停止""限制""颠覆""防止""重新管制""约束"等，都是否定性的，只阻止坏东西，但不产生新事物。在环境政治学的视野中，碳排放成为测量一切事物的尺度。显然这是远远不够的。这种观点用碳排放束缚了自身，丧失了任何建设性的视野。贝克深刻地指出："把气候变化的挑战理解为污染问题是一种错误。我们最好把它理解为一种进化或革命的问题。"

同样，气候政治学如果只谈论气候，最终势必会阉割自身。因为，风险自身就是自然因素和社会因素综合导致的。与那些将气候变化等风险视为世界末日的消极看法不同的是，贝克将之视为一种新的机遇，它为现代化自我反思并走向新的现代性提供了可能性。这种新的现代性就是他所说的"绿色现代性"。他指出，"气候政治学准确地说并不是关于气候的，它首先要探讨的是第一次的、工业的、民族国家的现代性的基本概念和制度转变。……或者用一个问题来表示：'我们怎样创造绿色的现代性？'"① 贝克呼吁全世界的人们"敞开胸怀迎接为重新定义现代性进行的全球对话和辩论。"②

通过以上介绍可以看出，气候变化的争论非常激烈，对气候科学的发展、气候变化的决策提供了极为重要的参考。但是，对于这一重要而紧迫的话题，还需更多的哲学家们参与思考和讨论。正如美国哲学家菲利普·基彻尔（Philip Kitcher）所说："吉登斯表达的希望有一定的基础，其中包括如下事实，即有来自不同领域的严肃学者已经写出不少有价值的著作为未来的审慎商议提供了基础。这些商议将有赖于一个新的综合，需要科学家、社会科学家和历史学家以及其他人的参与。让人尴尬的是（至少在我看来），哲学家们没有为这一必要的对话做出充分的贡献。比如，我们可以澄清一些方法论问题。……也许，到最后，真理——以及智慧——将获得胜利。"③

气候变化事关人类命运，更关联着中国这样的发展中国家的未来发展。④ 如今，我国不仅是最大的发展中国家，也是世界最大的碳排放国，因此，对于我们来说，及时了解气候科学的争论，深入认识气候科学的本质及其意义，不仅可以为我国政府进行决策和参与国际谈判提供参考，也有助于帮助公众深刻了解和认识气候变化及相关科学研究的复杂性。因此，有关气候变化争论的研究，不仅具有理论上的意义，还具有政治的、现实的意义。

---

① 乌尔里希·贝克. 为气候而变化：如何创造一种绿色现代性［M］//曹荣湘. 全球大变暖：气候经济、政治与伦理. 北京：中国社会科学出版社，2009：359.
② 乌尔里希·贝克. 为气候而变化：如何创造一种绿色现代性［M］//曹荣湘. 全球大变暖：气候经济、政治与伦理. 北京：中国社会科学出版社，2009：360.
③ KITCHER P. The Climate Change Debates［J］. Science，2010，328：5983.
④ 最近已经有学者认识到气候政治研究的紧迫性和重要性，如旅日地球科学家黄为朋先生指出："中国对气候政治理解和应对的水平，实际上是未来中国与世界相互关系和相互影响情况的一个重要观察窗口，因为气候政治带有很多西方文化深层的结构和机制的印记，也预示着未来国际政治乃至中国国内政治发展的一些特点。深入研究气候政治，正逢其时。"黄为鹏. "曲棍球杆曲线"丑闻、气候泡沫与气候政治的未来［J］. 北京大学中国与世界研究中心研究报告，2010，8（38）.

第一章

全球变暖的发现与气候科学的发展

美国 SpaceX 创始人、特斯拉 CEO 伊隆·马斯克（Elon R. Musk）曾雄心勃勃地想开发移民火星的项目，一度成为公众和媒体热议的话题，但没有太多人关心人类能不能或如何在火星上生存下来。地球是人类唯一的家园，或者，在气候变化问题上，如美国气候学家斯蒂芬·施耐德（Stephen Schneider）所说，是"我们输不起的实验室"①。在浩瀚的宇宙中，地球只是太阳系中一颗普通的行星，然而，对于人类来说，它是非常独特的，甚至是唯一的，因为它是人类生息繁衍的唯一场所。人类自探索世界的开始，就仔细观察和思考大地上的许多事物和现象，包括大气和气候。

一、科学基础

1. 影响气候的几个要素

气候与天气不同。天气是指大气中气压、气温、湿度等各种气象要素的短暂（数分钟到数天）状态，如大风、霜降、暴雨、大雪等。而气候是指温度、降水、太阳辐射等气象要素的长期平均状态或统计状况，时间跨度从月、季度、年，到数年、数十年，至数百年以上。② 简言之，气候是天气的长期平均状况。

天气的长期平均状况也就是大气的长期平均状态。大气位于地球表面之上。地球表面是人类生存和活动的场所，在其生成和演化的过程中，一直受到太阳光和热的作用。太阳是离地球最近的恒星，其位置、结构及活动对地球都有重大影响。正是以太阳影响为主的外部力量和地球内部动力之间的相互作用，驱

---

① 斯蒂芬·施奈德. 地球：我们输不起的实验室 [M]. 诸大建，周祖翼，译. 上海：上海科学技术出版社，1998.

② 国家气候变化对策协调小组办公室，中国 21 世纪议程管理中心. 全球气候变化：人类面临的挑战 [M]. 北京：商务印书馆，2004：16.

动着地球表面的演化，决定和影响着大气、海洋，以及海—气、陆—气等过程，也决定并影响着气候的形成与演化。

太阳是太阳系光热的主要来源，也是地球能量的主要来源，是地球气候首要决定因素。太阳是一个巨大的辐射源。太阳中心的核聚变反应不断产生巨大能量，以电磁辐射（包括可见光、紫外线、红外线等）和微粒辐射（如太阳风）两种形式不断向周围空间发射。此外，作为一个巨大、炽热的等离子态球体，太阳外层还常常发生许多复杂变化，这些变化都会影响太阳发射的能量。像太阳黑子、光斑、日珥、耀斑、日冕等，这些活动会对地球表面造成巨大影响。总之，太阳内部反应所产生的能量不断向外输出，通过星际空间达到地球，温暖了地球表面，形成了大气层的垂直温度结构和大气环流以及其他各种大气现象，孕育了无数的生命。而各种太阳活动，则使太阳发射的能量产生变化，继而引起地球气候、环境的改变，由此也影响了地球上的生命。

石油和煤炭是人类最重要的能源，由古代生物的化石沉积而成，实际上就是以化石形式长期积累的太阳能。煤和石油中含有大量碳元素，因此它们的积累过程同时就是固碳的过程。地球上的生物有机体在太阳能量的驱动下，通过光合作用等过程，吸收光照、二氧化碳和水，不断与大气和地表进行相互作用，不但参与塑造了地球表面的天气和气候，也形成了地球表面的盎然生机。随着工业时代的来临，人类开始大规模开发利用化石能源，经过燃烧后，将大量的碳以二氧化碳的形式返回大气，造成大气中二氧化碳浓度的上升。

除了太阳之外，地球本身的形状和运动也对全球气候产生很大的影响。这里的地球形状不是指地球的真实自然形状，而是指大地水准面形状。大地水准面是指与平均海水面（假定的全球静止海平面）重合并延伸到大陆内部的封闭曲面。在测量中，以大地水准面为基准，对铅垂线的高度进行测量（或利用其他方法测量），所得到的大地形状，就是大地水准面形状。我们知道，地球表面起伏不平且质量分布不均，因此地球的大地水准面形状是一个不规则的球体。[①]显然，这种形状对全球气候会产生重要影响。因为太阳的照射，地球上形成日夜寒暑。由于太阳与地球的距离非常遥远，可以近似地把照射于地球上的太阳光视为平行线，因此地球表面不同纬度、不同高度和不同地形所获得的光照显然是不同的，吸收到的热量自然会有所不同，这就造成了大体上从赤道到两极温度不断降低的纬度差异。

---

① 关于大地水准面的更详细的介绍和讨论，参见申文斌，宁津生，李建成，等. 论大地水准面 [J]. 武汉大学学报（信息科学版），2003（6）：683–687.

　　地球是太阳的行星，绕着太阳做自转和公转运动。由于地球不是透明的，地球的自转使得向着太阳的半球形成白昼，背着太阳的半球形成黑夜。地球不停地自转，就使不同区域依次形成日夜之分，也使得地表各种过程有了昼夜变化的节奏，这样一来，太阳就可以均匀地依次加热地球，使地球表面温度维持一定程度的稳定，进而为生命活动提供了基本的条件。地球的自转运动还对地球表面的大气环流和大洋环流产生影响，因而也是影响气候变化的重要因素。由于太阳引力和自转的作用，地球按特定的轨道绕太阳进行公转。地球自转的轴并不垂直于地球公转的面，而是成 66°33′的交角。正是这一交角，造成地球表面的四季变化和五带区分。由于地球的倾斜方向和角度基本保持不变，使得太阳直射点到达的最北界线是 23°26′N，即北回归线，最南到达 23°26′S，即南回归线。太阳直射点就在北回归线和南回归线之间周期性地往返，地表因此获得的热量也会随之发生规律性的改变，从而形成四季的更替。

　　此外，由于地球公转轨道是一个偏心率不是很大的椭圆轨道，太阳位于其中的一个焦点上，地球到太阳的距离会发生变化。由于地球公转轨道、轨道偏心率和地轴倾斜度及地轴进动等天文参数的长期变化造成地球接受太阳光照的变化，各自影响了地球接受太阳辐射量的变化，同时对气候产生了影响。[①]

　　地球自身的内部构造和运动也对气候有着不可忽视的影响。比如，地壳运动造成的大陆漂移就影响了区域甚至全球性气候的变化。数百万年前形成的巴拿马地峡，改变了大西洋与太平洋之间的洋流方向，形成了今天所谓的墨西哥湾洋流，导致了全球第四纪冰期时代的北极冰盖，也剧烈影响了全球的气候和自然环境的改变。此外，地壳运动造成的地貌变化也会影响气候变化。造山运动形成的山脉，不但会形成降水，还会因为地势增高引起的降温使冰川得以形成。地壳运动还会引起陆地面积的改变。陆地吸收、反射与能容纳的热量和海洋不同，从而陆地面积的变化就会引起气候的改变。

　　火山喷发也是影响气候的重要因素。大规模的火山喷发向大气中排放巨量的火山灰和各种气体，可引起太阳辐射发生散射，使达到地表的太阳辐射能减少，引起温度降低。大规模火山喷发后引起的气候变化是通过大气环流来实现的。如果从数年乃至数十年的尺度来看，全球平均气温降低。比如，19 世纪初的全球降温现象与这一时期的火山活动就有着密切的关联。可以确定，火山活

---

① 塞尔维亚工程师米兰科维奇提出根据黄赤交角、地球轨道偏心率以及地轴进动三个因素的长期变化来解释第四冰期的形成。KERR R A. Milankovitch Climate Cycles Through the Ages: Earth's orbital variations that bring on ice ages have been modulating climate for hundreds of millions of years [J]. Science, 1987, 235 (4792): 973-974.

动也是 16 世纪至 19 世纪小冰期的重要因素。[①]

地球的表面结构也会影响气候。地球总面积约为 5.1 亿平方千米，其中陆地面积约为 1.5 亿平方千米，占 29.2%，其余的 70.8% 是海洋，约 3.6 亿平方千米。海洋和江河湖泊、冰川、地下水等构成了连续而不规则的水圈。海洋是气候系统的基础组成部分，短期数年或数十年的温度涨落变化比大气温度更能代表地球气候变迁的情况。海洋是地球表面最大的储热体，而洋流是最大的热能传送带。海洋的洋流促成了不同海区间水量、热量和盐量的交换，对于气候有着很大的影响。洋流是地球表面热环境的主要调节者，巨大的洋流系统促进了地球高低纬度地区的能量交换。海洋与空气之间不断进行着包括水汽、甲烷和二氧化碳等气体的交换，也对气候有着重要的影响。海洋是地球上最大的碳库，海水和海洋生物都从大气中吸收了大量的二氧化碳，从而调节了大气中的二氧化碳的浓度，一定程度上缓解了自然温室效应，使地球不致过热。

陆地的面积、形状与植被情况也是影响气候的因素。陆地与海洋的热力学特性如反射率、热容量、导热率等都有显著不同，因此大陆气候与海洋气候差异很大。相对于海洋而言，夏季时，陆地温度高，成为热源；而冬季时，陆地温度低，成为冷源。热源有利于低压系统的形成与加强，而冷源则有助于高压系统的形成与加强。这样，陆地与海洋共同造成了全球性的季风气候，也影响了不同地区的降水。

此外，除了地形地势对局部气候有重要作用之外，植被也是地表的重要特征和影响气候的重要因素。不同植被有不同的反射率、粗糙度、土壤持水能力，从而形成各自特定的辐射、热量和水分的平衡关系，因此，植被既是气候变化的承受者，也是气候变化的参与者，能产生积极的反馈作用。[②] 比如森林覆盖地区土壤湿润，大气中水汽丰沛，降水也多，而荒漠化地区则土地和空气干燥，降水量小。[③] 我国科学家还发现了绿洲的"冷岛效应"，证明植被变化对区域小气候的影响。[④] 显然，植被具有调节气候的功能，可以降低温差、增大湿度，可以蓄水并保持水土，还可以降低风速，有防风固沙的作用。大量的证据表明，

① 三上岳彦，李景生. 火山喷发与气候变化 [J]. 地理译报，1992 (4)：54-57.
② 陈育峰. 自然植被对气候变化响应的研究：综述 [J]. 地理科学进展，1997 (2)：72-79.
③ 王连喜，杨有林，何雨红，等. 气候变化和植被关系研究方法探讨 [J]. 生态学杂志，2003，(1)：43-48.
④ 苏从先，胡隐樵，张永丰，等. 河西地区绿洲的小气候特征和"冷岛效应" [J]. 大气科学，1987，(4)：390-396.

人类对土地、森林和草原的过度开发利用已经对气候产生了严重的影响。

除了上述因素，人类活动也会对气候产生一定的影响。人类活动会影响环境，这毋庸置疑，但对气候的影响长期以来并没引起人们的重视。如前文提到的，人类对森林、土地和草原的开发利用，无疑会直接影响局部地区的气候。此外，进入工业时代以来，人类大规模地燃烧化石燃料、制造水泥，排放了大量的二氧化碳和粉尘，都对局部和全球气候产生了某种程度的影响。人类各种活动在何种程度上影响了气候，这种影响的后果是否严重，正是当前气候科学研究和争论的主要课题。

2. 大气的组成、结构与运动

在宇宙中，许多星体能够依靠引力吸附大量的气体在自己的周围，形成大气层。在太阳系中，几大行星都为自己的大气层所包裹。地球大气层，又称大气圈，是地球外部的气体圈层，由氮气、氧气等多种气体及各种固态和液态的微小颗粒构成，包围着陆地和海洋。大气层又称大气圈。大气圈没有分明的上下界，在离地表 2000～16000 千米的高空仍然有稀薄的气体和微粒，而在地下、土壤和某些岩石中也会存在少量的气体，这些气体都可以被视为大气圈的组成部分。大气圈中进行着各种物理和化学过程，如辐射、升降温、蒸发凝结等，这些过程形成风雨霜雪等各种现象。由于地球引力作用，几乎全部的气体都集中在离地球表面 100 千米的高度内，而 99% 的气体集中于 30 千米以下的高度。因此，与地球自身的直径及其密度相比，大气层可以说比较稀薄，但正是这层稀薄的气体保护着地球上的生命，使它们免受宇宙射线的伤害，调节着地球的温度，为生命提供了适宜的生存环境。

地球大气层在地球的演化过程中经历了巨大变化。在地球形成以后，地球表面的温度开始下降，而地球内部的高温促使火山频繁喷发。火山喷发释放出大量的二氧化碳、甲烷、氨、氢、水、氮气、二氧化硫等气体，这些气体因为地球引力而聚积在地球周围，水蒸气冷却形成水，并溶解了大部分的二氧化碳等气体，剩余的气体形成大气。后来，由于太阳辐射的作用，在数十亿年的变化中，大气中逐渐产生了越来越多的氧气，为更多生命的出现准备了温床。

现在的大气总质量约为 5.1×10^{18} kg，相当于地球总质量的百万分之 0.8。气象学上把不含水汽和颗粒物的空气称为干洁空气，简称干空气。组成干空气的各种气体的比例基本保持稳定，主要成分是氮、氧、氩，这三者占全部干洁空气体积的 99.9%，质量的 99.5%。其中，氮占总体积的 78%，氧占约 20.9%，氩占约 0.9%。此外，浓度在 1ppm~1% 的微量气体有 CO_2，在空气中的浓度为 410ppm[①]，氖（Ne）在空气中的浓度为 18.18ppm，氦（He）的浓度为 5.24ppm，甲烷（CH_4）的浓度为 1.79ppm。除微量成分外，大气中还含有浓度在 1ppm 以下的多种气体，如氢气（H_2）、臭氧（O_3）、氙气（Xe）、氧化亚氮（N_2O）、一氧化氮（NO）、氨气（NH_3）、二氧化硫（SO_2）和一氧化碳（CO）等。

自进入工业时代以来，人类对自然界的影响能力越来越大，大规模的工业生产以及建筑、交通、取暖等过程排放了大量的气体和烟尘，如二氧化碳、甲烷、氧化亚氮等气体，在一定程度上改变了大气的成分，对气候产生了一定程度的影响。例如二氧化碳，由于人类活动的影响，已经从工业化时代之前的 280ppm 增加到目前的 410ppm，甲烷从工业时代之前的 0.7ppm 增加到约 1.8ppm。随着工业化的推进，人类排放的二氧化碳和甲烷等温室气体在空气中的浓度以相当高的速度增长，成为影响气候变化的不能忽视的因素。

值得注意的是，干洁空气通常不把水蒸气（H_2O）计算在内，但水蒸气对气候的影响是相当重要的。总体而言，水蒸气含量约占整个大气质量的 0.25%，仅次于氮气、氧气和氩气，大大超过其他气体。只是水蒸气含量变化很大，因纬度、高度、植被以及海陆分布的状态不同而不同，有的地方含量可能仅有 10ppm，有的地方可能会达到 50000ppm。[②] 水汽主要来自江河湖泊以及土壤和植物的蒸腾，90% 以上的水汽集中于 5 千米以下的高度，形成云、雾、雨、雪等各种形态。水汽不仅是大气的重要组成部分，也是最重要的温室气体。大量的水蒸气在大气中聚集成云，会大大改变局部区域太阳辐射的吸收与释放，因而对天气和气候产生重要影响。

除了各种气体之外，大气中还含有大量的固态和液态微粒，主要包括烟尘、火山灰、盐粒等。烟尘主要来自人类生产和生活过程中燃烧各种化石燃料、工业制造、农业生产以及自然界中的岩石土壤风蚀、生物生命活动及火山爆发等。大气中的固态颗粒能吸收、反射和折射太阳辐射，影响地表和空气温度。这些固态颗粒还能与大气中的液态颗粒以及各种空气成分结合或发生反应，形成气溶胶。气溶胶也是影响大气的重要因素，可以散射和吸收大气中的太阳辐射。有的气溶胶可以引起正强迫，有的气溶胶可以造成负强迫。正强迫引起温度升

---

① National Oceanic and Atmospheric Administration，Earth System Research Laboratory，Recent Global CO_2 ［EB/OL］. (2018-01-25) ［2018-01-25］.

② WALLACE J M，HOBBS P V. Atmospheric Science：An Introductory Survey ［M］. Amsterdam：Elsevier，2006.

高，而负强迫则降低温度，可以抵消一部分温室效应。①

　　大气的下界是陆地和海洋，但没有分明的上界。随着地球引力的逐渐减弱，大气向星际空间伸展逐渐变得稀薄，慢慢过渡到和星际气体一样的密度。根据地球大气的特殊物理特性或密度，可以分别确定大气的上界为1200千米或2000千米。在垂直方向上，大气层很不均匀，其组成成分、物理化学性质、电荷分布以及温度和运动状况有比较明显的变化，因此可以将之由低到高依次分为对流层（1~12km［平均值］）、平流层（12~50km）、中间层（50~80km）、暖层（80~800km）、散逸层（800km以上）。

　　对流层是大气层的自下而上的第一层，其高度因纬度、季节变化而有所不同，从赤道附近的16千米高，到极地附近的大约8千米高。对流层（1~12km）只占大气层高度的不到1%，却集中了全部大气75%的质量和90%以上的水汽和几乎所有的气溶胶，是对流最旺盛的区域，包括规则的垂直对流运动和不规则的湍流运动，使空气中的动量、水汽、热量以及气溶胶等得以混合和交换，各种天气变化如云、雨、雪、雾等以及二氧化碳、甲烷等其他温室气体就集中在这一层，是对人类影响最大的一层。平均而言，对流层温度随高度降低，每上升100米，温度下降约0.6摄氏度。

　　平流层，亦称同温层。顾名思义，对流层顶到中间层下方的几十千米高度的平流层中，基本没有上下对流。平流层温度上热下冷，随高度增加，温度先是基本保持不变，然后到大约30千米高度后突然明显上升。在平流层里，大气主要以水平方向流动，垂直方向的上下流动较弱。由于平流层里含有大量的臭氧，容易吸收太阳辐射，因此温度增加。

　　中间层是大气层的第三层，位于平流层与热层之间、地面之上大约50千米~80千米的区域。中间层是地球表层大气中最冷的部分，主要是因为臭氧含量极小，几乎不含水汽，而氮气和氧气能吸收的特定波长的太阳辐射已经被更上层的大气所吸收，因此中间层顶层的温度可以低至零下85摄氏度甚至零下100多摄氏度。

　　中间层之上是热层，位于地面之上80千米~500千米或1000千米的高度，其温度随高度不断增高，最高可达到1500摄氏度。当温度不再增加时，即可视

---

① 截至目前，所有气溶胶造成的综合辐射强迫总体上是负值，因此有导致气候变冷的效果，被称为"雨伞效应"。但是，虽然人类活动产生的大气气溶胶的辐射强迫是负值，可以抵消一部分温室气体造成的变暖，但人类活动净辐射强迫的总量是正值。约翰·M. 华莱士，彼得·V. 霍布斯. 大气科学（第二版）［M］. 何金海，王振回，银燕，等译. 北京：科学出版社，2008.

为该层的上界。即便如此，该层顶层并无明显的上界，而是因太阳活动而改变①。热层中大约 60~350 千米高的区间内，由于受到强烈的太阳辐射，气体原子被电离，产生带电离子和自由电子，可产生电场和磁场，因此这个区域的大气层又被称为电离层（ionosphere）。电离层可反射无线电波，使得远距离的无线电台的广播成为可能。热层完全没有水汽和云，但因大气中的分子受太阳高强度辐射之后会发光，偶尔可在中高纬度地区形成类似北极光和南极光这样的现象。

热层之上的散逸层是地球大气层的最外层，是大气圈向星际空间的过渡地带，由于温度高、地心引力小，大气中的高速粒子会向星际空间散逸，故而名之为散逸层。

大气处于不断的运动之中。太阳辐射、地球引力、地球自转以及地表海陆分布及地形等因素驱动与影响大气的各种环流运动。大气环流运动是大气运动的主要形式，也是构成全球气候特征和大尺度天气形势的主要因素。大气环流运动主要包括经向环流、纬向环流。经向环流是指在经圈和垂直方向上构成的环流圈，南北半球各有三大经向环流圈，即低纬度环流圈、中纬度环流圈和高纬度环流圈。② 与经向环流相对应，纬圈方向在低纬度、中纬度和高纬度也有三个风带，分别为低纬度东风带、中纬度西风带以及极地东风带。另外，还有英国气象学家沃克（Sir Gilbert Thomas Walker, FRS. 1868—1958）发现的太平洋赤道上空由于赤道太平洋海水温度东西分布不均造成的横跨东西太平洋的大气环流。大气环流是地球大气进行能量和水分输送和交换的重要机制和结果，不仅影响了全球气候的基本特征，也是各种尺度天气系统活动的背景。

除了自身的运动之外，大气圈还与海陆表面之间进行着能量和物质交换和复杂的相互作用。大气圈和包括海洋、湖泊、河流等在内的水圈之间的相互作用是影响气候的重要因素之一。海洋占水圈总量的 97% 和地球面积的 71%，是影响气候的最重要的因素之一。海洋洋流的能量输送和转移影响了其上空的大气运动，而大气运动也可以将能量传递给海洋，影响海洋洋流。虽然大气环流和海洋洋流在许多物理和化学特性上有很大差异，但从气候的尺度上看，这两者之间存在密切关联。此外，海洋和大气之间还存在着水分、气体等物质交换。海洋可以溶解大量的氧、二氧化碳、氧化亚氮等气体，海洋中的大量生物也可

---

① RANDY RUSSELL. The Thermospherem ［EB/OL］. (2018-01-25) ［2018-01-25］.
② 北半球的低纬度环流圈最早由英国律师和业余气象学家 George Hadley（1685—1768）提出，故又称哈德雷环流圈，中纬度环流圈最早由美国气象学家 William Ferrel（1817—1891）提出，故又称为费雷尔环流圈。经向三圈环流理论是瑞典裔美国气象学家、芝加哥气象学派奠基人 K. G. Rossby（1898—1957）提出的，故又称为罗斯贝经向环流模式。

以通过生命活动消耗二氧化碳等气体。

大气和陆地面之间也发生复杂的能量、物质交换和相互作用。地面可以反射、吸收太阳辐射，土壤、植被、积雪情况不同的地面，其吸收、反射太阳辐射的能力会有很大不同，因此也会影响气候的变化。土壤的温度和湿度变化不仅能直接改变地表水的循环，也会直接影响地气之间的水分、能量的交换。另外，植被可以拦截降水和辐射、保持土壤湿度和温度、吸收二氧化碳，从而影响气候，但不同植被中生态、物理、化学性质上有很大不同，使得大气和地表之间的相互作用非常复杂。

冰冻圈也是影响气候的重要因素，包括冰川（冰川、冰帽、冰架、极地冰盖等）、冻土、积雪、海冰、河冰、湖冰等。全球陆地有 10.6% 被冰雪覆盖，海洋有 6.7% 的面积被冰雪覆盖。冰冻圈与大气圈、水圈、陆地表层和生物圈共同组成气候系统。冰冻圈的诸多要素如冰川、积雪、海冰等在不同时间和空间尺度上通过复杂的反馈过程对气候产生影响。

冰冻圈最主要的效应是增大地面反射太阳辐射的能力，因此起到冷源的作用，进而影响到大气环流。冰雪的形成和融化会改变大气的温度和湿度，从而改变大气中的热量和水分平衡。冻土含有大量的碳，冻土的融化会释放大量的甲烷，对全球碳循环乃至全球气候产生重要影响。[1] 此外，冰冻圈还和水圈、岩石圈和生物圈之间进行着复杂的能量和物质交换，共同影响气候的状态。

3. 气候变化

地球气候一直处于变化之中。从地球形成以来，大气经历了原生大气、次生大气和现代大气三代。原生大气在地球形成之后不久就消失了。次生大气产生于地球冷却之后火山喷发所产生的大量气体，因为地球引力聚集在地球周围，大约于 35 亿~40 亿年前，形成了大气圈和水圈。之后海洋生物出现，通过光合作用释放出越来越多的氧气。经过漫长的演化之后，形成了现代大气。在这个漫长的过程中，地球气候一直处于变化之中。

从时间尺度来看，地球气候变化可以分为三个时代：地质时期气候变化、历史时期气候变化、现代气候变化。

地质时期气候变化主要分为五个阶段：6 亿年前的震旦纪大冰期气候、寒武纪至泥盆纪（6 亿~4 亿年前）的大间冰期气候、3 亿~2 亿年前的大冰期气候、2 亿~2500 万年前的大间冰期气候，以及二三百万年前至今的第四纪大冰期气候。

---

① 丁永建，效存德. 冰冻圈变化及其影响研究的主要科学问题概论 [J]. 地球科学进展，2013，28（10）：1067-1076.

古生代时期（寒武纪、志留纪、泥盆纪、石炭纪、二叠纪）的地球大气已经基本稳定，地球上已经逐渐形成了明晰的气候带，并经历了明显的气候变化。到了中生代（三叠纪、侏罗纪、白垩纪），气候更加温暖，尤其是前半期比现在更加温暖。在新生代第四纪大冰期中，气候也经历了数次变化，交替出现了几次亚冰期和亚间冰期，亚冰期内的平均温度比现在低，而亚间冰期内的平均温度比现在高。

　　新仙女木事件①之后进入全新世亚间冰期，之后的气候变化通常被称为历史时期气候变化。全新世大约从 11000 年前开始至今，这一时期的气候变化对于人类来说具有非常重要的意义。尽管全新世气候一直处于不同幅度的波动之中，但总体而言可以将之分为三个大的阶段：第一个阶段为温度上升期，即大约 10000 年前开始直到 7000 年前；第二个阶段是温暖期，从大约 7000 年前到大约 3000 年前，温度比现在高 2 摄氏度；第三个阶段是中温期，温度开始有所下降。②

　　大约 5000 年前，人类进入文明社会。有了文字记载，并逐渐有了更明确的温度和降水记录，其中最重要的包括西方罗马帝国和东方中国各个朝代的各种记录。根据西方的记录，在过去 2000 年，欧洲发生了 1.0~1.5 摄氏度的温度波动。在 7 世纪之前，北欧相当寒冷，随后温度上升，在 11 世纪和 12 世纪达到顶峰，英格兰温度最高时比现代高出 1 摄氏度左右③。同一时期的中国也发生了较大的温度变化④，也

---

①　大约 13000 年前，由于彗星撞击地球之后发生爆炸，导致地球北半球大部分地区温度骤降，如英国南部平均气温骤降至零下 8 摄氏度，北大西洋海面温度下降了 10 摄氏度。大约 11500 年前，气温突然上升，并在不到 20 年的时间内急剧升温 7 摄氏度，随后进入缓慢升温的全新世时期。

②　E. 布赖恩特. 气候过程和气候变化［M］. 刘东生，译. 北京：科学出版社，2004：98. 每一个阶段的温度都有不同幅度的温度和湿度变化。比如温暖期，7500 到 5000 年前温暖湿润，又称为气候适宜期，而 5000 年前到 3000 年前这段时间虽然继续温暖，但气候变得干燥。3000 年前至今，气候也经历了几次较大的波动。

③　E. 布赖恩特. 气候过程和气候变化［M］. 刘东生，译. 北京：科学出版社，2004：98. 但是，中世纪暖期与 20 世纪最暖期到底哪个更暖，科学界尚有争议。左昕昕，靳鹤龄. 中世纪暖期气候研究综述［J］. 中国沙漠，2009，29（1）：136-142.

④　有关讨论可见竺可桢. 中国近五千年来气候变迁的初步研究［J］. 考古学报，1972；满志敏. 中国东部 4000aBP 以来的气候冷暖变化［M］//施雅风，张丕远. 中国历史气候变化. 济南：山东科学技术出版社，1996：281-300 以及 GE Q, ZHENG J, TIAN Y, et al. Coherence of Climate Reconstruction from Historical Document in China by Different Studies［J］. International Journal of Climatology：A Journal of the Royal Meteorological Society，2008，28（8）：1007-1024。

存在中世纪暖期（Medieval Warm Period，MWP）①。

很难确定人类究竟从什么时候开始利用发明的仪器对气候进行精确的测量，但可以确定的是，19 世纪中叶开始，出现了越来越系统的气候观测和记录，根据这些记录，可以准确地计算一个世纪以来的气候变化。记录表明，19 世纪的增温比较缓慢，到了 20 世纪 40 年代，增温幅度开始显著，在 20 世纪 70 年代，温度一度有所变冷，然后到了 80 年代，温度快速升高，并持续到 90 年代。20 世纪 90 年代是有温度记录以来最温暖的十年，但是，2015 年以来，增温更加显著，因此 20 世纪 90 年代的记录很可能将被打破。根据世界气象组织，温度记录最高的几年依次为 2016 年、2017 年、2015 年，分别比前工业化时期的平均温度高出了 1.2 摄氏度、1.1 摄氏度，1.1 摄氏度，② 总体而言，从 19 世纪中叶开始逐渐增温到现在已经增加了将近 1 摄氏度，而 2017 年的全球平均气温又比 1981—2010 年三十年的平均气温高出了 0.46 摄氏度。

4. 人类活动影响气候变化的方式

由于太阳活动、地球轨道、内部构造、陆海过程以及大气成分和结构处于不断的变动之中，因此气候也一直在变化。由于气候系统受到上述诸多因素的综合影响，呈现出高度的复杂性，因此仅仅根据某一种因素来解释气候变化很难获得令人满意的说明。不过，工业化时代以来人类活动改造自然、影响自然的能力明显增加，成为导致气候变化的不可忽视的因素之一。

人类影响气候主要有三种方式。③ 一是通过工农业生产以及生活消费向空气中排放大量气体和烟尘，改变大气成分，因而影响气候变化。比如，排放大量的二氧化碳、甲烷等温室气体，加重温室效应，排放大量的二氧化硫导致酸雨，排放卤化烃（任何含有氟、氯、溴、碘的碳的气体，又称卤代烃）破坏平流层的臭氧层，还有人为排放气溶胶等。二是改变地表，也就是下垫面的生物构成和物理化学性质。比如大面积的土地开发、垦殖以及砍伐森林改变地表植被，大量工业和生活污水污染河流、湖泊和海洋。④ 三是通过全球性的城市化进程，

---

① 陈秀玲，刘秀铭，李志忠，等. 中国中世纪暖期气候变化的基本特征 [J]. 亚热带资源与环境学报，2012，7（1）：21-28.

② WMO confirms 2017 among the three warmest years on record [EB/OL]. （2018-01-18）[2018-02-26].

③ 潘志华，郑大玮. 气候变化科学导论 [M]. 北京：气象出版社，2015：152.

④ 更详细的讨论还可参见王明星，杨昕. 人类活动对气候影响的研究 I. 温室气体和气溶胶 [J]. 气候与环境研究，2002（2）：247-254 以及石广玉，王喜红，张立盛，等. 人类活动对气候影响的研究 II. 对东亚和中国气候变化的影响 [J]. 气候与环境研究，2002（2）：255-266.

大规模兴建高楼大厦、铺设广场道路，改变下垫面的透水能力和反射率等，已经形成了独特的城市气候，成为影响全球气候的因素之一①。

需要指出的是，19世纪中叶以来的气候变化，温度变化只是其中的主要方面之一，并不是唯一的表现。此外，还包括降雨带、气压型以及海表温度等方面的全球性变化。但在当下的学术、政治和舆论语境中，温度变化特别是人为温室效应或全球变暖是普遍关注的焦点，我们也就以此为中心来讨论与气候变化有关的科学、政治等方面的争论。

我们知道，如果没有大气，地球上的绝大多数生命将无法生存，这是因为，大气为生命活动提供了氧气、二氧化碳等生命活动必需的气体，阻挡了来自太阳的大量有害射线。此外，大气也给地球上的生命提供了适宜的温度。如果没有大气，地球会像月球一样，白天受太阳照射区域的温度会高达100多摄氏度，而晚上温度又会低至零下100多摄氏度，显然这样的温度不适合生命的存在。可以想见，在100多摄氏度的高温下，地球上的水会蒸发殆尽。

在太阳系中，地球的位置非常敏感，如果靠近太阳5%，海洋就会沸腾，形成和金星类似的大气，白天温度可能高达数百摄氏度；如果远离太阳1%，地球会与火星类似，地表的海洋将会永久冻结。地球表面的全年平均温度大约在15摄氏度，能有这样一个适合生存的温度，除了地球与太阳的距离因素之外，最重要的是地球大气的温室效应所致。

太阳照射到地球的辐射大约有30%被大气分子、云层和陆海表面反射回太空，剩余能量温暖地球。地球受到太阳辐射增温，同时也向外辐射电磁波而冷却。由于太阳温度高达6000摄氏度，发射的都是短波辐射，对于这种短波辐射，地球大气近乎透明，因此直接为地表所吸收。但地球温度相对要低得多，因此发射的主要是长波辐射。大气只吸收很少的太阳短波辐射（主要是平流层的臭氧），但近地面的大气可以吸收地球的长波辐射，因此就截留了地球发射的热量，并反向地表发出波长更长的辐射温暖地球。就这样，底层大气阻止了部分热量从地球逃离，并反向温暖了地球，就像给地球盖上了一层棉被，或者类似于栽培农作物的温室，故称"温室效应"。如果没有温室效应，地球上的全年平均温度将会在零下18摄氏度左右，绝大多数生命是无法生存的。

只是，并非大气中的所有成分都能产生温室效应。大气中占78%的氮气和占21%的氧气基本上既不吸收太阳的短波辐射，也不吸收地表的红外长波辐射。

---

① 关于城市对气候的影响，可参见周淑贞.上海近数十年城市发展对气候的影响[J].华东师范大学学报（自然科学版），1990，（4）：64-73.

产生温室效应的气体只占大气中很小的部分，包括水汽、二氧化碳、甲烷等。这些温室气体能吸收来自地表的一定波长的辐射，同时，在某些高度上（5~10km），由于温度要比地表低30摄氏度甚至50摄氏度，因此向外空发出的辐射，比吸收的辐射要少得多。因此，地表和大气的能量净损失比起没有这些气体要小得多。这样，底层大气上冷下热，像被子一样覆盖着地球。

水汽是最重要的温室气体，但由于水汽在大气中的含量基本不受人类活动的直接影响，因此关于人类活动影响气候变化，一般只考虑二氧化碳、甲烷、氧化亚氮等气体。现在，大气中自然存在的水汽和二氧化碳等气体造成的温室效应，被称为自然温室效应；而由人类活动造成的二氧化碳、甲烷等气体的浓度增加所导致的温室效应，可以被称为"增强的温室效应"①。关于气候变化的研究和争论，其中一个焦点，就是围绕人类排放温室气体特别是二氧化碳的增温效应到底有多大以及有什么影响而展开。

二、全球变暖的发现与气候科学的发展

1915年，美国地理学家E. 亨廷顿（Ellsworth Huntington，1876—1964）发表了他的代表作《气候与文明》一书。他指出：

> 如果在历史时期气候发生了变化，那么就一定会对人类产生影响。……历史事件和气候变迁之间的关系比人们所设想的还要密切。古代许多伟大国家的兴衰都与恶劣或有利的气候条件相伴随。②

由于科技的极大进步，与古人相比，现代人拥有了对自然的大得多的控制力，似乎很难认识到工业化之前自然环境对人类生活的巨大影响力。然而，在漫长的前工业化时期，饱受地质和气候灾害折磨的人类祖先，肯定有不一样的感受。那时，人们虽然还没有能力对天气和气候进行系统的研究和认识，但由

---

① JOHN HOUGTON. 全球变暖 [M]. 戴晓苏，赵宗慈，译. 北京：气象出版社，2013：27.

② HUNTINGTON E. Civilization and Climate [M]. NEW Haven：Yale University Press，1915：6. 亨廷顿是最早提出气候与文明关系假说的地理学家之一，但他过于强调环境（气候）的作用，忽视人的作用，又缺乏足够的证据，故被称为地理决定论而长期受到科学界的排斥。

于生产和生活的迫切需要，很早就开始观测、记录并尝试预测天气和气候的变化，在漫长的年代里积累了大量的资料、经验和知识。

1. 气候科学的起源与发展

亚里士多德可能是最早系统研究大气各种现象的科学家。公元前 340 年左右，他编撰了《天象论》（*Meteorologica*）① 一书，讨论天地之间的区域，并试图解释风、云、雷、电等天气现象。亚里士多德被称为气象学的鼻祖，现代气象学"meteorology"一词就来源于他的《天象论》这部著作的名称。不过，亚里士多德的《天象论》只粗浅地讨论了一些气象现象，还没能认识、讨论气候问题。② 实际上，亚里士多德的前辈欧多克斯已经认识到，地球上的气候差异是由太阳照射的角度不同而导致的，并据此建立了气候带的概念。③

亚里士多德的学生和继承人塞奥弗拉斯特（Theophrastus，前 372—前 288）也是一位百科全书式的学者，而且在天气的研究方面有更大的成就。他的著作《论天气的征兆》（*De signis tempestatum*）是人类历史上第一部天气预报手册，并开启西方天气观测和记录的先河。④ 亚历山大图书馆馆长埃拉托色尼（Eratosthenes，前 276—前 194）被称为地理学之父，在科学史上他以精确测算出地球周长而著名。不仅如此，他还创立了经纬度的系统，并改进了自亚里士多德以来流传的温度带划分方法，对五个温度带进行了严格的划分，尤其是精确地确定了北回归线的位置。⑤

---

① 亚里士多德. 天象论 宇宙论［M］. 吴寿彭，译. 北京：商务印书馆，1999.
② 杨萍. 亚里士多德与《天象论》［J］. 气象科技进展，2016，6（3）：160-163. 当然，关于气象的讨论在亚里士多德之前很早就开始了，比如公元前 6 世纪，米利都的泰勒斯就注意到自然界中的水循环，他的学生阿那克西曼德讨论了风的现象，认为闪电、雷等现象都是由风引起的，之后阿那克西米尼又讨论了云、降水和闪电的现象，此外讨论天气现象的还有阿那克萨格拉、恩培多克勒、德谟克利特等。希波克拉底在《论气候水土》中提出人类健康与气候状态有关。亚里士多德的《天象论》很可能是截至本书作者时代关于希腊天象知识的汇编。
③ 普雷斯顿·詹姆斯，杰弗雷·马丁. 地理学思想史（增订本）［M］. 李旭旦，译. 北京：商务印书馆，1989：35. 欧多克斯是柏拉图学园早期的重要成员，是柏拉图的学生和朋友，因此是亚里士多德的前辈。他是地球中心宇宙体系的奠基者，也曾著文讨论恶劣天气的观测问题。但是，他是否最早提出气候带的概念，学术界有不同看法。萨顿认为，最早提出气候带（寒带、热带、温带）理论的是巴门尼德。乔治·萨顿. 希腊黄金时代的古代科学［M］. 鲁旭东，译. 郑州：大象出版社，2010：653.
④ 塞奥弗拉斯特关于天气的很多观点要比亚里士多德更准确、更系统，但在科学史上没有受到足够的重视。
⑤ 乔治·萨顿. 希腊化时代的科学与文化［M］. 鲁旭东，译. 郑州：大象出版社，2012：131-137.

　　亚里士多德在中世纪后期一度被学者们奉为至高无上的学术权威，他对气象的认识也占据统治地位。但在中世纪早期，亚里士多德几乎没有什么影响。英国修道士圣比德（Saint Bede[①]，672—735）提出了一些基本正确的气象学观点。比如，他认为风是地表空气的流动（而非亚里士多德所讲的风是地球的发射物），雷电是空气摩擦所致，海水会蒸发但海水中的盐分不会蒸发等。但在他之后，整个中世纪在气候科学方面几乎没有丝毫进步，还有很大的倒退。

　　16世纪之后，资本主义生产方式的蓬勃发展和航海探险的大规模开展推动了现代科学技术革命。物理学、化学、地理学等学科的巨大进步，以及大量天文、气候观测仪器的发明，为现代气象学和气候学的建立奠定了基础。伽利略等人开创的测量、实验及严密推理和计算的现代科学方法以及发明的温度计、气压计等观测仪器等为大气科学成为精密科学准备了条件。

　　伽利略是现代科学的奠基者，为摆脱对亚里士多德学说的迷信，他做出了重大贡献。他对气候学的重大贡献是发明了温度计，从此，温度计历经改进，成为气候研究的基本工具。此外，伽利略还是最早定量研究气压的科学家，在他的指导和影响下，托里拆利测定了大气的压强，后来发明了水银气压计。气压与天气及气候变化有直接关系，因此气压计被称为天气的"眼睛"[②]。此后，科学家们还陆续发明并不断改进了湿度计、风速计、雨量计等[③]，为系统、精密地观测天气和气候变化准备了基本的工具。

　　伽利略对亚里士多德的宇宙学和物理学进行了广泛的批判，而笛卡尔则将气象学彻底从亚里士多德的束缚中解放出来，使气象学成为一门具有科学性质的学科[④]。在《气象学》（*Les Meteores*）[⑤] 一书中，笛卡尔讨论了水的蒸发，风、雨、雷、电以及云的成因，论述了风暴、闪电等现象及其机理，特别是引入几何光学来解释彩虹现象，首创气象观测站网，堪称现代气象学的开创者。

　　爱德蒙·哈雷（Edmund Halley 1656—1742）以哈雷彗星名垂史册，并像那

---

①　圣比德是盎格鲁撒克逊时期的神学家和历史学家，《英吉利教会史》的作者，被尊为"英国历史学之父"。他一生都在修道院度过，精通语言学、天文学、地理学、历史学、哲学。

②　周淑贞，张如一，张超. 气象学与气候学（第三版）[M]. 北京：高等教育出版社，1997：4.

③　英国科学家罗伯特·胡克（Robert Hooke，1635—1703）设计发明了一架大型的气候钟，可以测量和记录风速、风向、温度、压强、湿度和降水等，集当时所有天气观测仪器之大成。

④　杨萍. 笛卡尔与《气象学》[J]. 气象科技进展，2016，6（1）：46-49.

⑤　笛卡尔. 笛卡尔论气象 [M]. 陈正洪，叶梦姝，贾宁，译. 北京：气象出版社，2016.

个时代的许多科学家一样学识渊博,在物理学、天文学、地理学等许多领域都
有重要成就。1686 年,哈雷在圣赫勒拿探险之后将探险记录的第二部分发表,
其中解释了信风和季风的成因,确定了太阳热量是导致大气运动的主因,阐述
了他的大气环流和压高理论,为后来的哈德雷进一步提出经向环流理论铺平了
道路。①

　　从 17 世纪开始,科学家们已经认识到大气的全球性特征,开始展开国际合
作。托里拆利发明便携式气压计之后,意大利佛罗伦萨科学院就制作了一些气
压计赠送给欧洲各国科学家进行观测和记录。随后,科学家们开始统一气压、
气温、湿度等概念和度量标准,并着手建立了国际观测网。② 国际观测网站的建
立具有重要科学意义。

　　乔治·哈德雷(George Hadley,1685—1768)本是一位英国律师,但几乎
把所有业余时间用于研究大气的运动。1735 年,刚刚被选为皇家学会会员的哈
德雷在《皇家学会哲学会报》(*The Philosophical Transactions of the Royal Society*,
简称 *Philosophical Transactions*)发表了一篇讨论信风的论文。在这篇长期不为人
们所知的短文中,哈德雷提出大气和地球的相对运动也是影响大气环流的重要
因素,而不仅仅是哈雷提出的只有太阳热量是造成大气运动的因素。③ 当然,哈
德雷的解释在细节上并不完全正确,一百年后科学家们根据法国数学家、工程
师古斯塔夫·科里奥利(Gustave Gaspard de Coriolis,1792—1843)发现的科里
奥利力予以科学的解释④。

　　18、19 世纪数学、物理学、化学、天文学等学科的巨大进步为大气科学的

---

①　HALLEY, E. An Historical Account of the Trade Winds, and Monsoons, Observable in the
　　Seas between and Near the Tropicks, with an Attempt to Assign the Phisical Cause of the Said
　　Winds [J]. Philosophical Transactions of the Royal Society of London, 1686, 16: 153-168.
　　因为哈雷提出了信风和季风理论,导出气压随高度变化的压高公式,被后人称为"动
　　力气象学之父"。此外,哈雷还是最早定量研究海洋和湖泊表面蒸发的科学家,提出了
　　根据海洋的盐度来计算地球年龄的著名设想,是 17 世纪气象学革命中的最重要的代表
　　人物之一。
②　笛卡尔是最早提出并建立国际观测网的科学家。胡克创立了标准化记录格式和气象记录
　　程序。
③　GEORGE, RONALD, HADLEY. Concerning the Cause of the General Trade-winds [J]. Phil-
　　osophical Transactions of the Royal Society of London, 1735, 39: 58-62. 后来有多位科学家
　　陆续重新提出类似的理论,比如道尔顿。后来道尔顿承认了哈德雷的优先权。自 19 世
　　纪中叶之后,逐渐被称为哈德雷循环。
④　虽然 19 世纪末以后气象学和气候科学中不断出现科里奥利的名字,但有关大气环流与
　　气压和风场之间关系的这些研究并非来自科里奥利本人。

精密研究提供了基本理论和方法，其中欧拉、拉格朗日等科学家在流体力学方面取得的成就以及热力学的发展为后来的大气科学提供了理论基础。到 20 世纪，大气科学逐渐发展成一门成熟的科学。

挪威气象学家皮耶克尼斯（Vilhelm Friman koren Bjerknes，1862—1951）是挪威气象学派（又称卑尔根学派）的创立者。他在 1904 年提出用流体动力学和热力学方程来描述大气运动，提出大气环流图像。他在 1917 年到卑尔根博物馆（1946 年改组为卑尔根大学）地球物理研究所主持气象学研究之后，很快建立了一个卓越的研究团队，发展成大气科学史上著名的"挪威学派"。[①] 挪威学派提出的锋面气旋和极锋学说，至今仍广泛运用于天气分析和预报，是 20 世纪大气科学的一个重要的理论成就。[②]

随着无线电和航空技术的进步，以及由于战争的需要，欧美陆续建立了高空观测网，对大气的研究从二维扩展到三维。1940 年，曾是挪威学派成员的瑞典裔美国气象学家罗斯贝（Carl-Gustaf Rossby，1898—1957）[③] 创立芝加哥大学气象研究所，聚集了一批杰出的科学家。他们通过高空天气图分析，发现了高空急流和大气长波的运动规律，发展了长波的数学流体力学模型，在物理海洋学、大气动力学等方面做出了重大贡献。罗斯贝大气长波理论的建立对大气动力学和气候动力学有里程碑式的意义，不仅奠定了数值天气预报的基础，在某种程度上使大气科学成为一门真正意义上的科学。[④]

降雨学说的提出是气象和气候科学的另一项重大进展。在 20 世纪 30 年代，贝吉龙（Tor Bergeron，1891—1977）等人发现，云中有冰晶与过冷水滴并存有助于降雨的发生，从而提出了降雨学说（后经 Walter Findeisen 补充发展，称为 Bergeron-Findeisen 理论）。不久之后，科学家们开始使用干冰和碘化银等物质来影响冷云，开始了人工降水的时代。

---

① 关于挪威学派的详细介绍，可参见叶鑫欣，焦艳，傅刚. 挪威学派气象学家的研究工作和生平：J. 皮叶克尼斯、H. 索尔伯格和 T. 贝吉龙 [J]. 气象科技进展，2014，4（6）：35-45。

② 黄荣辉. 大气科学发展的回顾与展望 [J]. 地球科学进展，2001（5）：643-657.

③ Carl-Gustaf Arvid Rossby（1898—1957），出生于瑞典斯德哥尔摩，1919—1920 年加入挪威学派，1921 年入斯德哥尔摩大学学习物理和数学，1926 年到美国工作。罗斯贝是美国大气科学的奠基人之一，1928 年在 MIT 建立了美国历史上第一个现代意义上的气象学系。

④ 陈国森，王林，陈文. 大气 Rossby 长波理论的建立和发展 [J]. 气象科技进展，2012，2（6）：50-54.

2. 20 世纪 70 年代的气候学革命

随着气象测量仪器和高空观测技术等方面的进步和国际观测网络的发展，科学家们逐渐可以对作为整体的气候进行长时间、整体性的观察、记录、统计与分析，加上大气动力学等方面的理论进步，大大促进了现代气候学的发展。20 世纪上半叶，科学家们已经可以从全球性的角度对各地以及全球气候进行概括和分类。就人类对气候（长时间天气的平均状态）的认识与研究而言，从古希腊时期的科学家希波克拉底编写气候学讲义开始，直到 20 世纪初，这两千多年的时间，可以称为古典气候学时期。这一时期的总特点是主要研究各种气象要素的地理分布和时间平均状态（所以可以称之为地理气候学阶段），还没有能力探究气候与短期天气变化之间的联系。

进入 20 世纪之后，随着观测技术和理论的发展，气候科学开始强调大气运动的过程，运用动力学、热力学以及化学等理论来研究太阳辐射、大气运动、大气构成等方面对气候整体的影响。到了 20 世纪 70 年代，频繁出现的气候异常现象越来越引起世界各国的重视，加上科学技术的迅速发展，气候学发生了重大变革，经典概念退出历史舞台，新技术、新理论、新方法和新课题不断涌现，这些变化，科学家们称为"气候学革命"。[1]

气候学革命的标志性事件，是 1979 年在日内瓦召开的世界气候大会。这届大会召开之后，建立了世界气候计划，气候学进入了一个全新的发展时期。我国气候学家王绍武先生（1932—2015）把这次气候学革命归结为三个主要方面：从气候变化来研究气候；从气候系统来研究气候；从气候动力学来研究气候。[2]王绍武先生的概括注意到了这场革命在概念和理论视角上的变化，没有提到气候科学在技术方法上的变革，但是正是后者为前者提供了基础。事实上，除了此前提到的地面和探空观测技术以及包括卫星遥测、船舶、雷达、火箭观测技术在内的全球气候观测系统的建立等方面的因素之外，这场革命的另外一个关键，是 20 世纪中叶以后计算机技术的迅速发展所带来的气候模拟和计算能力的提高。到 20 世纪 70 年代后期，计算机技术已经可以实现对全球气候进行计算和数字模拟，为研究和预测气候变化提供了强大的工具。

3. 全球变暖的发现

20 世纪 70 年代气候革命的另一个重要促动因素，是全球变暖的发现，这就是王绍武先生所说的"从气候变化来研究气候"。全球变暖的发现，使气候研究

---

①　王绍武. 现代气候学进展 [M]. 北京：气象出版社，2001：6-7.

②　王绍武，赵宗慈，龚道溢，等. 现代气候学概论 [M]. 北京：气象出版社，2005：14.

变得极为重要，如王绍武先生所说，"气候学革命发展的基础是科学技术的进步，推动革命发展的则是社会的需求"。① 正是 20 世纪上半叶至 70 年代不断发生的气候变化现象，特别是全球变暖的发现，得到了国际社会普遍重视，才有了世界气候大会的召开和之后气候科学的迅速发展。②

我们知道，地表之所以能有这样适宜的温度，主要由于大气的温室效应。人们很早就知道气候会对人类文明的兴衰变迁产生重要影响，但一直并不清楚为何地球表面的温度能长期保持大体适宜的气候状态，直到发现温室效应。

人为排放二氧化碳导致的温室效应增加被命名为卡伦德效应，但最早提出温室效应的并不是卡伦德，而是法国物理学家傅立叶（Baron Jean Baptiste Joseph Fourier, 1768—1830）。1824 年，傅立叶根据热力学理论来计算地球的温度。他发现，如果只考虑以太阳辐射作为热源的话，地球温度的计算值大大低于地球的真实平均温度。③ 于是，他猜想，星际辐射可能是主要原因。他还设想，地球大气可能也起到了某种隔热的作用。④ 虽然他本人并没有明确温室效应的概念，但人们还是普遍认为，傅立叶是第一个提出温室效应的人。

真正证明温室效应存在的是爱尔兰科学家丁达尔（John Tyndall, 1820—1893）。1859 年，为了检验傅立叶提出的大气效应，丁达尔做了一系列的实验，测量了大气中各种成分如氧气、氮气、二氧化碳、水蒸气、臭氧和甲烷的红外线吸收率，证明了水蒸气、二氧化碳和甲烷等气体的温室效应，尤其证明了水蒸气是控制大气温度的首要温室气体。⑤ 显然，丁达尔当时并没有给二氧化碳、甲烷等温室气体以足够的重视，因为这些气体在大气中的含量实在是太少了。

瑞典物理化学家阿伦尼乌斯（Svante Arrhenius, 1859—1927）知道丁达尔的

---

① 王绍武. 现代气候学进展 [M]. 北京：气象出版社，2001：4.
② 1979 年召开的第一次世界气候大会的中心议题就是讨论人类排放二氧化碳导致全球变暖的问题。在第一次气候大会召开时，大气中二氧化碳的浓度已经增加到了 335ppm，即比 19 世纪中叶增加了 20% 左右。科学家们已经估算出如果大气中二氧化碳浓度增加一倍，全球平均气温可能会增加 1.5 摄氏度到 4.5 摄氏度。显然，这会对气候产生重要影响，故而引起了国际各国的重视，才有了气候大会的召开。
③ FOURIER J. Remarques Générales Sur Les Températures Du Globe Terrestre Et Des Espaces Planétaires [J]. Annales de Chimie et de Physique, 1824, 27: 136-67.
④ FOURIER J. Mémoire Sur Les Températures Du Globe Terrestre Et Des Espaces Planétaires [J]. Mémoires de l'Académie Royale des Sciences, 1827, 7: 569-604.
⑤ 丁达尔后来在 1863 年的一次题为"论穿过地球大气的辐射"的公共讲演中解释了温室效应，他强调说，如果没有大气温室效应，地球在晚上会冷很多。关于 1859 年丁达尔实验的详细介绍，还可参 HULME M. On the Origin of "the Greenhouse Effect": John Tyndall's 1859 interrogation on nature [J]. Weather, 2009, 64 (5): 121-123.

结果。北欧冬季的严寒让他一直思考有什么办法可以让自己的家乡温暖一点。他设想，如果能把大气中的二氧化碳浓度增加，也许产生的温室效应就会让气候更加适宜。他看到，工业革命以来煤炭的巨量消耗已经向大气中排放了大量的二氧化碳。如果人类排放的二氧化碳使大气中的二氧化碳浓度增加一倍会怎么样呢？他计算了大气中水汽和二氧化碳含量变化可能导致的温度变化。经过复杂的计算之后，他声称，如果二氧化碳浓度增加一倍，大气平均温度可能会增加 5~6 摄氏度。[1]

阿伦尼乌斯的结果在当时并没有引起人们包括他本人的重视。因为，在那个年代，大气中二氧化碳的含量仅比工业化时代之前增加了千分之一，甚至还有些科学家认为阿伦尼乌斯的计算根本就是错误的。大多数科学家一致认为，人类排放的二氧化碳根本不足以对自然气候产生什么显著影响。他们都相信，影响地球气候的主要因素，是太阳以及地球自身的属性，特别是，地球有能力调节和维持自己的平衡。另外，从技术上看，要证明增加二氧化碳和气候变暖之间的关系，在那个时代几乎是不可能的。所以，当卡伦德在皇家气象学会 6 位成员面前阐述他的观点时，他面对的不仅是面前这几位气象学家的质疑，更是整个气候科学界主流观点的反对。因为，你怎么能够准确测量大气中二氧化碳增加了多少？又怎么能确定温度的增加是这增加的二氧化碳导致的呢？更何况，正如阿伦尼乌斯以及卡伦德自己也认为的那样，即使温度真的增加，又有什么要紧的呢？

随着计算机技术的进步，科学家们已经可以进行足够复杂的计算并表明增加大气中二氧化碳的浓度就可以改变辐射的平衡。[2] 美国物理学家吉尔伯特·普拉斯（Gilbert N. Plass）的计算表明，如果二氧化碳的浓度增加一倍，将带来 3~4 摄氏度的升温。他认为，人类活动将导致全球平均温度"每个世纪升高 1.1 摄氏度"。[3] 尽管普拉斯的计算有些粗糙（比如他忽略了水汽等方面的因素），但他的结果告诉人们，再也不能对二氧化碳的增加掉以轻心了。

---

[1] ARRHENIUS S. XXXI. On the Influence of Carbonic Acid in the Air upon the Temperature of the Ground [J]. The London, Edinburgh, and Dublin Philosophical Magazine and Journal of Science, 1896, 41 (251): 237-276.

[2] KAPLAN L D. On the Press Dependence of Radiative Heat transfer in the Atmosphere [J]. Journal of Meteorology, 1952, 9 (1): 1-12.

[3] G. N. PLASS. Infrared Radiation in the Atmosphere [J]. American Journal of Physics, 1956, 24: 303-21.

因此，接下来一项艰巨而重要的工作是准确测定大气中二氧化碳的浓度值。① 美国海洋学家罗杰·雷维尔（Roger Revelle）清醒地认识到，人类正以前所未有的速度向空气中排放二氧化碳，大自然（比如植物、海洋）却无力全部消化，因此将对气候产生难以估计的影响。他写道："人类正在进行的这场大规模地球物理学实验前无古人后无来者。"② 他认识到一项迫切的任务就是测量大气中二氧化碳的浓度。1956 年，他利用从美国政府争取到的研究基金，请来年轻的地球化学家查尔斯·大卫·基林（Charles David Keeling，1928—2005）测量海洋和大气中的二氧化碳浓度。1976 年，经过多年坚持不懈的精确观测和研究，基林给出了 15 年的观测结果，并指出 1959—1971 年二氧化碳增加了 3.4%。他指出，大气中的二氧化碳的增加不是自然因素导致的，而是人类活动的结果。③

有了基林的工作，接下来就可以真正考虑丁达尔、阿伦尼乌斯和卡伦德等人的观点了。人类排放的二氧化碳等温室气体真的会对地球气候产生影响吗？地球气候不是稳定而缓慢变化的吗？关于冰期与间冰期气候变化的研究逐渐让科学家认识到气候系统的复杂性。随着各种探测技术以及气候模式的发展④，科学家们逐渐认识到，气候变化要归因于各种因素的综合作用，但气候的平衡却是不稳定的，一个并不明显的干扰（如地球轨道的细微变化）就有可能打破这种平衡导致剧烈的气候变化。一些科学家争辩说，二氧化碳积聚所产生的全球

① 著名气象学家罗斯贝曾说过："要想通过这种测量对大气中二氧化碳的含量进行可靠的估算，并由此测量得出二氧化碳的长期变化趋势，似乎是毫无希望的。"参见 G.G. 罗斯比. 当前气象学中的问题 [M] //伯特·伯林. 运动中的大气和海洋. 纽约：洛克菲勒协会出版社，1995. 转引自斯潘塞·R. 沃特. 全球变暖的发现 [M]. 宫照丽，译. 北京：外语教学与研究出版社，2008：20.
② REVELLE R，SVESS H E. Carbon Dioxide Exchange between Atmosphere and Ocean and the Question of an Increase of Atmospheric CO_2 During the Past Decades [J]. Tellus，1957，9 (1)：18-27.
③ 由于精密测量二氧化碳的浓度需要大量的基金，后来美国政府曾一度中断了资助，但基林认识到这项工作的重要性，仍坚持不懈地进行观测和记录，没有转入其他领域。正是基林坚持不懈的努力和精密的观测，才有了如此严酷却真实准确的数据，为气候研究和认识全球变暖提供了最权威最可靠的事实基础。如今科学界把 20 世纪中叶至今大气中二氧化碳含量变化曲线称为"基林曲线"。贾朋群，郑秋红. 基林和基林曲线：人类定量认识自身与自然关系的先行者和风向标 [J]. 气象科技进展，2015，5 (3)：76-80.
④ 在全球变暖的发现史上，最重要的成就首先是卡伦德发现的人为二氧化碳的暖化效应，其次是 1967 年真锅淑郎和维瑟尔德的 JAS 论文，他们第一次用气候模式进行了气候敏感性测试，模拟计算了大气中二氧化碳浓度翻倍产生的暖化效应，具有开创性的意义。我们将在气候模式的讨论中介绍，此不赘述。

变暖就有可能打破目前的气候平衡引起气候突变。

虽然气候变化充满了各种不确定性，但是突变可能性的存在不仅要求进一步加强气候科学研究，深化对气候规律的认识，而且远远不再只是一个科学问题，而是重大的、全球性的政治、经济问题。因此，不仅需要全世界的科学家们联合起来，更需要有关国际组织和各国政府积极合作，展开一致的行动。气候模式的迅速进步，使科学家们模拟全球气候运动的能力不断提高，也越来越自信能为国际社会和各国政府提供越来越可靠的科学信息。1979 年的世界气候大会，来自全世界 50 多个国家的 300 多位代表（小部分是科学家，大部分是各国政府和国际组织的代表）一致认为，大气中二氧化碳的增加"会导致全球规模的气候的重大变化"。不久之后，美国国会要求美国科学院提交一份二氧化碳对气候影响的报告。美国科学院成立专家小组，经过几年的研究评估之后，于 1983 年提交了一份报告，称气温升高会带来让他们深深担忧的气候变化。数日之后，美国环保署也发表报告，认为二氧化碳导致的全球变暖"不是一个理论上的问题"，而是一个不久就会感受到的"现实威胁"。

这一威胁给科学家和有关国际机构及一些国家的政府带来巨大压力和动力。世界气象组织（World Meteorological Organization，WMO）组织科学家和政府官员建立了世界气候研究计划（WCRP，1979），召开了一系列的国际气候会议，并于 1988 年成功地发起成立了政府间气候变化专门委员会（IPCC）这一科学和政治的混合组织，聚集了全世界数百位气候科学家和各国有关部门的政府官员，开始对全世界有关气候变化的科学技术研究及社会经济效果进行定期总结和评估。至今，IPCC 已经发布了六次评估报告。根据 IPCC 的报告，主导过去 100 年气候变化的主要因素有太阳活动、火山活动和人类活动，但过去 50 多年的变暖很可能是人类活动引起的。[①] 2003—2012 年的平均温度比 1850—1900 年的温度升高了 0.78 摄氏度（0.72～0.85 摄氏度），人类影响极有可能是观察到的 1950 年以来升温的主导因素。[②]

面对这样的结论，似乎全球变暖再也不应引起人们特别是科学家的争议。

---

① 根据观测事实和气候模式，如果只考虑自然因素，那么模拟不出最近 50 年的升温；如果只考虑人为因素，则气候模式的模拟结果与观测事实大致符合；但把自然因素和人为因素都考虑在内时，气候模式的模拟结果与观测结果最符合。任国玉. 气候变暖成因研究的历史、现状和不确定性［J］. 地球科学进展，2008（10）：1084-1091.

② STOCKER T F, QIN D, PLATTNER G K, et al. IPCC, 2013：Climate Change 2013：The Physical Science Basis. Contribution of Working Group I to the Fifth Assessment Report of the Intergovernmental Panel on Climate Change ［R］. Cambridge：Cambridge University Press, 2014.

然而，事实并非如此。由于气候系统的极端复杂性以及气候科学的特殊性（无法进行真正的气候实验，只能依靠气候模式的模拟），科学家们对气候变化的认识不可避免存在一定程度的不确定性。有些科学家出自科学的理由反对所谓气候科学共识，但更多更激烈的反对则来自许多利益相关者。怎么认识气候变化的极大可能性和某种程度的不确定性，特别是如何看待围绕着气候变化和气候科学产生的各种争论，无疑是摆在人类面前的一项重大而紧迫的任务。正如斯潘塞·R. 沃特所说，未来气候的确在某种程度上取决于我们是如何看待它的，因为我们的看法决定了我们的行动。[①] 考虑到气候系统和气候变化的复杂性和气候科学的局限性，争论仍然会在相当长的时间内存在，因此，我以为，这也就意味着，气候的未来也在一定程度上依赖于我们看待气候变化和气候科学争论的方式。从某种意义上说，气候变化把人类塑造成一个真正的命运共同体，而我们如何认识气候变化和气候科学争论很可能就决定了我们的未来。

---

① 斯潘塞·R. 沃特. 全球变暖的发现 [M]. 宫照丽，译. 北京：外语教学与研究出版社，2008：186.

第二章

气候模式及其检验

　　气候模拟是指利用气候模型（模式）来模拟和研究气候系统及其变化，主要通过计算机数值方法，根据气候各组成部分的动力学和热力学方程、状态方程及连续方程，模拟大气、海洋、陆地、太阳辐射、气溶胶、冰川等气候主要驱动因素的运动规律及其相互作用，并预估未来的气候状态。因为地球气候系统的高度复杂性和不可复制性，只有气候模拟能使气候科学成为一门"实验"科学，而气候模式就是气候科学的"实验室"。气候模式是气候科学研究的基本工具，也是人类预测和应对气候变化的主要依据。

一、气候模式的发展

　　在科学中，模型作为认识和研究的工具有重要作用。它不但能直观再现自然实在，也能生动展示自然的发展规律。在科学史中，我们可以看到许多著名的科学模型，比如开普勒的行星运动模型、法拉第的电力线磁力线模型、卢瑟福的原子模型、沃森和克里克的双螺旋 DNA 模型，等等。模型的建立首先以对自然对象一定程度的认识为基础，而模型一旦建立，反过来也有助于对自然现象的进一步认识和探究，甚至成为科学探索的基本工具。气候模式的发展就是如此。

　　首先，建立气候模式需要对大气运动有一定程度的认识。大气科学最初可以被视为地球科学的一个分支，而在地球科学中，很早就开始使用各种地图和图表，可以说，地理科学模型有悠久的历史。随着对大气的认识越来越深入，科学家们开始使用地图以及各种符号来表示大气运动，建立了早期的大气运动模型。比如，19 世纪中叶，基于哈雷、哈德雷等人提出的大气环流运动理论，莫雷（M. F. Maury）就绘制图表来描述全球大气的环流运动。① 随后不久，威廉·费雷尔就修改了莫雷的双环流模式，提出了第三个环流，解释并图示了中高纬度的大气环流运动。②

除了图表之外，科学家们还建立实物模型来模拟地球大气的运动过程。20 世纪 40 年代，芝加哥大学的戴夫·福尔兹（Dave Fultz）等人在罗斯比的鼓励下，建立了一个旋转的实体力学模型。虽然这个粗糙的模型不可能完美呈现大气系统的复杂运动，但还是取得了一些令人惊异的结果。特别是，正如福尔兹本人指出的，他们建立模型的主要目的就是引导气象学家们建立实验和理论之间的密切关系，这种关系是以往大气科学缺乏的，但这一关系是传统科学的特征。③

不过，这些极为简单的大气运动模型一般仅依据简单的气体运动定律，完全没办法考虑到大气系统各因素之间复杂的能量和物质交换以及地球自转等因素的影响，因而远远不能描述真实的大气运动。建立更有效的模型不仅需要更全面、更准确的观测资料，同时需要对天气乃至气候系统各要素的物理过程有更深刻的认识。

对大气运动物理过程的理论探索是大气科学走向成熟的关键，对此，创立卑尔根学派的挪威气象学家皮耶克尼斯做出了重要贡献。他在 1904 年提出了七组原始方程，通过数学物理方法对大气运动进行描述，这为通过数学物理计算而不是根据气象图进行经验性地猜测天气提供了可能性，也为后来更复杂的天气预报和气候模型的建立奠定了理论基础。在第一次世界大战期间，由于纯粹理论工作很难获得资助，皮耶克尼斯只好转向应用型的天气预报研究。但是，在那个时代，大气的理论工作与天气预报的实践之间存在很大距离。天气预报主要依据以往的数据和预报员个人的经验和直观，因为预测天气需要进行巨量的计算，远远超出当时的科技能力。

第一次世界大战深刻影响了气象学的发展。由于复杂多变的天气条件常常

① MAURY M F. The Physical Geography of the Sea and its Meteorology [M]. New York: Harper and Brothers, 1855: 477.

② FERREL W. An Essay on the Winds and Currents of the Ocean [J]. Nashville Journal of Medicine and Surgery, 1856, 11 (4-5): 290. 费雷尔给出的大气环流模型与现代大气环流模式给出的全球环流模式非常相像。

③ FULTZ D, LONG K R, OWENS G V, BOHAN W, KAYLOR R, WEIL J. (1959). Studies of Thermal Convection in a Rotating Cylinder with Some Implications for Large-ScaleAtmospheric Motions [EB/OL]. Studies of Thermal Convection in a Rotating Cylinder with Some Implications for Large-Scale Atmospheric Motions. Meteoroloqical Monographs, vol 4. American Meteoro Logical Society.

对战争产生直接的甚至是决定性的影响，所以战时各国政府都加大了对气象观测和研究的投入，主要目的就是提高天气预报的能力。到第二次世界大战时期，许多国家特别是美英等国的天气预报能力已经有了显著提高。可以说，诺曼底登陆的成功，从某种程度上就决定于天气预报的成功。①

事实上，"一战"之前，英国数学家、物理学家和气象学家理查德森（L. F. Richardson）就试图根据皮耶克尼斯的初始方程通过数值方法来预测天气。他的一个关键性创举就是将涉及的区域分成一定尺度的网格（grid），每一个网格都用气压、温度等数值来表示其天气状况，然后代入各种数学物理方程，计算并预报未来的气候状态。理查德森很清楚，进行这样的预报需要巨量计算。于是，他想象了一个类似剧场的大厅，其中布置了大量的计算员（computers，是人不是机器，那时还没有计算机），每一个计算员只计算某一范围的方程或方程的一部分。② 这些计算员共同构成一个计算工厂，协作完成对整个天气状况的计算任务。

然而，这个计算工厂只是理查德森的想象。他相信，在现实中进行这样的计算几乎是不可能的。但是他没有想到，仅仅几十年之后，电子计算机的迅速发展实现了他的梦想，而他设计发明的方法成为数值天气预报和气候模拟的基础。1950 年，当他得知第一台电子计算机 ENIAC 上运行的天气模型成功地实现了 24 小时预报时，他激动地称之为"科学上的巨大进步"。③

---

① 当时英美盟军陈兵数百万，原定于 6 月 4 日发起进攻，但气象预报说 6 月 4 日起天气恶劣，且可能持续数日。这给盟军的统帅艾森豪威尔将军及整个登陆指挥部带来巨大压力。不过，盟军的气象组负责人斯塔格在综合了各种观测数据和预报方案之后，最终给出一份预报，指出在 6 月 6 日有一段时间的气象条件可能会转好，适合海陆空军登陆作战。艾森豪威尔果断下令发起进攻。而对面的德国军队根据他们自己的气象预报，以为接下来几天的天气都很恶劣，盟军不会发动进攻，故而有所松懈，德军最高指挥官隆美尔甚至下令部队趁机休整，他自己也趁机回德国给妻子过生日去了。诺曼底战役的结果是英美联军击溃了德军的防线，近三百万军队顺利成功登陆，一举扭转了欧洲战场乃至整个第二次世界大战的进程。

② RICHARDSON L F. Weather prediction by numerical process［M］. Cambridge：Cambridge University Press，2007.

③ LYNCH P. The origins of computer weather prediction and climate modeling［J］. Journal of computational physics，2008，227（7）：3436. 理查德森本人曾亲自进行计算并做了 6 个小时的天气预报，但可惜的是因为当时收集数据存在一些问题，因此只得到了一个事实证明为彻底失败的结果。如果对数据的误差进行调整的话，理查德森会得到一个正确的结果。LYNCH P. Richardson's forecast：What went wrong？［C］//Symposium on the 50th Anniversary of Operational Numerical Weather Prediction，University of Maryland，College Park，MD. 2004：17.

成功地做出天气预报，一方面需要大量精确全面的观测数据，另一方面也需要超高的计算能力。在理查德森的年代，显然这两方面的条件都不具备。随着各种观测手段的进步和全球观测网的建立，特别是电子计算机的发展，天气预报的能力有了革命性的变化。"二战"后计算机技术的迅速发展，使天气预报的数值化成为可能。在这个过程中，被称为"电子计算机之父"的冯·诺伊曼（John von Neumann）发挥了重要的作用。

诺伊曼是曼哈顿计划的参与者之一，在原子弹研制过程中遇到大量计算问题，虽然使用了上百名计算员，仍然无法满足计算任务的需要。当他听说ENIAC的研制计划时，便加入其中，并提出了许多关键性的建议，这些建议成为计算机的理论基础。ENIAC 于 1946 年 2 月 14 日问世。虽然与现在的计算机相比，ENIAC 体积庞大，造价高昂，耗电量惊人，易出故障，其计算速度也远低于今日的水平。但是，在当时，ENIAC 的计算能力已经是机电式计算机的1000 倍、人工计算能力的 20 万倍。在 ENIAC 问世后不久，诺伊曼就开始设想如何在天气预报中利用电子计算机的计算能力。特别是，诺伊曼已经看到了利用电子计算机进行数字实验来代替传统实验的可能性。[①]

由于诺曼底登陆得益于天气预报的成功，美国军方以及美国气象局对诺伊曼的数字天气预报计划很感兴趣，并在普林斯顿高等研究院设立了气象学研究计划（IAS 气象学计划）以发展计算机预报方法。然而由于参与此项目的气象学家们大多缺乏足够的物理数学训练，项目的进展起初并不顺利。直到 1948 年，罗斯比的学生，来自芝加哥大学的朱尔·查尼（Jule Charney）[②]应邀前来主持这个项目，项目进展才有了转机。查尼不但熟知皮耶克尼斯方程，还受过良好的数学物理训练，不但精力充沛，而且具有卓越的领导能力。在他的带领下，到 1949 年年底，该小组就已经成功建立了简单的计算机天气模型。

查尼和他的小组当时只能利用 ENIAC，相对于天气预报的计算需要来说，它的计算能力和存储能力还是太小了。于是查尼想办法对原始方程进行了简化，并尽力达到合理的精确度。经过艰苦的努力，1950 年，查尼小组的计算已经可

---

① NEBEKER F. Calculating the weather: Meteorology in the 20th century [M]. Amsterdam: Academic Press, 1995: 136.

② 查尼于 1946 年获得加利福尼亚大学洛杉矶分校的博士学位，雅各布·皮耶克尼斯是该校气象学系的主任。随后他来到芝加哥大学跟随罗斯比学习。

以"跟得上天气"了①。随着计算机计算能力的迅速提高，理查德森的梦想，即进行有意义的数值天气预报是有希望实现的。1954 年，美国成立了数值天气预报联合小组（Joint Numerical Weather Prediction，JNWP），以查尼小组的模型为基础建立了新的模型，并开始进行天气预报。虽然最初没能取得更好的结果，但在这个过程中不断积累的经验和技术成为改进的基础。

　　查尼的模型只能对局部地区进行天气预报，气象学家们的梦想是在计算机上建立全球天气和气候模型。正如查尼最初设想的，计算机模型应该逐渐从简单发展到复杂、从两维发展到三维、从区域模拟发展到半球乃至全球模拟。然而，由于观测手段和计算机技术的限制，直到 20 世纪 60 年代，关于大气环流的计算机模拟总体而言仍然相当粗糙，即使经过长时间的运算，其结果也只能大致与实际的气候相似，根本没有办法计算一些具体影响下天气或气候的变化。随着观测技术和计算机性能的不断提高，数据越来越全面和精确，计算机计算能力也有了巨大飞跃，数值模型中加入了越来越多的因素，如云、冰面、海洋等，更多、更全面的模型被开发出来，其中最重要、最具代表性的是大气环流模型（General Circulation Model，GCM）。

　　最初的大气环流模型是美国气候学家诺曼·菲利普斯（Norman Phillips）在 1955 年建立的。然而，由于数据等方面的问题，菲利普斯的模型运算了二十几天之后，所显示的天气模式已经远离了真实可能发生的状态。正如当年理查德森所说的，"输入的是垃圾，输出的也是垃圾"。科学家们逐渐认识到，除了数据方面的问题，可能计算本身也存在问题，比如很多数值只能输入近似值，数值只能精确到小数点之后数位，因此一开始就有微小的误差。这些误差经过层层积累，最终造成巨大的差异，甚至发生突变。这一点让麻省理工学院的气候学家埃德华·洛伦兹（Edward N. Lorenz）震惊不已，他根据天气模式的运算结果，认识到大气运行对初始条件的依赖性，并提出长期天气预报是不可能的。②当然，洛伦兹不相信长期天气预报的可能性，但这并不一定意味着长期气候预测也是不可能的，因为气候是天气的长期平均状态，而天气是短期的天气行为

---

① 由于计算能力的限制，当时预报 24 小时之后的天气，进行的计算就需要 24 小时。也就是说，当计算结果出来时，刚好赶上真实天气的发生。但是，查尼小组相信随着各种能力的提高，特别是计算机速度的提高，24 小时预报的计算可以在一个小时之内完成，因而，他们完全可以实现理查德森的梦想。CHARNEY J G, FJÖRTOFT R, NEUMANN J. Numerical Integration of the Barotropic Vorticity equation [J]. Tellus, 1950, 2 (4): 237.

② LORENZ E N. Deterministic Nonperiodic Flow [J]. Journal of Atmospheric Sciences, 1963, 20 (2): 130-141.

或事件。①

随着气象学观测、理论研究以及各种相关技术的快速发展，到了 20 世纪 60 年代，科学家们逐渐认识到气象以及气候现象的复杂性，除了太阳、地球轨道的影响，大气中二氧化碳的浓度、植被、冰盖以及海洋温度和洋流的变化都会对天气和气候产生重大影响。然而，地球不是实验室中可以操控的物体，科学家们无法控制真实大气系统中各个因素的变化，以对比各种变量的改变所产生的效果。但是，气候模型可以实现这一点。科学家们可以在气候模型中将大气系统简化，分离控制各个变量，然后一点点去了解这个体系。1965 年，真锅淑郎（Syukuro Manabe）和斯马格林斯基（Joseph Smagorinsky）等人建立了一个高度简化的半球三维大气环流模型。他们以更为长远的眼光，并不急于求得逼真性，而是严格、扎实地先寻求正确的物理理论和数值方法，然后逐渐分阶段地达到更接近真实的模拟。所以，现在回过头来看，虽然真锅等人 1965 年的模型有很多错误，但重要的是，这个模型为未来气候模拟引导了正确的方向。

两年之后，真锅小组建立了新的模型。在考虑热量和水汽运动的基础上，他们模拟大气中二氧化碳含量变化会产生什么后果。实际上，这是对气候灵敏度的第一次测试，也就是，大气系统中某一因素的变化会导致全球平均气温发生什么样的变化。基林曲线已经表明，大气中二氧化碳的含量会在 21 世纪某个时间增加到一倍。真锅小组的气候模型显示，如果大气中二氧化碳浓度增加一倍，全球气温大致会升高 2 摄氏度。② 这是第一次运用计算机模型计算温室效应，其可靠性获得了众多气象科学家的认可。英国利兹大学的气象学家皮尔斯·福斯特（Piers Forster）甚至把真锅淑郎和维瑟尔德的这篇论文称为"很可能是最伟大的一篇气候科学论文"，因为他们建立了"世界上第一个数学上可靠并首次产生物理真实结果的气候模式，为今天支持气候研究的众多模式

---

① 实际上，洛伦兹本人对能否预测未来气候变化也持怀疑态度，他认为气候变化也可能会以任意的形式进行变化。LORENZ E N. The Problem of Deducing the Climate from the Governing Equations [J]. Tellus, 1964, 16（1）：1–11. 后来，他再次提出，气候可能是决定论的，也可能不是，"我们可能永远不能确定"。这一点非常重要，因为如果气候因为初始条件的改变，也可能会发生无法预言的突变，而这种突变极有可能带来灾难性的后果。

② MANABE S, WETHERALD R T. Thermal Equilibrium of the Atmosphere with a Given Distribution of Relative Humidity [J]. Journal of Atmospheric Sciences, 1967, 24：241–59.

奠定了基础"①。

真锅淑郎 1967 年的气候模型运算结果对整个气候科学进展产生了难以估量的影响。该结果让气候学家们真正开始重视二氧化碳浓度增加导致的全球变暖问题。很快，全球变暖进入了政治议程，也成为公众关注的话题。许多国家的各种相关科学机构纷纷成立专门小组，建立气候模型，研究全球变暖。由于当时的电脑模型忽略了很多因素，模拟的地球与真实的地球并不十分相像，所以有些科学家们不太相信各种模型计算的二氧化碳含量增倍导致的升温幅度。尽管如此，气候学家们还是基本一致承认二氧化碳增倍导致暖化的可能性。

此外，气候学家们逐渐认识到海洋对气候变化的影响甚至要超过大气自身的影响，但是第一代 GCM 却把海洋简化成水陆混合的沼泽。海洋洋流能输送巨大的能量，对全球气候有决定性的影响，但起初各种 GCM 并没有考虑到这一关键性的气候引擎。此外，由于海洋观测技术和计算机能力的限制，把海洋考虑到气候模式之中，需要面对更多、更大的挑战。真锅淑郎和科克·布莱恩（Kirk Bryan）决定解决这个问题。布莱恩是一位海洋学家，1961 年就进入普林斯顿真锅淑郎的研究小组，负责建立独立的海洋数字模型。他们俩试图把布莱恩的海洋模型和真锅的大气全面环流模型合并到一起，建立一个海气耦合的真正的全面环流模型。② 这个模型在一个超级计算机上运行了将近 60 天，模拟了大气和海洋几个世纪以来的运动，虽然没有显示出一个完整的环流，但已经很接近实际了。

真锅和布莱恩的模式结果让气候学家们备受鼓舞。从此之后，随着计算机技术的巨大进步，大气和海洋观测资料的日益精确和丰富，气候模型模拟的时间长度、空间分辨率都持续获得大幅度提高，越来越多的物理过程被引入各种气候模型之中。进入 21 世纪之后，气候模型已经发展得基本成熟，超级计算机

---

① PIERS FORSTER. 气候模式 50 年［N］. 田晓阳，译. 中国气象报，2017-06-28. 福斯特进一步解释说，"这篇论文在我心目中达到伟大的位置，不是因为它对二氧化碳引起变暖的估计，而是因为它是气候模拟研究良好实践的例证。首先，基于一套明显且合理的假设，它的结果是可重复的。例如，作者使用最新的水汽观测来证实他们对相对湿度不会受到气候变化影响的假设，然后用这个假设来模拟水汽反馈。其次，作者得到的模式包括足够的物理过程细节，可以给出由几种可能的人类或自然扰动（如太阳能量输出、二氧化碳浓度和云的变化）造成的地表和大气温度变化一级估计，但不会复杂到难以在早期电脑上运行，或者干扰对结果的解读。此外，作者们的辐射对流模型完全符合目的。"

② 他们最初的海气全面环流模型（AOGCM）发表于 1969 年，但由于采取了高度理想化的海陆设置，因此不太像真实的地球。1975 年，他们又发表了更像真实地球的海气全面环流模型。

已经有能力处理大规模的运算，能够模拟数百年时间尺度的气候变化，并通过控制和改变气候系统的特定因素来研究其对气候变化的影响。图1简明扼要地概括了气候模式从20世纪70年代以来的主要发展。现在，GCM已经不单是指大气环流模式（General Circulation Model）了，还可以指全球气候模式（Global Climate Model）。在全球气候模式中，大气、海洋、冰川、植被、气溶胶、云的物理化学过程及其相互作用以及农业生产、工业排放等人类活动也可以包括在内。随着气候理论研究和观测手段以及计算机能力的提高，越来越精细、全面、可靠的模型将被开发出来，人类预测未来气候变化的能力也变得更加强大。

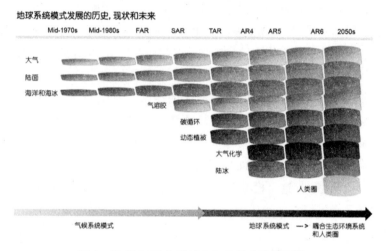

图1　20世纪70年代以来气候模式的发展①

　　数值气候模型是定量预估未来气候变化的唯一工具，通过半个多世纪以来的艰苦探索和技术进步，科学家们开发建立的各类气候模式，已经形成了一个庞大的体系。有的气候模式相对简单，比如有的模式只模拟、计算地球系统的能量平衡，有的只研究辐射对流。但对反馈和区域细节的更精确的预测，则来自更复杂的气候模型。总体上十分庞大的气候模式群体，可分成不同的体系。按照复杂程度，可以分为简单气候模式、中等复杂程度模式和海气耦合模式；

---

①　此图是基于 IPCC 报告气候模式发展示意图的改进，引自周天军，张文霞，等．2021 年诺贝尔物理学奖解读：从温室效应到地球系统科学［J］．中国科学：地球科学，2022，52（4）：579-594. IPCC 原图见 HOUGHTON J T，Y DING，D J GRIGGS, et al. IPCC, 2001：Climate Change 2001：The Scientific Basis. Contribution of Working Group I to the Third Assessment Report of the Intergovernmental Panel on Climate Change ［R］. Cambridge：Cambridge University Press，2001：48。

按照空间维数，可以分为 0 维、1 维、2 维、3 维；按照物理化学过程，可以分为能量平衡模式，辐射对流模式、纬向动力模式、随机统计动力模式、环流模式等；按照大气系统中不同物理要素，可以分为大气环流模式、海洋环流模式、海冰模式、陆冰模式、植被模式、生态模式、水文模式等；按照功能，可以分为机制模式和模拟模式；等等。①

现在我们简单总结一下数值气候模式的发展。20 世纪以来，气象学观测与理论都取得了重要进步。"二战"以后，数值天气预报技术获得迅速发展。在数值天气预报模式的基础上，逐渐发展出气候模式。气候模式比天气预报模式涉及更多更复杂的过程，20 世纪 70 年代，气候模式只是大气模式，还无法包括各种海洋过程。20 世纪 80 年代，海洋和海冰模式逐渐被开发出来，并逐渐与大气模式耦合。同时，大气的化学、硫化物以及陆地的碳循环、海洋碳循环模式等陆续被开发出来，模式分辨率也逐步得到提高。

二、气候模式的评估

气候模式根据气候系统各要素的动力学、热力学、化学和生物学过程的基本方程，设计可解的数学方法，设定模拟系统的分辨率以及初始条件和边界条件，对某些无法在分辨率上描述和精确追踪的物理、化学、生物等过程进行参数化处理，然后输入初始条件和边界条件数据，进行计算后输出结果。得益于超级计算机的发展（计算能力已经比 20 世纪 70 年代提高了一百万倍以上），现代气候模式不仅可以模拟当代气候，也可以模拟历史时期的气候，还可以提供实时变化的气候变化前景，利用海气耦合模式预测不同温室气体和气溶胶排放情景下未来数十年甚至上百年的气候变化。因此，气候模式就是气候科学家研究气候变化的实验工具，是预估未来气候变化的唯一手段。

为了确定气候模式的模拟能力和有效性，可以对各种气候模式的结果进行比较、检验和评估。简言之，对气候模式的检验与评估主要涉及：一是模式模拟结果与实测数据的比较；二是模式之间的比较，即比较模式内部的有效性，也就是模式的内部过程和次网格尺度参数化的有效性，如云过程、云辐射过程和陆面过程，并结合观测数据，来检验评估各气候模式控制实验和敏感性实验

---

① 关于气候模式类型的详细划分，可以参见陈星，马开玉，黄樱. 现代气候学基础［M］. 南京：南京大学出版社，2014：162-174.

的结果。[1]

为了检验和对比不同气候模式的性能，发现模式的系统性误差，从而为模式的改进与提高提供科学基础，世界气候研究计划（World Climate Research Programme，WCRP）的数值实验工作组（Working Group on Numerical Experimentation，WGNE）于1989年发起了国际大气环流模式比较计划（Atmospheric Model Intercomparison Project，AMIP）。AMIP是全球大气环流模式（Global Atmospheric General Circulation Models，AGCMs）的标准实验协议，为参与AMIP计划的气候模式共同体各个成员提供数据通道并对自己的模式进行诊断、确认、比较和记录。

AMIP要求所有的模型模拟1979—1988年的气候变化，并统一采用月平均温度和海冰的观测值以及规定的大气二氧化碳浓度和太阳常数。位于美国劳伦斯利弗莫尔国家实验室的AMIP总部将以标准形式存储各模式的月平均输出变量和生成的状态日志，以便各个气候模式小组分析使用。[2] 1995年，31个建模小组，实际上代表了所有国际上大气模拟共同体，按要求将各自的标准化输出结果提交到AMIP总部。各参与小组、气候模型诊断与比较计划（PCMDI）以及为检验模式具体各个方面的性能专门设立的20多个子计划对这些数据进行了分析。结果表明，AMIP1的31个大气环流模式结果的集合平均与实测的大尺度季节平均海平面气压、平均温度和大气环流分布基本一致；集合平均的降水也与观测值基本吻合，但在低纬度，模式间相差较大。大气环流模式很好地捕捉到了大气的季节循环，对热带太平洋海面气压的年际变率的模拟结果也与实际观测值接近，但中纬度区域的模拟结果尚不理想。总体而言，31个模式的集体平均结果要好于单独任何一个模式的结果，而且没有一个模式能在各个方面都接近实际的观测结果。[3]

最早的海气模型出现于1969年（真锅淑郎和布莱恩），进入20世纪80

① 丁一汇. 中国气候变化：科学，影响，适应及对策研究［M］. 北京：中国环境科学出版社，2009：109.

② GATES W L. AMIP-Atmospheric Model Intercomparison Project［J］. Bulletin of the American Meteorological Society，1992，73（12）：1962-1970. 关于AMIP的介绍，也可参见世界气候研究计划（WCRP）的官网：https://www.wcrp-climate.org/modelling-wgcm-mip-catalogue/modelling-wgcm-mips-2/240-modelling-wgcm-catalogue-amip.

③ GATES W L. BOYLE J S，COVEY C，et al. An Review of the Results of the Atmospheric Model Intercomparison Project（AMIP1）［M］. American Meteorological Society，1999，80（1）：29-55. AMIP1之后，AMIP2也陆续展开，有35个模式参加，现在已经合并到CMIP项目之中。

年代以后，海气耦合模型发展迅速。为了将各种耦合模式的模拟结果与观测数据以及各模式结果之间进行检验与比较，世界气候计划（WCRP）的四个核心计划之一气候与海洋变率、可预测性和变化（Climate and Ocean Variability，Predictability and Change，CLIVAR）的第二数值实验组（NEG-2）成立了耦合模拟工作组（working Group on Coupled Modelling，WGCM），并于 1995 年发起了 AMIP 的姐妹计划——耦合模式比较计划（Coupled Model Intercomparison Project，CMIP）。在该计划刚刚成立的时候，只有少数几个海气耦合模式，现在已经发展成一个大型项目。

与 AMIP 一样，CMIP 也开发了明确的气候模型实验协议、格式、标准以及分配机制，以保证各个研究群体得到模式输出结果。CMIP 也是分阶段展开的，CMIP1 主要比较在二氧化碳浓度和太阳辐射以及其他强迫为常数的情况下各 CMIP 模式的控制实验结果，以检验全球海气耦合模式模拟大气、海洋、冰雪圈气候平均状态的系统偏差，评估"通量修正"方法对结果的影响[1]。CMIP1 的结果非常成功，于是 CLIVAR NEG2 在 1996 年 9 月举行的会议上决定模拟二氧化碳浓度每年增加 1% 同时不考虑其他人为和自然强迫因子影响的响应，进一步分析通量订正方法对气候模式的影响。[2]

CMIP 计划展开之后极大地促进了气候模型乃至气候变化研究的进展，其结果为五年一次的 IPCC 报告所引用，特别是第五次报告（AR5，2013）中大量引用了 CMIP5 的研究结果，并公开承认对 CMIP5 的严重依赖。CMIP5 由来自世界各地的 20 个气候模式组成，进一步评估了多模式环境下的模式差异，尤其是碳循环和云相关的反馈机制及其对区域气候变化和海洋生态系统的影响，审视了

---

① 现代气候学提出了气候系统的概念，包括太阳辐射、大气、海洋、冰雪圈、陆面以及生物圈等因素。气候的形成和变化是组成气候系统各要素行为及相互作用的结果。但由于气候系统是高度非线性系统，建立气候模式时一般是先建立单个气候子系统的模式（如大气环流模式、海冰模式、海洋环流模式等），再考虑模式之间的相互作用，就是模式耦合。大气和海洋是气候系统中最重要的因素，两者相互作用支配着气候的变化。因此，为了进一步研究气候变化，需要将大气环流模式（AGCM）和海洋环流模式（OGCM）耦合起来。虽然大气模式和海洋模式各自独立能成功模拟出大尺度大气和海洋的许多特征，但二者耦合后却出现了相对于耦合前各模式模拟值的较大偏离，这种偏离被称为"气候漂移"。为了消除这个漂移，Sausen 及 Cubasch 等人提出了通量修正（flux correction）的方法。可参见陈克明，金向泽，张学洪. 关于海气耦合模式气候漂移及敏感性的一点探讨［J］. 海洋学报（中文版），1997（2）：39-46，51-52.

② 关于 CMIP1 到 CMIP6 几个阶段以及其他多种气候模式比较计划的介绍，可参看美国劳伦斯利弗莫尔国家实验室气候诊断与比较计划（PCMDI）官网上的介绍。网址：https：//pcmdi. llnl. gov/mips/.

气候的"可预见性"。① 据调查，2016 年大气科学杂志上发表的气候研究论文中有 46% 引用了 CMIP5 的研究成果。② 结合越来越精细的观测网络数据以及不断提高的超级计算机的计算能力，模式的模拟能力已经非常出色，结果也越来越可靠。从技术上看，许多模式的耦合现在已经不需要进行人为的"通量修正"。虽然目前还很难说耦合模式效果足够好，可以完全准确地模拟以及预测未来的气候变化。正如潘志华和郑大玮先生总结的，模式之间的差异小于观测结果的不确定性，也就是说模拟结果是有一定可信度和说服力的，至少从全球范围内来看，模式模拟结果已经达到观测结果允许的误差范围，为温度、降水、径流等方方面面的预测以及应对提供了较为可靠的科学根据。③

现在，CMIP 正在进行第 6 阶段的研究（CMIP6）。随着研究的深入，新问题也层出不穷，因此，CMIP6 对原来 CMIP 的组织架构进行了修改，采取了新的更联合化（more federated）的结构（相对于原来的中心化而言），其中包括少量的共同实验，气候诊断、气候评估与描述（Diagnostic, Evaluation and Characterization of Klima, DECK）；维持连续性和记录 CMIP 不同阶段基本特征的历史模拟（1850 年至最近）；用于分配模式输出和模式集成描述的共同标准、协调和基础结构；等等。基于 WCRP 的重大科学挑战计划④，CMIP6 着重处理如下几个问题：地球系统如何响应强迫？系统模式偏差的起因和影响？考虑到气候内部变异性，可预测性和情景中的不确定性，我们如何评估未来的气候变化？⑤

CMIP 通过协调与分布全球气候模式对过去、现在和未来气候的模拟，已经成为气候科学的基础，正如 WCRP 主任大卫·卡尔森（David Carlson）所强调

---

① KARL E. TAYLOY, RONALD J STOUFFE, GERALD A MEEHL. An Overview of CMIP5 and the Experiment Design [J]. Bulletin of the American Meteorological Society, 2012, 93 (4).

② David Carlson, Veronika Eyring, Narelle van der Wel, Gaby Langendijk, "WCRP's Coupled Model Intercomparison Project: a Remarkable Contribution to Climate Science"，见欧洲地球科学联盟（European Geosciences Union, EGU）官方网站：https://www.egu.eu/news/highlight-articles/586/wcrps-coupled-model-intercomparison-project-a-remarkable-contribution-to-climate-science/.

③ 潘志华，郑大玮. 气候变化科学导论 [M]. 北京：气象出版社，2015：331.

④ 当下挑战包括融冰及全球后果，云、环流与气候敏感性，气候系统的碳反馈，极端天气与气候，世界粮用水资源，区域海平面变化及其影响，以及近期气候预测。可参见 WCRP 官方网站：https://www.wcrp-climate.org/grand-challenges/grand-challenges-overview.

⑤ EYRING V, BONY S, MEEHL G A, et al. Overview of the Coupled Model Intercomparison Project Phase 6 (CMIP6) Experimental Design and Organization [J]. Geoscientific Model Development, 2016, 9 (5): 1937–1958.

的，"没有像以 CMIP 为核心的这类共同努力，整个国际气候研究、评估和谈判是难以设想和维系的。"关于 CMIP 的科学意义，泰勒等人有一段很好的说明："CMIP5 最终根据它所启动的研究来进行评判。如果科学家们可能成功地从存档中获得 CMIP5 的模式输出并用于处理与气候和气候变化相关的科学问题，如果这一研究的结果发表并被重要的科学评估（如 IPCC AR5）所采用，那么 CMIP5 应当被视为一个成功。由此，CMIP5 的科学影响依赖于分析这套气候模式结果的丰富数据的科学家们的兴趣和贡献。此外，如果这些科学家们发现了某个模拟的某些惊人、让人迷惑或只是与观测不符的一些方面，那么他们有责任把这些信息报告给相应的模拟小组。这样，那些从 CMIP 受益的研究人员可以协助那些在模拟中心工作的人，去进行必要的设计和改善以推进气候科学的进步。"[1]

CMIP 的工作得到 IPCC 的高度重视。实际上，IPCC 每次评估报告都会专章讨论评估气候模式的性能和可靠性。比如，IPCC 第一次评估报告（FAR）的第 4 章 "气候模式的验证"[2]、第二次评估报告第 5 章、第三次评估报告的第 8 章、第四次评估报告的第 8 章都对气候模式进行了专章讨论。

到 AR4 时，相对于 TAR，气候模式已经有很大进展。无论是动力核心，物理过程，还是模式分辨率，都有了明显进步。AR4 的 17 个全球耦合环流模式的模拟结果，和观察数据相对比，可以看出，在表面温度模拟方面，模式在 30°S—30°N 的模拟效果较好，优于更高的纬度。模式的多年平均气温模拟的空间分布也与观测数据基本吻合，但对气候变化幅度的模拟还存在一定的不足。在高空温度模拟方面，尤其是 200hPa 以下的区域，模式存在一些偏差（偏低）。降水方面，大部分模式可以模拟出降水的基本纬向分布特征，夏季北半球的模拟效果整体上优于南半球，可能由于南半球温度模拟偏高导致模式模拟的虚假降水增多，也可能与模式的积云对流参数化方案、海洋与海气过程不够完善有关。模式能够模拟出三维风场的基本特征，如南北风分量、东西风分量以及上升下沉区的大致分布，但仍存在一些问题。此外，在湿度和水汽输送上，模式基本上都能够模拟出降水由东亚东南部海洋至东亚西北部中国内陆减少的空间

---

[1] KARL E. TAYLOR, RONALD J STOUFFE, GERALD A MEEHL. An Overview of CMIP5 and the Experiment Design [J]. Bulletin of the American Meteorological Society, 2012, 93 (4).

[2] W. L. GATES, P. R. ROWNTREE, Q. -C. ZENG. "Validation of Climate Models" // J. T. Houghton, G. J. Jenkins J. J. Ephraums. Climate Change, The IPCC Scientific Assessment [J]. American Scientist, 1990. 需要指出的是，第一次评估报告中所用的 "Validation of Climate Models"，作者们的本意是指 "验证"，但这个用法是不准确的，这个词严格来说，应该翻译成 "校验"。在这里我们按照作者们的本意来翻译。IPCC 后来的报告中不再采用这个词，而改成了 "评估"（evaluation）。

分布类型，部分模式还能模拟出降水的部分主要模态，但与观测值尚有一定的偏差。①

AR5 所评估的气候模式许多都包含了对气候变化有重要影响的生物化学循环，因此扩展成地球系统模式（Earth System models，ESM）。这些模式可以进行政策相关的计算，比如相应于某个确定的气候稳定目标的二氧化碳排放。对这些模式，可以采用"性能指标"（performance metrics）进行越来越定量化的评估，评估的范围包括平均气温模拟、历史气候变化模拟、多时间尺度变率模拟和区域变率模式模拟等。

首先，与 AR4 评估的那一代气候模式相比，AR5 评估的气候模式模拟地表温度的能力在很多重要方面都有了较大的提高。② 模式再现观察到的大尺度平均表面温度模式、再现历史时期全球尺度年平均地表温度增加以及 20 世纪后半叶急剧暖化和大型火山喷发之后变冷的信度很高（very high confidence）③。同时，AR5 也指出，绝大多数模拟历史时期温度的模式都没能再现过去 10~15 年全球平均表面温度暖化的减弱。造成 1998 年到 2012 年观测温度和模式模拟趋势之间差异的原因，有中等程度的信度（medium confidence）认为，这在相当大的程度上归因于内部变率，还可能有强迫误差和一些模式高估了温室气体（greenhouse

① 更详细的评估请参见 RANDALL D A, WOOD R A, BONY S, et al. Climate Models and Their Evaluation [R] // Solomon S, D Qin, M. Manning, et al. IPCC, 2007: Climate change 2007: The Physical Science Basis. Contribution of Working Group I to the Fourth Assessment Report of the IPCC (FAR). Cambridge: Cambridge University Press, 2007: 589-662. 也可参见丁一汇. 中国气候变化：科学，影响，适应及对策研究 [M]. 北京：中国环境科学出版社，2009：110-129.

② 我国数位气候学家基于全国 660 个站点 1996—2005 年逐日地面温度观测资料，考察了 IPCC AR5 对 1996—2005 年中国气温模拟的精度，认为 9 个 IPCC AR5 全球气候模式的模拟值与观测值的相关性都比较好。孙侦，贾绍凤，吕爱锋，等. IPCC AR5 全球气候模式对 1996—2005 年中国气温模拟精度评价 [J]. 地理科学进展，2015，34（10）：1229-1240.

③ 在 AR5 中，采用了几种术语来描述已有证据（available evidence）、共识程度（degree of agreement）和信心或信度（confidence）。描述证据的是：有限的（limited）、中等（medium）、有力（robust）；描述共识程度的是：低（low）、中等（medium）、高（high）；描述信心或信任度的是：很低（very low）、低（low）、中等（medium）、高（high）、很高（very high）。此处描述信用用了"很高"，表明科学家们对这个气候模式再现大尺度平均温度的能力很有信心。FLATO G, MAROTZKE J, ABIODUN B, et al. Evaluation of Climate Models [R] // STOCKER T F, QIN D, PLATTNER G K, et al. IPCC, 2013: Climate change 2013: The Physical Science Basis. Contribution of Working Group I to the Fifth Assessment Report of the Intergovernmental Panel on Climate Change. Cambridge: Cambridge university press, 2014. 以下简称 AR5（I）。

gas，GHG）响应的原因。大多数（不是全部）模式高估了热带圈过去30年的暖化趋势，而且还低估了低平流层的长期冷化趋势。

大尺度降水模式的模拟能力也较AR4有了一定的提高，模拟的平均降水空间模式与观测值的相关系数从AR4时期的0.77提高到了AR5模式的8.2①，但模拟降水的性能一直逊色于模拟地表平均温度的性能。在区域尺度上，降水模拟得稍差，但因为观测的不确定性，所以很难评估。

AR5承认，模式模拟云的能力仍然有待提高。对云的模拟一直是气候模式的难题之一，早在1990年IPCC第一次评估报告中就指出未来气候预估的最大不确定性就来自云及其辐射的相互作用。② 云的活动过程相当复杂，既可以吸收和反射太阳辐射，还可以吸收和放射长波辐射，云的辐射特性又跟大气中的水汽、水粒、冰粒、气溶胶和云的高度、厚度等因素相关。AR5很有信心地认为云活动过程的不确定性可以解释许多模拟气候敏感性的差异。虽然如此，AR5还是认为，相比较AR4时期的模式，AR5模式模拟云的能力还是有所提高（modest improvement）。此外，模式现在能够捕捉到风暴轴和温带气旋的一般特征，但模拟再现的风暴轴低估了气旋的密度。

根据AR5，气候模式模拟海洋和海冰的能力也有提高。比如上层海洋热含量的变化，以及热带太平洋平均状态，很多模式模拟热带大西洋的能力仍然存在不足，尚不能再现基本的东西向的温度梯度。任何季节的北极海冰范围季节周期模拟的多模式平均误差小于10%。有力的证据（robust evidence）表明，对夏季北极海冰范围下降趋势的模拟比AR4时代要好，大约1/4的模拟表现出的趋势等于甚至强于卫星时代以来的观测，但冬季和春季北极冰范围的模拟，高估了大约10%。南极冰范围季节周期的多模式模拟平均值与HadISST（Hadley Centre Sea Ice and Sea Surface Temperature）、NASA和NSIDC（National Snow and Ice Data Center）的观测结果相当吻合，但模式间差异范围大约是北极的两倍。

很多观察到的全球和北半球的年际到世纪时间尺度上的平均温度变化，现在都可以通过模式得到再现，大多数模式现在还可以再现与厄尔尼诺有关的热

① AR5给出了地表温度（TAS）、长波辐射（RLUT）以及降水（PR）等结果的模式模拟与观测值的模式相关性（pattern correlations），对比了CMIP3和CMIP5的实验结果。FLATO G，MAROTZKE J，ABIODUN B，et al. Evaluation of Climate Models［R］// STOCKER T F，QIN D，PLATTNER G K，et al. IPCC，2013：Climate Change 2013：The Physical Science Basis. Contribution of Working Group I to the Fifth Assessment Report of the Intergovernmental Panel on Climate Change. Cambridge：Cambridge University Press，2014.
② CUBASCH U，CESS R D. Processes and Modelling［R］. Climate Change：the IPCC Scientific Assessment，1990，69：79.

带太平洋的（2~7 年期）变率峰值。现在有了新的评估千年时间尺度变率模拟的能力，并且可以对低频气候变率进行定量评估。AR5 指出，这一点对于检测和归因研究中使用气候模式来区分信号和噪声很重要。很多季节内和季节现象级气候变率的模式都可以通过模式再现，这一能力自 AR4 以来有了明显的提高。有些模式可以很好地进行对于全球季风、北大西洋涛动、厄尔尼诺南方涛动（El Niño-Southern Oscillation，ENSO）、印度洋偶极子（Indian Ocean Dipole）以及准两年振荡（Quasi-Biennial Oscillation，QBO）的统计模拟，只是发表的相关分析论文和观察数据有限，而且有些变率模式尚不能得到很好的模拟。AR5 很有信心地认为，AR4 以来，季风和厄尔尼诺南方涛动多模式统计有了提高，但并非所有模式都有提高。另外，AR4 以来，对极端事件模式模拟的评估手段有了实质性的进步。

　　AR5 指出，自 AR4 以来的一项重要进步，是地球系统模式①得到了更广泛的应用。大多数地球系统模式模拟的 1986 年到 2005 年的陆地和海洋碳沉降都在观测估算的范围内。但是碳吸收和释放的区域模式还没能得到很好的再现。模拟碳通量（carbon fluxes）的能力非常重要，因为这些模式都被用来估计与一个特定气候变化目标兼容的二氧化碳排放路径。大多数地球系统模式都包含了一个气溶胶的互动式表征，对人为二氧化硫排放也进行了一致性设定。然而因为硫循环过程、自然来源和沉降的不确定性仍然存在，大约各有一半的模式所模拟的 1860—2010 年海洋上空气溶胶光学厚度（0.08~0.22）分别高估或低估于卫星的观测估计值（0.12）。② 此外，最近的一些地球系统模式还包括臭氧层的时间变化，因此可以说，有力的证据表明，AR4 以来，同温层臭氧气候强迫的

---

① 地球系统模式是理解过去气候与环境演变机理、预估未来潜在全球变化情景的重要工具。地球系统模式是集成地学相关研究的重要平台。地球系统模式的出现是地球系统科学发展进程中的一个里程碑，基于地球系统中的动力、物理、化学和生物过程建立起来的数学方程组（包括动力学方程组和参数化方案）来确定其各个部分（大气圈、水圈、冰雪圈、岩石圈、生物圈）的性状，由此构成地球系统的数学物理模型，然后用数值的方法进行求解，编制成一种大型综合性计算程序，并通过计算机实现对地球系统复杂行为和过程的模拟与预测的科学工具。地球系统模式包含的各种规程远比一般的气候系统模式更多，也更复杂，所包含的物理、化学和生物过程几乎涉及地球科学中的绝大多数研究方向。关于地球系统模式的发展及定义，参见王斌，周天军，俞永强. 地球系统模式发展展望［J］. 气象学报，2008，66（6）：857-869.

② FLATO G, MAROTZKE J, ABIODUN B, et al. Evaluation of Climate Models ［R］// STOCKER T F, QIN D, PLATTNER G K, et al. IPCC, 2013：Climate Change 2013：The Physical Science Basis. Contribution of Working Group I to the Fifth Assessment Report of the Intergovernmental Panel on Climate Change. Cambridge：Cambridge University Press，2014.

表征有了提高。

作为总结，AR5 指出，气候和地球系统模式都基于物理原理，它们再现了观察到的气候的很多重要方面，这使得我们更有信心地应用模式来进行检测和归因研究，并定量地预报和预估未来气候变化。

三、从 AR5 看气候模式中的不确定性

气候变化是气候系统中大气圈、水圈、岩石圈、冰雪圈以及生物圈等要素的运动及相互作用的结果，这些高度非线性的相互作用过程极其复杂，因此，所有的气候模式只能程度不同地近似模拟气候过程。不论是大气—海洋全面环流模式、地球系统模式，还是区域气候模式，都是建立在基本自然规律的基础上，如能量、质量和动量守恒定律、热力学定律等。建构气候模式首先要将这些基本物理学定律用数学式表达出来。为了得到能准确描述大气系统的数学表达式，需要在观察和理论分析的基础上进行简化。接下来为了在计算机上运行这些数学表达式，需要发展数值方法以求解这些离散的数学表达式，这通常要采用诸如大气或海洋模式中的经向—纬向—高度网格这样的形式。有些物理量或物理过程无法在模式中得到明确的表达，这主要是因为这些过程高度复杂，比如植被的生物化学过程，或者是因为其发生的空间和时间尺度太小，比如云过程和湍流，超出了模式的分辨力。对这些无法直接明确表达的物理过程，需要进行参数化，也就是建立和运行概念模式。参数化过程非常复杂，通常需要使用观测和综合过程模式对有关过程进行隔离。参数化过程受限于观察、计算资源和当前对有关物理过程的认知水平。

此外，现在最先进的气候模式所要求的超级计算资源相当惊人。计算资源的限制会带来额外的约束。即使有条件利用最先进、最有力的计算机，很多情况下仍然不得不进行一些折中。分辨率高的模式一般会在数学上更加精确，但也需要更高的计算成本、消耗更多的资源，因此，任何模式的分辨率都是有限的。模式的有限分辨率实际上意味着有些过程必须通过参数化来表达。气候系统包含很多物理化学过程，有些过程的相对重要性因核心过程（如碳循环）的时间尺度不同而不同。因此，就需要折中考虑是排除还是把这些过程包括在模式之内，因为牵涉到计算成本和资源的问题。

由于上述各种原因，在模式的构建和应用过程中，无论是初始条件和边界条件的设定、计算方法的选择、对各种物理过程及相互作用的模拟，还是对未

来气候变化的预估，都存在着不同程度的不确定性。这些不确定性，有的来自观察数据，有的来自对物理过程的参数化（parameterization）过程以及参数调整和模式校正（model tuning），有的来自模式开发者对物理过程的理解差异，有的来自计算环境的影响，等等。虽然，随着观测技术、气候理论和计算能力的进步，许多层次上的不确定性正在逐步减少，但很多不确定性的来源依然存在。气候模式是研究气候系统各要素运动规律及其相互作用的"实验室"，也是定量预估未来气候变化的唯一手段，因此，气候模式的不确定性对气候科学以及气候决策的意义自然非常重要。IPCC 在第四次评估报告中明确指出，分析气候模式的不确定性是 IPCC 报告的主要任务之一。[①]

　　AR5 模式评估中涉及大量的不确定性问题。总体来看，有些模式错误的根源，来自过程表征（参数化）的不确定性。有些不确定性是气候模拟中长期存在的问题，这主要是因为，对有些非常复杂的过程以数学表征它们，我们所掌握的知识尽管逐步增加，但仍然相当有限。

　　根据 AR5 的评估，尽管云的模拟有些进步，但仍存在相当大的不确定性。比如，云过程，包括对流及其与边界层和大尺度环流的相互作用，一直是不确定性的主要来源。这进一步造成了辐射的误差或不确定性，而且这种不确定性在耦合过程中被放大了。可以确定地说，这些错误是导致云反馈预估不确定性的主要原因。气溶胶的分布也是模拟微观物理过程和传送时不确定性的来源。AR4 以来，很多 AOGCMs 和 ESMs 都增加了气溶胶—云的相互作用，但气溶胶颗粒及其与云和辐射传输过程的相互作用仍然是不确定性的重要来源。此外，关于硫循环以及硫的自然来源及其沉降，也在认识上存在不足，从而成为不确定性的来源。

　　AR5 还详细评估了海洋模式中存在的不确定性。海洋模型在对垂直和水平方向混合以及对流进行参数化时会产生不确定性，海洋模式的错误导致全球海表面温度（sea surface temperature，SST）偏差，进而影响了大气。大气和海洋的误差以及海冰自身的参数化都会影响海冰的模拟。比如，格陵兰和南极冰盖响应气候变化造成的水融出速率仍然是海平面上升预估不确定性的主要来源。此外，海洋表层热量和淡水通量观测以及对深海的模拟也有更大的不确定性。

　　我们知道，地球系统模式（ESMs）中的生物化学部分，氮限制（nitrogen

　　① LE TREUT H, R SOMERVILLE, U CUBASCH, et al. Historical Overview of Climate Change [R] // SOLOMON S, D QIN, M. MANNING, et al. IPCC, 2007: Climate Change 2007: The Physical Science Basis. Contribution of Working Group I to the Fourth Assessment Report of the IPCC (FAR). Cambridge: Cambridge University Press, 2007: 21.

limitation）森林火灾的参数化被认为对碳循环来说是重要的，但直到 AR5，仍然只有很少的 ESM 合并了这一过程。① AR4 以来，模式分辨率有所提高（modest increase），但那些包括了生物化学过程的长期模拟中，分辨率没有什么提高，主要是因为高度的复杂性。热带和北方地区生态系统对升温和土壤湿度变化的响应关联着很大的不确定性，特别是光合作用的高温响应以及热带雨林二氧化碳的施肥效应程度，都存在相当程度的不确定性。土壤水分蒸发和反照率变化这两种常常相互抵消效应带来的不确定性影响了对温度和极端降水时间的模拟。

此外，AR5 还承认，水汽垂直结构的模拟、古气候重建、对海冰和植被反馈的表征、植被和土壤湿度耦合的表征、大尺度降水模拟、极端降水的观测、硫酸盐负荷的预估，以及对土地生态系统对气候和二氧化碳响应的观测和模拟等都存在程度不同的不确定性。

结合 AR5 的模式评估报告，我们把上述不确定性概括为两大类。一类源自模式本身，包括对自然过程的数学表征以及参数化过程，我们可以将这类称为表征或参数导致的不确定性。还有，因不同模式的方法论选择、边界条件设定等的不同也会导致不确定性，可称之为结构性不确定性。另外一类是观测数据的不确定性，观测数据的时间长度或质量不足，都会带来模式的不确定性。有时一个模式偏差会与另外一个相关。尽管这些误差的根源常常是不清楚的，但是对因果链或相互关联的偏差的认识，有助于模式性能的改进。例如，风暴轴位置的偏差部分来自墨西哥湾流和台湾暖流的 SST 偏差。有些变率和趋势的偏差可以部分追踪到平均态的偏差。当海冰厚度被高估的时候，9 月北极冰范围下降趋势就会被低估。这些情况下，平均状态的提高可以提高变率或趋势的模拟。

然而，气候模式中无法根除的大量不确定性，仍然使得气候模式的检验存在极大的困难和争议。正如科学哲学家们所指出的，气候模式无法全方位地模拟真实的大气系统，只能近似地模拟大气系统的运动过程，所以，对气候模型进行所谓的证实或检验显然仍然是非常困难的。这样我们可以理解，对于"气候模型可以证实吗"这个问题，著名气候学家施耐德直截了当地给出回答说："这是一个基本的哲学问题。严格地说，逻辑上的回答是：不能。"②

---

① 根据利比希最小因子定律（Liebig 's law of the minimum），植物生长需要一定比例的基本元素；如果元素的实际比例不是其特定比例时，供应量最少的资源将成为限制该植物生长的主要因素。那么植物生长需要一定的氮磷比，如果氮少于这个氮磷比所需的量，那么植物生长受氮限制，如果磷少于这个比值的量时，受磷限制。

② 斯蒂芬·施奈德. 地球：我们输不起的实验室［M］诸大建，周祖翼，译. 上海：上海科学技术出版社，2008：79-80.

四、气候模式与全球变暖假说的检验：从科学哲学的观点看

根据前文所述 CMIP 计划（以及许多其他气候模式比较研究计划）、IPCC 报告和气候学家对气候模式的检验和评价，我们可以说，气候模式正在变得越来越好。现在的气候模式是极端复杂的计算机程序，不仅囊括了人类对气候系统的所有科学认识，也在当前人类科学技术所能达到的最高水平上，尽可能真实地模拟了大气、海洋、陆地、冰雪、生态系统的运动以及它们的相互作用和各种复杂的物理、生物、化学过程。

通过前文的介绍，我们已经看到，从 1990 年 IPCC 第一次科学评估以来，气候模式取得了巨大进步。现在的地球系统模式（ESMs）比 FAR 时代气候模式的性能要好得太多了。比较 AR5 和 AR4 的结果，我们可以清楚地看到，气候模式在几年间又取得了明显进步。特别是，更好更快的超级计算机使模式的分辨率大大提高，可以模拟空间上更精细的气候过程。此外，气候系统的科学研究的进步，以及更精确的观测数据，都使得气候模式能更好地模拟和预估气候过程，提高了我们对气候过程的认识和理解。但是，由于气候模式的高度复杂性和不确定性以及由此产生的诸多争议，我们有必要讨论气候模式涉及的一些认识论问题，特别是检验和确证的问题。

我们知道，模型是科学中的重要组成部分，像欧多克斯的宇宙模型、开普勒行星模型、卢瑟福的原子模型、克里克和沃森的 DNA 双螺旋模型，等等。模型不仅可以形象直观地再现科学研究的对象，也可以促进人们对对象的认识，成为研究所模拟对象的有力工具。因此，在包括社会科学在内的几乎所有的科学领域中，科学模式都是重要的表达手段和研究工具。科学哲学家们已经对科学中的各种模型进行了长期的研究，试图澄清模型在科学实践中的意义和作用。

最早对科学模型进行认识论讨论的是法国科学哲学家皮埃尔·迪昂（Pierre Duhe）。1904—1905 年，迪昂发表数篇论文讨论物理学模型。但是，他把模型视为物理学理论的具化，是抽象思维能力下降的结果；尽管物理学模型能为某些物理学家提供指引，但并没有为物理学带来真正的进步①。对迪昂的观点，英国科学哲学家玛丽·赫西（Mary Hesse）提出了不同的看法。赫西认为，模型与类

---

① 皮埃尔·迪昂. 物理学理论的目的与结构［M］. 李醒民，译. 北京：华夏出版社，1999.

比内在于一般科学实践中，尤其是在科学进步中占有特别重要的地位。她指出，为了帮助我们理解一个新系统或新现象，我们常常创造一些类比性模型，并将其与我们熟知的现象或系统加以比较，从而更加深刻地认识自然现象。① 赫西为气候模型的哲学分析提供了重要的理论框架和分析案例。气候模式的复杂性远远超过普通的物理学模型、化学模型甚至经济学模型，因此，会比普通科学模型涉及更多的哲学问题。

前文提到的施耐德提出的关于气候模式无法证实的观点提出了一个重要的哲学问题。我们在前文提到，美国科学哲学家奥瑞斯科②等人在《科学》上发表《地理科学中数字模型的证实、确证和确认》③ 一文，提出自然系统的开放性和数字模拟的非唯一性使得模型的证实和确证是不可能的。她的观点从哲学上回答了气候学家施耐德明确提出的气候模式不能证实的论点。后来，保罗·爱德华兹与埃里克·文斯伯格也都提出了类似的观点。施耐德、奥瑞斯科、爱德华兹等人的观点给科学哲学提出了一个任务，使我们有必要重新审视气候科学模型或理论与经验之间的关系。因为，如果不接受事实的检验，不将模型或理论预言的结果与经验事实进行比较，我们如何去评估、确立该模型或理论的科学性？我们如何认识气候科学界最近有关气候模式的评价与检验的努力？毕竟，从科学实践和科学哲学的角度看，科学理论确立的唯一标准就是实验的检验。关于这个问题，卡尔·波普尔（Karl Popper）有一段著名的论述。1953 年夏，波普尔在剑桥大学彼得豪斯学院的演讲中说：

这些想法使我在 1919—1920 年冬天作出以下的结论，现在可以重述如下。

（1）差不多任何理论我们都很容易为它找到确证或证实——如果我们寻找确证的话。

（2）只有当确证是承担风险的预言所得的结果，就是说，只有当未经这个理论的启示就已经预期一个和这个理论不相容的事件——一个可以反驳这个理论的事件时，确证才算得上确证。

（3）任何"好"的科学理论都是一种禁令：它不允许某种事情发生。一种理论不容许的事情越多，就越好。

① MARY HESSE. Models and Analogies in Science ［M］. London：Sheed and Ward, 1963.
② Oreskes 是 Mary Hesse 的学生。
③ ORESKES N, SHRADER-FRECHETTE K, BELITZ K. Verification, Validation, and Confirmation of Numerical Models in Earth Sciences ［J］. Science, 1994, 263 (5147)：641-646.

（4）一种不能用任何想象得到的事件反驳掉的理论是不科学的。不可反驳性（如人们通常会想的那样）不是一个理论的长处，而是它的短处。

（5）对一种理论的任何真正的检验，都是企图否证它或驳倒它。可检验性就是可证伪性。

……

（7）有些真正可检验的理论，被发现是假理论，仍旧被赞美者抱着不放——例如专为它引进某种 ad hoc［特设性］假说，或者特地为这个目的重新解释这个理论，使他逃避反驳。这种办法总是办得到的，但是这样营救理论免于被驳倒，却付出了破坏或至少降低理论的科学地位的代价。（我后来把这种营救行动称为一种"约定主义［conventionalism］曲解"或者"约定主义策略"）。

所有这些可总括起来说，衡量一种理论的科学地位的标准是它的可证伪性或可反驳性或可检验性。①

气候模型不等同于气候科学理论，只是对一些科学理论的应用，但是以一些基本的气候科学原理为基础的。与一般的科学理论类似，气候模型还基于一些经验事实，做出一些经验的预言，因此具备经验检验的条件。按照波普尔所说，我们很容易为气候模式找到确证或证实的证据。任何气候模式的定量的预言都可以被视为预期了一个和这个模式不相容的事件（比如大气中 CO_2 增加多少会导致多少摄氏度的升温，气溶胶、水蒸气以及云的变化会产生怎样的结果，太阳活动的变化会导致气候的什么样的变化，等等）。从这个角度看，气候模式的实践是可以用"想象得到的事件反驳掉的"，也就是说，气候模式是具有可反驳性的，是可以检验的。

但是，为什么施耐德、爱德华等人却坚定地认为气候模式无法证实或检验？这主要与波普尔所说的上述第（7）条有关。因为，气候和气候模式的复杂性，导致气候模式的许多定量预言很难得到严格意义上的确证，因此为了避免被认为是"假理论"，气候科学家或模拟者们为了逃避反驳，采取了一些波普尔所说的"特设性"手段，以营救气候模式，使之免于被驳倒。这种特设性手段主要

---

① 卡尔·波普尔. 猜想与反驳［M］. 傅季重，纪树立，周昌忠，蒋弋，译. 杭州：中国美术学院出版社，2003：47. 译文略有调整。其中，"conventionalism"原译者译为"惯例主义"，我改译为"约定主义"。

与参数化和调整有关。

从科学哲学的角度来看，气候建模中的参数化和调整使得气候模型的检验问题变得极为复杂。所谓参数化，是指在建模过程中，把那些次网格过程（模型无法辨识、模拟的小尺度过程，如云），归化为（模型可以得到的）某些大尺度变量的函数，如把云归为温度和湿度的函数。西蒙·夏克雷（Simon Shackley）等人指出，参数化是值得争议的，它对气候模型的影响并不总是积极的。一方面参数化本身往往缺乏真实的物理基础，也就是并不能保证真实反映实在，此外，这种不真实的行为还会对整个模型的质量产生难以估量的影响。①

此外，影响气候模式检验的另外一个相关的因素是所谓的调整。在气候模型中，充满了所谓的特设性（ad hoc）调整，即为了和观测结果相一致而对模型进行修饰和校正。气候科学实践可以被称为科学技艺活动，它和物理学理论、观测资料之间的关系多种多样，这使得气候模型的检验变得极为复杂。因为一个模型与观测数据相吻合并不能保证它体现的原理是真的：或者有其他模型同样可以说明这些观测资料，或者这一模型有可能不符合未来的观测资料。

因为气候模型存在着如此根本、重要的方法论和认识论问题，有些科学家拒绝认可气候模型的有效性或真理性，最具代表性的是著名科学家弗里曼·戴森（Freeman Dyson）的说法，他认为："气候模式描述云、烟尘、土地……的能力很差。它们中充满了篡改的因子，以或多或少地迎合观测数据。没有理由相信这些篡改的因子能正确说明不同化学过程的世界或二氧化碳含量增高的世界。"②

众所周知，弗里曼·戴森是近年来气候科学研究的著名批评者，他对气候模式一直持坚决的批判和否认态度。从 AR5 呈现的诸多相关内容可以看出，模式模拟云、气溶胶过程的能力尚存在缺陷，在许多方面存在程度不同的不确定性。我们应该承认，现在的气候模式仍然存在很多不足。就像没有完美的科学理论，也不存在完美的模式。虽然气候模式的性能越来越好，而且在不断进步，但是我们也要看到，气候模式在复杂程度上的每一次小小的提升，都难免顾此失彼，带来一些新的问题（错误或不确定性）。提高模式模拟某一个过程的能

---

① SHACKLEY S，YOUNG P，PARKINSON S，et al. Uncertainty，Complexity and Concepts of Good Science in Climate Change Modelling：are GCMs the Best Tools？［J］. Climatic Change，1998，38（2）：159-205.

② DYSON F J. A Many-colored Glass：Reflections on the Place of Life in the Universe［M］. Charlottesville University of Virginia Press，2007：46. 戴森说："我研究过气候模型，我知道他们能做什么。这些模型解流体动力学方程，它们在描述大气和海洋流体运动方面做得不错。但它们在描述云、灰尘、土地……方面极为糟糕。它们甚至还没开始描述我们生活其中的真实世界。"

力，就可能会在某种程度上暂时降低了模式模拟另外一些气候过程的能力。此外，模式在很多过程的细节方面，仍存在着不同程度的不确定性。

所以，正如 AR5 也不得不承认的，虽然"气候模式正在变得越来越好，我们可以基于历史观测用量化的性能指标来证明这一点，……气候模式中很大程度上基于可证实的物理学原理，而且能够再现出过去对外来强迫响应的很多重要方面。以这种方式，它们提供了一个对人为强迫不同情景的气候响应的科学上的可靠预演"。但是，"对未来气候的预估无法直接进行评估"。①

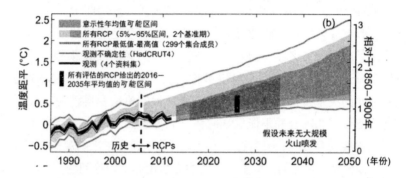

图 2　气候模式对历史气候模拟和对未来气候的预估，黑色曲线为观测值，灰色区域为模式预估值②

我们看看气候模式的预言与实际观测的数值是不是符合。图 2 是 GCMs 对21 世纪气候模拟和预估的结果与气候变率实际观测数据的比较。图中虚线左侧是 2004 年气候模式基于观测数据对过去数十年气候的模拟，右侧是对随后十年（2005—2014 年）的预言。图中黑色曲线是观测值，而灰色曲线和区域是众多GCMs 的模拟和预言。可以看到，气候模式对未来十年的预言绝大多数都高于实际观测值。此外，气候模式还未能预言 21 世纪初暖化的减缓，未能预言海洋涛动的模式和时序，甚至无法说明太阳和太阳变化对气候的影响。尽管如此，考虑到气候和气候模式的复杂性，我们尚不能简单断言气候模拟的预言与观测数据的不符就否证了气候模式的科学性，气候科学家们依靠参数化和特设性调整对气候模式的结果进行了重新解释（主要以不确定性的名义），只是，用波普尔

① FLATO G, MAROTZKE J, ABIODUN B, et al. Evaluation of Climate Models〔R〕// STOCKER T F, QIN D, PLATTNER G K, et al. IPCC, 2013: Climate change 2013: The Physical Science Basis. Contribution of Working Group I to the Fifth Assessment Report of the Intergovernmental Panel on Climate Change. Cambridge: Cambridge university press, 2014: 825.

② IPCC AR5, 图 11.25.

的话说，这是以"破坏或牺牲理论（气候模式）的科学地位为代价的"。

此外，值得注意的是，影响气候模式评估与检验的还有一些认识论和心理学方面的因素。模式的制造者通常也是使用者。因为气候和气候模式的复杂性，各种全球气候模式的建造者只能建造气候模式中的一部分，然后将这些部分与其他建模者制造的部分整合起来。甚至那些仅仅使用气候模式的科学家也会根据自己的目的对气候模式进行相应的调整和修改。因此，使用者和建造者之间的角色很难清晰地区分，使得对气候模式的独立、客观的评价产生了困难。同样因为气候和气候模式的复杂性，以及气候科学和气候模式制造的高度技术化、复杂化所导致的不断的专业化，使得科学家们（特别是建模者）无法有足够的时间对气候科学的进展，特别是大量的观测数据进行必要的调研，而这对于气候模式的检验和评价来说是非常关键的。这种高度专业化导致的观测科学家和建模科学家及理论科学家之间的距离需要引起高度的注意。气候建模者通常会对自己制造的气候模式投入大量的社会资金、情感和信念，甚至将自己的职业成败和业界的地位与之联系起来，这势必影响他们对自己制造的气候模式的批判性态度。当然，这种心理和社会因素在整个科学界都不同程度地存在着，但考虑到气候模式的复杂性，这一现象尤其值得我们重视。[①]

基于上述原因，我们可以得出结论说，气候模式（的预言）是可以检验的，但迄今尚没有得到充分的经验确证。而且，由于参数化和特设性调整，使得气候模式的确证极为困难，这也使一些气候科学家和科学哲学家认为应该直接放弃对气候模式的确证甚至检验。那么，接下来我们应该思考的问题是：气候变化理论的核心假说是可检验的吗？实际上，上述气候模式的预言与实际观测数据的差异主要源自气候变化科学的主要假说，即 CO_2 浓度的增长是驱动气候变化的主导因素。接下来，我们再从科学哲学的角度讨论一下气候变化核心假说

---

① 曾有气候建模科学家在受访时称："［当我把我的模式的结果报告给其他建模者的时候］我试图告诉他们，我的模式中有这样那样的错误，并且，我认为所有模式中都存在这些错误，我认为这些错误来自我们解方程的方式，我们有这些系统性问题，等等。结果，这常常会使你与其他建模者的关系产生麻烦。但与那些对真实世界感兴趣的人之间的关系很少会产生麻烦，他们更有包容性……当我报告的时候，我说，这个模式至少与任何其他人的模式一样好，存在的这些问题同样存在于所有其他人的模式中。他们通常很不高兴，即使我并没有指明具体某一个模式。……当他们贩卖某些观点时，我说，嘿，在这一点上我（的模式）错了，你做的是同样的事情！而且，你不可能比我做得更好，因为我知道这并非一个代码错误的问题。这时，他们也很不高兴［大笑］。"LAHSEN M. Seductive Simulations? Uncertainty Distribution around Climate Models［J］. Social Studies of Science，2005，35（6）：895-922.

的检验性问题。

从科学哲学的角度看，科学假说的提出与检验是科学发展的核心过程。基于对新的经验事实和已有理论的分析，科学家们会提出问题和对问题的尝试性回答，形成科学假说。科学假说的提出和检验或验证形成了新的科学理论，推动了科学的发展。总体上看，气候科学的发展也应该具有这样一个基本过程。

一般来说，存在两种不同类型的科学假说。一种是基于经验事实的概括总结提出的经验定律型假说，重在整理分析散乱的科学事实，也就是回答"怎么样"的问题，运用归纳、统计等方法，提出规律性的说明，比如门捷列夫元素周期律、开普勒定律等。另一种是原理定律型假说，重在揭示现象背后的本质，也就是回答"为什么"的问题，基于某些经验事实和原理，运用猜想、溯因和演绎等方法，提出规律性的说明，如基因论、电磁理论、相对论等。不论是经验型假说，还是原理型假说，都要接受新经验事实的检验。只是，由于经验型假说本来就是基于对大量经验事实的归纳概括，因此相对稳定，不太容易受到新经验事实的反驳。而原理型假说由于是对经验背后事物本质或原因的猜想和说明，涉及自然现象更基本、更深刻、更普遍的层次，因此更容易受到新经验事实的反驳。

我们知道，气候科学是一个极其复杂的理论体系，但我们依然可以提炼出其核心理论或假说。根据 IPCC 报告和气候科学界的主流共识，我们可以归纳出气候科学的核心理论或假说。比如，IPCC AR5 称：

> 1951—2010 年观测到的全球地表平均温度上升中超过一半极可能是由人为增加的 GHG 浓度和其他人为强迫共同造成的。人类对变暖贡献的最佳估测值与同一时期内观测到的变暖是近似的。1951—2010 年 GHG 造成的全球平均地表升温可能在 0.5℃~1.3℃，而其他人为强迫（包括气溶胶的冷却效应）、自然强迫及自然内部变率进一步加剧了温度上升。评估的上述因素总体与该时期观测温度上升 0.6℃~0.7℃一致。①

根据上述论述以及主流科学观点，我们可以将气候科学核心假说归纳为如下几点：

---

① PACHAURI R K, MEYER L A. Climate Change 2014: Synthesis Report. Contribution of Working Groups I, II and III to the Fifth Assessment Report of the Intergovernmental Panel on Climate Change [R]. 2014: 48.

1. CO_2 等气体是温室气体（GHG），可以在太阳直接照射之外额外温暖地球。

2. 大气中温室气体浓度的增加会导致全球平均温度的增加。

3. 人类活动产生了越来越多的温室气体，导致全球平均温度不断增加。

简言之，人类排放温室气体（主要是 CO_2）的增加，会增加全球平均温度（或者说全球平均温度增加可能是由人类排放温室气体的增加引起的）。其中，第 1 条没有什么争议。有争议或争议较大的是第 2、3 条，尤其是第 3 条，因此，我们称之为未通过检验或未得到确证的假说。

首先看第 2 条。根据这一假说：如果大气中温室气体增加，则全球平均气温增加。前者为因，后者为果。如果全球平均气温增加，则可能的原因是温室气体增加。我们知道，如果通过实验或事实 p 确证一个理论假说 t，用公式表示为：如果 t 为真，则 p 为真。如果 p，那么会有两个结果：t 为真，或 t 为假。因为按照波普尔的观点，如果观察结果与检验蕴含一致，并不能证实一个理论，因为理论是全称命题，而经验事实都是有限的。但是，这可以算是对一个理论命题的确证。如果从理论 t 推出 p，而事实是非 p，则 t 为假。也就是说，t 被证伪了。根据假说 2，应该推出 p：CO_2 增加⇒温度增加。但是，如果 CO_2 增加了，而温度没有升高，就构成对该假说的挑战。

依此来看，假说 2 和假说 3 不但没有得到确证，甚至面对被证伪的可能性。比如罗斯曼发现，历史上大气 CO_2 浓度的三个高峰期都是在地球相对较冷的时期。[1] 也就是说，CO_2 增加了，全球温度并没有增加，甚至处于相对冷期。这实际上是与假说 2 推出的事实相反。[2] 此外，地质和古气候数据还表明，气候温度的上升或下降明显早于 CO_2 浓度的增加或降低。也就说，温度上升或下降发生在 CO_2 浓度的增加或下降之前。从时间序列上说：温度上升⇒CO_2 增加，或温度下降⇒CO_2 下降。也就是说，温度上升了，却并非 CO_2 增长的结果。费舍尔等人发现，25 万年以来的三次冰期后都发生了剧烈的暖化，但是，每次温度的升高都发生在 CO_2 浓度的升高之前，而且，CO_2 浓度的升高都是在

---

[1]　ROTHMAN D H. Atmospheric Carbon Dioxide Levels for the Last 500 Million Years [J]. Proceedings of the National Academy of Sciences，2002，99（7）：4167-4171.

[2]　帕格尼等人发现，在 4.3 万年前到 3.3 万年前之间，CO_2 浓度曾发生三次剧烈的波动，前两次波动，大气气温并没有响应，而第三次波动中，随着 CO_2 浓度的增加，大气温度却降低了。PAGANI M，ZACHOS J C，FREEMAN K H，et al. Marked Decline in Atmospheric Carbon Dioxide Concentrations during the Paleogene [J]. Science，2005，309（5734）：600-603.

变暖之后 400~1000 年才发生。① 当然，我们不能推论说 CO_2 上升是温度增加的结果，但至少不能说这几次温度升高是大气中 CO_2 增加的结果。再比如，这一假说无法说明中世纪暖期和后来几个世纪的小冰期现象。因为在中世纪暖期，温度增加了，但 CO_2 并没有明显的增长。而小冰期时，CO_2 浓度也没有明显的下降。因此，这些证据即使没有证伪第 2 条，至少构成对该假说的重大挑战。

相应的，对于第 3 条假说，也存在同样的情况。根据这一假说，人类从 19 世纪进入工业时代以后，人类活动排放的 CO_2 等温室气体持续增长，导致了大气平均气温的不断上升。这就是人为全球变暖假说（Anthropogenic Global Warming，简称 AGW）。图 3 为 1958 年以来的基林曲线②，显示从 1958 年以来，大气中 CO_2 浓度持续稳定地增加，已经由 315ppm 增加到目前的大约 410ppm。

我们知道，19 世纪以后，人类进入工业化时代，人类的工业生产活动排放了大量的 CO_2、CH_4、N_2O 等温室气体，这些气体不断在大气中积聚，浓度不断上升，根据假说 2 和假说 3，我们自然可以预期，从 19 世纪以来的全球平均温度会呈现出不断上升的趋势。然而，大约在 1945 年，全球气温突然停止了上升的趋势，出现了停滞甚至小幅度的下降，直到 20 世纪 70 年代末，才结束了这次降温。如图 4 所示③。

① FISCHER H, WAHLEN M, SMITH J, et al. Ice core records of atmospheric CO_2 around the last three glacial terminations [J]. Science, 1999, 283 (5408): 1712-1714. 此外，佩蒂特等人发现，过去 50 万年中每次冰期开始时，温度的降低也都明显早于 CO_2 浓度的降低 PETIT J R, JOUZEL J, RAYNAUD D, et al. Climate and atmospheric history of the past 420, 000 years from the Vostok ice core, Antarctica [J]. Nature, 1999, 399 (6735): 429-436. 还有，马德尔西等人也发现，过去 40 多万年中大气中 CO_2 浓度的变化明显滞后于温度的变化，滞后时间为 1300~5000 年。MUDELSEE M. The Phase Relations Among atmospheric CO_2 Content, Temperature and Global Ice Volume over the Past 420 Ka [J]. Quaternary Science Reviews, 2001, 20 (4): 583-589.

② Trends in Atmospheric Carbon Dioxide [DB/OL]. (2018-07-05) [2018-08-01].

③ Houghton J T, Y Ding, D J Griggs, et al. IPCC, 2001: Climate Change 2001: The Scientific Basis. Contribution of Working Group I to the Third Assessment Report of the Intergovernmental Panel on Climate Change [R]. Cambridge: Cambridge University Press, 2001: 3.

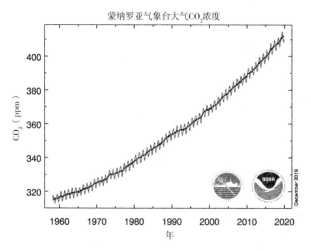

图3　1958年以来大气中二氧化碳浓度的变化

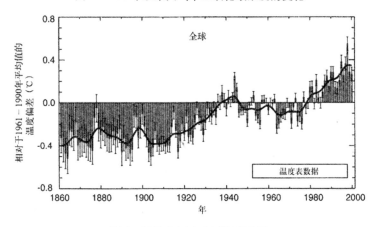

图4　1880年以来全球气温变化

此外，1980年后开始的升温持续到20世纪末。2001—2012年，升温减缓，甚至有轻微的降温。但这10年中，人类向大气中排放的CO_2等温室气体却在急剧增长。

可以说，1945—1975年这大约30年的降温以及21世纪最初10年的减缓或小幅度降温构成对假说3或AGW假说的有力挑战。当然，从科学哲学的角度来说，单纯从逻辑上对一个假说或理论的确证并不能证实该假说或理论，但对这个理论或假说的一个否证，却可能决定该假说或理论的命运。因为，从该假说或理论可以通过逻辑的推理推出一个单称的陈述，根据否定后件的规则，如果发现与这个陈述相矛盾的事实，就可以否证该全称陈述。当然，考虑到气候系统和气候科学的高度复杂性以及大量的不确定性，包括太阳活动、气候内部变率、水蒸气等影响气候的其他因素,我们尚不能根据以上证据就断言假说2或假说3被否证了。但我们可以肯定地说,假说2和假说3受到了上述事实的有力挑战,或者,我们至少不能说假说2和假说3得到了确证。因此,认为人为全球变暖不再是假说,而是已经确立了的(settled)科学理论,从科学哲学的角度来看,显然是不恰当的。

第三章

IPCC 与气候科学共识的本质

2007 年 10 月 12 日，挪威诺贝尔和平奖委员会宣布，因为"增进和传播关于人为气候变化的知识，以及为抵抗这一变化奠定基础而付出了努力"，政府间气候变化专门委员会（IPCC）和美国前副总统阿尔·戈尔（Albert Arnold［AI］Gore Jr.）将分享 2007 年诺贝尔和平奖。戈尔获奖理由在于"传播"气候变化知识的贡献，而 IPCC 的获奖理由显然在于"增进"气候变化知识的贡献。挪威诺贝尔和平奖委员会说："通过在过去 20 年中发布的科学报告，IPCC 创造了一个日益扩大的可靠共识：在人类活动和全球变暖之间存在着联系。来自 100 多个国家的科学家和官员合作，达成了对暖化程度的很确定的认识。"[①] 这时，大致每隔 5 年一次发布的 IPCC 报告已经成为全世界关注的焦点。IPCC 对全球的影响力达到了高峰，诺贝尔和平奖就是最好的证明。然而，实际上，IPCC 几乎从其诞生之日起，就不得不面对各种争议甚至反对的声音。除了全球气候联盟（Global Climate Coalition）、非政府间气候变化专门委员会（Nongovernmental International Panel on Climate Change，NIPCC）这样的组织机构长期对 IPCC 的持续批评，IPCC 自身也不时因为学术丑闻而造成对自身声誉的极大伤害，如"曲棍球杆曲线门""冰川门""气候门"等事件。这些事件在公众中产生极大影响，将 IPCC 一次次置于舆论的漩涡之中。IPCC 到底是什么样的机构？它是怎么成立的？为什么 IPCC 代表的气候科学共识是可靠的？或者它究竟可靠不可靠？IPCC 气候科学共识究竟是科学还是政治？这些问题，显然需要我们回答。

目前，IPCC 共发布了六份综合评估报告。1990 年，IPCC 发布了第一份气候变化评估报告，成为《联合国气候变化框架公约》（*United Nations Framework Convention on Climate Change*，UNFCCC）的基础。1992 年发布了补充报告，为里约峰会（第二届联合国环境与发展大会）的国际谈判提供了科学基础。此后，

---

① The Nobel Peace Prize for 2007 to the Intergovernmental Panel on Climate Change（IPCC）and Albert Arnold（Al）Gore Jr. -Press Release［EB/OL］.（2018-08-01）［2018-08-01］.

IPCC 每一次报告都会引起全世界的高度关注。IPCC 第五次评估报告于 2012 年至 2014 年陆续发布。现在第六次评估报告也已陆续发布。但是，由于 IPCC 评估报告是世界许多国家主要科学家的集体工作的结果，并声称经过了远较科学期刊或著作的同行评审更严厉、更详尽的同行评审过程①，因而被认为广泛地代表了气候科学界的科学共识，这是 IPCC 报告乃至 IPCC 权威性的基本保障。然而，由于气候变化的高度复杂性和不确定性，特别是应对气候变化不仅意味着对传统能源产业的巨大挑战，也会影响到各个国家的经济发展和人民生活水平，因此从 IPCC 开始发布评估报告以后，势必受到各利益相关方的严厉审查。尤其是一些意外事件和科学上的失误，更是引起了激烈的批评和质疑。批评和质疑的焦点就是 IPCC 所代表的气候变化科学共识。

如今以 IPCC 为代表的气候科学共识已经成为国际气候政治的科学基础，对整个世界的经济和政治发展产生了并仍将产生越来越大的影响。气候科学共识常被作为论证全球变暖的有力证据，被认为是驳斥异议的最有力武器。在纪录片《全球变暖：难以忽视的真相》（An Inconvenient Truth）中，美国前副总统阿尔·戈尔说："有人对过去十年来，在同行评议杂志上发表的与全球变暖有关的所有文章，进行了大量的研究。你知道，在这些文章里，对我们导致了全球变暖以及它是一个严重问题这一科学共识，有多少文章持不同观点吗？一篇都没有！……没有一篇不同意科学共识。"②

对"科学共识"的着力强调是当前气候变化话语中明显不同于其他科学的特点。所谓科学共识，指的是科学家对某些科学问题的认识和判断达成了某种程度的一致看法。③ 从科学史、科学社会学或科学哲学的角度来看，科学共识一般是在相当基础或相当抽象的层次上达到的，如科学家一致接受某个基本定律或理论，或某个重要概念，或普遍采用某种基本方法。对一般科学而言，

① Union of Concerned Scientists. The IPCC: Who Are They and Why Do Their Climate Reports Matter? [EB/OL]. (2018-07-16) [2018-08-01].
② Al Gore, An Inconvenient Truth. 导演：Davis Guggenheim, 由 Paramount Classics 于 2006 年出品。戈尔是推动气候变化政治化的关键人物之一，这一影片纪录、描述了多年来他在宣传全球变暖上的努力。该影片在美国、欧洲乃至全世界产生了重大影响。2007 年，戈尔和 IPCC 一起被授予该年度诺贝尔和平奖。
③ 如英国科学家、科学哲学家 M. 波兰尼把全体科学家"在科学范域之内寻找"到的"关于日常经验之性质的普遍假定"和"一些有关科学发现及其验证过程的更具象的特殊假定"等"彼此一致的共同基础"称为"共论"（consensus，即共识）（迈克尔·波兰尼. 科学、信仰与社会 [M]. 王靖华，译. 南京：南京大学出版社，2004：44-53.）。而托马斯·库恩称之为"范式"（paradigm）。

科学共识是科学家个体之间独立、自发形成的，很大程度上是科学自身发展的结果，基本不受科学外部的社会、政治因素的影响。史蒂夫·富勒（Steve Fuller）曾对科学共识进行了一般性研究。他把共识分为两大类型，一类是"偶发性共识"（accidental consensus），即所有个体通过自己的独立判断而选择的理论；另外一类是"必要性共识"（essential consensus），这是经过集体协商、讨论而确定的观点。富勒指出，真正的科学共识都是"偶发性共识"，而不是"必要性共识"。此外，他还发现，作为科学共识的"偶发性共识"一般是在很抽象的层次上达到的，而在较为具体的问题上，往往会分化出不同的观点和见解。①

基于以上认识，本章试图通过追溯气候科学共识达成的历史，来尝试性地回答如下问题：既然科学共识是多数科学家的一致观点，那么在气候变化这一如此复杂、存在很多不确定性的科学领域中，科学共识是如何达成的？经历了哪些过程？有哪些人物或组织、机构乃至社会或政治因素推动了这一共识的达成？它的达成有怎样的特点？IPCC 如何代表了气候科学共识？这一科学共识的本质是什么？

一、气候科学共识的起源

现代气候科学起源于 19 世纪，但直到 20 世纪 50 年代后才取得迅猛发展。在几个国际组织的推动下，气候科学规模迅速扩大，而气候科学共识也以很快的速度得以酝酿、形成。

构成现代气候科学共识的基本概念和猜想最早于 19 世纪提出。1827 年，法国物理学家傅立叶提出了大气温室效应的猜想。② 19 世纪中叶，英国物理学家丁达尔发现，有些气体可以吸收热辐射，大气中这些气体的浓度变化可以引起气候的改变。③ 最早提出气候变化温室效应理论的是瑞典物理学家阿仑尼乌斯，

---

① STEVE FULLER. Social Epistemology, Bloomington [M]. Bloomington：Indiana University Press, 2002：207-232.

② FOURIER J. Mémoire sur les Températures du Globe Terrestre et des Espaces Planétaires [J]. Mémoires de l'Académie Royale des Sciences de l'Institut de France, 1827, 7：570-604. 傅立叶提出，如果没有大气的存在，地球将要冷得多。

③ JOHN TYNDALL. Further Researches on the Absorption and Radiation of Heat by Gaseous Matter [M] //TYNDALL. Contributions to Molecular Physics in the Domain of Radiant Heat. New York：Appleton, 1873：117.

他认为人类燃烧化石燃料排放的 CO_2 可能会影响热量从地球表面的逃离，从而改变大气的温度。[①] 这些重要的概念和猜想成为气候科学的开端和基础，也是后来达成的气候科学共识中最核心的部分。

20世纪上半叶，因为战争、经济衰退等因素，气候变化没有受到社会各界的重视。但到了五六十年代，随着战后社会经济的发展，特别是计算机和卫星通信技术的突破，气候科学家开始有条件和能力来研究、模拟全球尺度的气候变化。再加上气象预报的迫切需要，逐渐有更多的科学家开始研究气候科学。他们或者精确测量地球表面的平均温度及 CO_2 浓度的改变，或者建立复杂的计算机气候模型（Climate Model）来模拟气候变化的过程。气候科学家共同体迅速形成。

气候变化研究中的一个重要问题是温室气体和气候变化的关系问题。1967年，日裔美国科学家真锅淑郎和维瑟尔德（Richard T. Wetherald）通过计算机模拟得出，如果大气中 CO_2 浓度增加一倍，全球气温将上升2摄氏度。[②] 尽管他们的计算并不具有很高的可信度，但这项研究仍然引起了广泛关注。因为，这意味着人类活动有可能会引起气候和环境的改变，从而潜在地具有重要的政治和经济含义。几年后斯德哥尔摩召开了“人类对气候影响的研究”（Study of Man's Impact on Climate，SMIC）大会，会议报告称“20世纪前40年全球平均温度有所上升，但后来开始下降”[③]。这个事实让人们一度怀疑 CO_2 浓度与温度变化到底有没有关系（因为后来排放了多得多的 CO_2，温度却下降了）。

不少科学家们担心，气候变化可能产生一些严重后果。于是，一方面，气候科学研究迅速得以发展，另一方面，气候变化很快进入政治领域，成为国际政治的重大议题。从这个角度看，1972年在斯德哥尔摩召开的联合国人类环境大会（The United Nations Conference on the Human Environment）具有重要的历史

① ARRHENIUS S. XXXI. On the Influence of Carbonic Acid in the Air upon the Temperature of the Ground [J]. The London, Edinburgh, and Dublin Philosophical Magazine and Journal of Science, 1896, 41 (251): 237-276.
② MANABE S, WETHERALD R T. Thermal Equilibrium of the Atmosphere with a Given Distribution of Relative Humidity [J]. Journal of the Atmospheric Science, 1967, 24 (3). 阿仑尼乌斯算出的结果是增加6摄氏度。
③ STUDY OF MAN'S IMPACT ON CLIMATE, VETENSKAPSAKADEMIEN S K S. Inadvertent Climate Modification: Report of the Study of Man's Impact on Climate (SMIC) [M]. Cambridge: MIT Press, 1971: 165.

意义。① 这次大会使得包括全球变暖在内的世界环境问题成为全球关注的重大议题。沃德和杜博斯在为此次大会合写的著名报告《只有一个地球》中简要地谈到了气候变化，认为要应对气候变化，现有的所有努力都是不够的，全球问题的相互依赖，需要一个新的全球决断能力以及科学研究等多方面的相互协作。②

　　尽管 20 世纪 70 年代环境运动的发展十分迅速，但尚未使得政治家们普遍认识到气候变化的潜在威胁。然而，这一问题引起了几个国际组织的重视，特别是世界气象组织（WMO）、联合国环境规划署（United Nations Environment Programme，UNEP，中文简称联合国环境署）和国际科学理事会（International Council of Scientific Union，ICSU）。他们决定采取行动。

　　从 20 世纪 70 年代末开始，WMO 与其他国际组织联合举办了几次气候变化会议，有力推动了全球变暖科学共识的酝酿和达成。1978 年 2 月，WMO、UNEP 及 SCOPE 联合举办了题为"二氧化碳，气候与社会"的专题讨论班。1979 年 2 月，WMO 举办了第一届世界气候大会，来自多个国家的科学家和政府代表联合呼吁世界各国政府及社会各界关注、理解和重视气候变化及其影响。③这次大会对气候科学共识的达成起了重要的奠基性作用，会议最后首次以科学家共同体的名义发表了《世界气候大会宣言》（*Declaration of the World Climate Conference*），呼吁各国政府与社会各界关注气候变化。1980 年，WMO 又与 UNEP 和 ICSU 联合召开大会，再次强调气候变化的潜在威胁，呼吁建立一个国际计划以联合起来对气候变化进行研究。这次大会在历史上第一次由来自不同国家的气

---

① 这次会议于 1972 年 6 月 5—16 日在瑞典的斯德哥尔摩召开，所以又称为斯德哥尔摩大会。这是联合国就国际环境问题召开的第一次会议，在历史上具有重要影响。来自 113 个国家，400 多个国际、政府及非政府组织参加了这次大会。这次大会被认为是全球环境问题的公共意识和现代政治的开端。

② 芭芭拉·沃德，勒内·杜博斯. 只有一个地球：对一个小小行星的关怀和维护 [M].《国外公害丛书》编委会，译校. 长春：吉林人民出版社，1997：225-230.

③ 会议于 1979 年 2 月 12 日—23 日在瑞士的日内瓦举行，来自世界许多国家的许多不同领域的科学家参加了这次大会。这次会议的重要结果是于 1979 年建立了世界气候计划（World Climate Programme）和世界气候研究计划（World Climate Research Programme）及 IPCC 的酝酿。详见联合国气候框架条约的官方网站：http：//unfccc. int/essential_background/library/items/3599. php？such＝j&meeting＝％22The＋First＋World＋Climate＋Conference％2C＋12-23＋February＋1979％2C＋Geneva％2C＋Switzerland％22#beg.

候科学家对气候知识进行了联合评估。①

就这样，在 WMO 和 UNEP 等组织的召集和推动下，来自许多不同领域（地质科学、大气科学、环境科学等）的科学家开始以"气候变化研究"的名义聚集在一起，为日后达成气候科学共识准备了组织性的基础。②

就气候科学共识的达成来说，1985 年维拉赫气候变化大会具有关键的作用。③ 与会的来自 29 个国家的 89 位科学家经过讨论之后达成了如下科学共识："作为温室气体浓度不断增加的结果，我们现在相信，在下个世纪的前 50 年，全球平均气温的上升将超过人类历史上的任何一个时期。"大会建议："鉴于不断增加的温室气体浓度会在下个世纪导致全球气候的显著变暖……对未来气候状况进行确切评估以提高这些决策成为紧急的事情。……虽然因为过去行动导致的气候变暖现在看来是不可避免的，但未来变暖的速率和程度可以受到政府有关能源保护、化石燃料利用以及某些温室气体排放方面的决策的深刻影响。"而且，"对温室效应问题的认识，已经充分表明，科学家和政策制定者应该展开积极的合作，去探索可选择性政策和调整的有效性"④。

值得注意的是，这一报告突出了科学家（经过商谈讨论之后）共识的重要性："这些结论是建立在对当前一些基本科学认识所达成的共识的基础上。"从气候科学共识的历史来看，这次达成的科学共识具有两方面的意义：第一，这是科学家们就温室气体（包括 CO_2 及其他温室气体）排放情景的可能严重后果第一次达成的国际性科学共识（包括来自 29 个国家的 89 位科学家）；第二，共

① 这次会议于 1980 年 11 月在奥地利的 Villach 举行，会议主题是评估二氧化碳在气候变化中的作用及其影响。IPCC 第一任主席 Bert Bolin 认为这次会议虽然是国际会议，但"国际化"得并不成功，因为没有取得比美国 NAS 的 1975 年气候变化评估报告更好的成果，也没有产生什么影响。BERT BOLIN. A History of the Science and Politics of Climate Change: The Role of the Intergovernmental Panel on Climate Change [M]. Cambridge: Cambridge University Press, 2007: 34-35.

② IPCC 2007 年报告称：1834 年以来所有关于气候变化的文献中，95%发表于 1951 年后，而在 1965 年到 1995 年这 30 年中，每年的文章都比前一年增加 2 倍。Working Group I. The Physical Basis of Climate Change, Intergovernmental Panel on Climate Change, Fourth Assessment Report, June 2007. Chapter I, Historical Overview of Climate Science.

③ 这是 WMO、UNEP 和 ICSU 联合召集举办的系列气候会议中的第三次会议，于 1985 年 10 月 9—15 日在奥地利的 Villach 召开。

④ World Meteorological Organization. Report of the International Conference on the Assessment of the Role of Carbon Dioxide and of Other Greenhouse Gases in Climate Variations and Associated Impacts [C] //Paper presented at International Conference on the Assessment of the Role of Carbon Dioxide and of Other Greenhouse Gases in Climate Variations and Associated Impacts Villach. Paris: International Council of Scientific Unions, 1986.

识还明确强调了科学家和政治决策者之间的合作的必要性和紧急性，于是，"人为气候变化从此由科学领域进入政治领域"①。从此以后，这一科学共识不断地被强化、明确化，一方面引领了国际气候研究的方向，另一方面也为 IPCC 的建立及国际政治协商提供了基础。

可以说，在气候科学还远远没有能力得出可靠结论的时候，就能把众多科学家召集在一起研究讨论气候变化并达成某种"科学共识"，并促使此共识成为国际性的政治议题，WMO、UNEP 以及 ICSU 这几个联合国和国际科学组织发挥了巨大的推动作用，如美国普林斯顿大学罗纳德·布伦纳（Ronald Bruner）所说："促成公众关注全球变暖并将之变成政治议题的，只是少数几个科学家和几个非政府组织而已。"②

二、走向国际：从全球大气研究计划 到世界气候计划

IPCC 的成立与发展首先决定于气候变化在科学上和政治上的特殊性。在科学上，由于气候变化是全球现象，因此随着气候科学和观测技术的进步，需要全球各个国家和地区的气候科学家进行数据共享和合作研究，因此有必要建立全球性的科学机构。在政治上，由于气候变化会产生难以预料的严重后果，应对、减缓和适应全球变暖需要国际合作，承担共同但有区别的减排责任，需要为世界各国的政治磋商和谈判提供可靠的共识性的科学评估。在这两大基本因素的共同驱动下，IPCC 最终得以成立。

研究对象的特殊性使得气候变化研究从根本上说是一项全球性的活动。但是在气候科学的初期，科学家们只能进行有限的观测和计算，没有能力从全球范围对大气进行研究。直到 20 世纪 50 年代以后，随着电子计算机、电子通信特别是卫星通信观测技术的高速发展，气候科学家们才有能力建立真正的全球性研究网络。

---

① FRANZ W E. The Development of an International Agenda for Climate Change：Connecting Science to Policy ［C］. International Institute for Applied Systems Analysis，1997. Franz 对这次会议进行了详尽的分析和评价，认为这次会议并没有在科学上取得任何新进展，最大的意义就是使得气候变化进入政治领域。

② BRUNNER R D. Science and the Climate Change Regime ［J］. Policy Sciences，2001，34（1）：1-33.

美国不是世界上第一个成功发射人造卫星的国家①，但在 1960 年 4 月 1 日发射了人类第一颗气象卫星，泰罗斯 1 号（TIROS-1）。泰罗斯 1 号携带有两台摄像机和录像机，可以在太空中拍摄、记录和传输地球大气的运动影像，为气候科学家们勘测全球大气提供了强大的工具，标志着气象学和气候学进入了一个新的时代。太空竞赛本是冷战的产物，但是气象卫星为空间技术用于和平目的开了先河。时任美国总统的约翰·肯尼迪在 1961 年 12 月召开的联合国大会的讲话中呼吁，世界各国应联合起来以充分利用这一新的工具，来推进大气科学尤其是天气预报的进步。在肯尼迪总统的呼吁下，这一届联合国大会通过了一项关于"和平利用外层空间的决议"，并责成世界气象组织提出进一步的计划。世界气象组织（WMO）很快成立了一个分别来自美国和苏联的两位气象学家组成的小组。在这两位科学家的建议下，WMO 成立了世界气象监测网（World Weather Watch，WWW）。②

显然，类似 WWW 这样的科学计划的建立和实施需要世界各国政府以及科学家们的协作，其中自然少不了各种国际组织的组织、协调与帮助。在气候科学发展成为真正的全球性科学的过程中，有几个国际科学组织发挥了关键的作用。除了前文一再提到的世界气象组织（WMO）以外，国际科学联盟理事会（ICSU）也做出了重要的贡献。ICSU 是世界唯一的大型非政府国际科学组织，其宗旨是鼓励及推动国际科技与学术活动，促进国际科学理事会各会员之间的合作，支持、规划、协调或参加各种具有国际意义的科技计划，为全球性、公

---

① 苏联于 1957 年 10 月 4 日成功发射了第一颗人造卫星"斯普特尼克"1 号（Sputnik-1，［地球］旅行伙伴），一个月之后，苏联又发射了第二颗人造卫星。苏联卫星对美国政界和科学界产生剧烈震动。三个月后，1958 年 1 月 31 日，美国成功发射了自己的第一颗人造卫星。关于苏联卫星对美国的影响，可参阅 王作跃. 在卫星的阴影下［M］. 北京：北京大学出版社，2011.

② 1963 年第 4 次世界气象大会采纳了世界天气监视网计划的基本设想。其后，世界气象组织在 1964 年 7 月至 1965 年 4 月，研究了世界天气监视网的体制和机构，确定世界天气监视网的业务体系由全球观测系统、全球电信系统和全球资料加工系统三部分组成，探讨了世界气象中心和区域气象中心以及区域通信枢纽的设置及其职能等问题。随后又以两年多的时间制订了实施计划并完成了技术准备。1968—1979 年，基本上完成了实施计划。20 世纪 70 年代末，世界气象组织又为进一步改善世界天气监视网的工作，制订 1980—1983 年的计划。世界天气监视网通过各成员的合作，全面组织、规划、协调有关全球气象站网布局、气象观测、气象通信、分析预报和气象资料处理等项业务工作，使世界气象组织所有成员都可获得在气象业务、服务和研究工作中所需要的气象信息。详见中国气象局网站：http：//www.cma.gov.cn/2011xzt/2013zhuant/20130313/2013031302/201303/t20130315_ 207855.html.

共性问题的谈判、磋商与决策提供科学咨询。① 显然，就其宗旨而言，像气候变化这样的全球性科学研究肯定会成为 ICSU 关注的重点。

1962 年联合国大会决议邀请 ICSU 来负责利用卫星技术展开科学研究的推广计划，ICSU 的联盟会员国际测地和地球物理联盟（International Union of Geodesy and Geophysics，IUGG）将承担这一计划的主要工作。当时，人们迫切需要利用卫星技术以改进天气预报。1963 年，在旧金山召开的三年一次的 IUGG 大会上，特别讨论了如何利用卫星技术进行气象学观察。会议决定展开国际合作以利用卫星技术研究大气环流并发展天气预报。IUGG 主要由地球物理学家和地球化学家组成，利用卫星来研究大气环流和发展天气预报技术，显然需要与 WMO 建立合作。为此，ICSU 和 IUGG 成立了大气科学委员会（Committee on Atmospheric Sciences，CAS），而 IUGG 于 1958 年创立的空间研究委员会（Committee on Space Research，COSPAR）在需要时可以作为 CAS 的合作者，以避免两者在功能上的重叠。

CAS 的第一任主席伯特·伯林（Bert Bolin）指出，CAS 的创立，"应该被视为环境科学领域一系列全球研究计划的起点，对于随后 40 年来寻求资源以展开全球性研究来说，具有根本的重要性"②。CAS 成立的首要工作是推动卫星技术在气象学和气候学中的应用，显然，这个目标的实现需要展开国际合作。1965 年，CAS 的第一次会议决定发起一项研究计划，目标是"极大地增进对全球大气环流的理解"，这项计划被称为"全球大气研究计划"（Global Atmospheric Research Programme，GARP）。值得注意的是，这项计划得到了 WMO 咨询委员会（advisory committee）的支持，这为 WMO 和 ICSU 之间展开合作奠定了重要的一步。此外，美国国家科学院发起的由查尼领导的有关全球性观察和分析之可能性的研究也为 GARP 提供了重要的协助。

---

① 国际科学联盟理事会，现更名为国际科学理事会（International Science Council，ISC），简称国际科联，2018 年由国际科学理事会（International Council for Science，ICS）与国际社会科学理事会（International Social Science Council，1952 年创立）合并而成。1998 年，国际科学联盟理事会（ICSU），更名为 ICS。ICSU 成立于 1931 年，在创立已 12 年之久的国际研究理事会（International Research Council）的基础上成立。现在的国际科联拥有 141 个国家和地区的科学会员组织（member organizations），39 个联盟和协会会员（member union and associations）和 29 个分支会员（affiliated members）。关于 ICSU 的更详细介绍见国际科学理事会的官方网站：https://council.science/about-us/a-brief-history.

② BERT BOLIN. A History of the Science and Politics of Climate Change：The Role of the Inter-governmental Panel on Climate Change ［M］. Cambridge：Cambridge University Press，2007：22.

　　GARP 有两个主要目标，一是扩大天气预报的范围，二是推进对气候的物理基础的研究。① 然而，根据伯林的回忆，WMO 最初对 CAS 的 GARP 持有一定的犹疑，甚至认为雄心勃勃的 GARP 计划可能威胁到 WMO 在全球气象学研究上的主导权。此外，WMO 当时关注的焦点在于 WWW 计划，更偏重于短期的天气预报，对于 GARP 的支持显然有所保留。1967 年，伯林组织并主持了为期两周的研究会议，与会的来自多个国家的 70 多名科学家们完成了一份详细的分析报告，指明了建立一个全球环流模型需要的工作，以及这个模型建成之后将大大增进对大气环流的理解，并有可能在这个模型的基础上研发更先进的天气预报模型。报告指出，这一目标的首要条件是建设一个全球观测网。显然，WMO 在GARP 的计划和组织中将会发挥不可替代的重要角色。

　　这份报告获得了 WMO 的积极反应。WMO 决定和 ICSU 展开合作，共同发起GARP。GARP 之所以重要，是它最早认识到，气候科学这门新科学可以利用卫星连续地、全球性地观测地球，并利用电子计算机模拟全球大气环流。然而，在 20世纪 60 年代，由于观测技术和计算机技术的限制，并没有条件展开真正的全球性实验。于是，1970 年，ICSU 和 WMO 成立的联合组委会（Joint Organising Committee，JOC）提议先展开一项热带实验，然后再进行全球性实验。经过几年的准备，这项实验，即 GARP 大西洋热带实验（GARP Atlantic Tropical Experiment，GATE）于 1974 年开始实施。事后证明，JOC 发起这项实验颇有远见。这项实验不但极大地增进了对热带气候系统及其与整体环流的关系以及海洋表面温度等属性的认识②，还导致了 1979 年极为成功的全球天气实验（Global Weather Experiment），并为 WMO 后来重新设计 WWW 提供了科学基础。更重要的是，从气候科学发展史的角度来看，GATE 是气候科学走向全球气候研究的起点。

　　气候科学发展的两个主要驱动力，不论是短期天气预报能力的提高，还是长期气候变化前景及影响的预估，都具有政治上的重要性。回顾气候科学最近50 多年来的发展，可以清楚地看到，政治考量对气候科学的巨大推动作用。特别是进入 20 世纪 70 年代以后，随着环境保护运动的普遍开展，气候变化逐渐成为国际社会广泛关注的重要公共政治议题。在这个过程中，有几个标志性事

---

① BARRON E J, NATIONAI RESEARCH COUNCIL, CLIMATE RESEARCH COMMITTEE. A Decade of International Climate Research: The First Ten Years of the World Climate Research Program ［M］. Washington D. C. : National Academies, 1992.

② 伯林说，本来这项实验计划在热带太平洋展开，但后来被美国军方否决。BERT BOLIN. A History of the Science and Politics of Climate Change: The Role of the Intergovernmental Panel on Climate Change ［M］. Cambridge: Cambridge University Press, 2007: 26.

件产生了巨大的推动作用。

第一个重要的事件是 1972 年在瑞典斯德哥尔摩召开的联合国人类环境大会。这是人类历史上第一次由多国政府代表和首脑、联合国机构以及多个国际组织参加的专门讨论环境问题的国际会议。虽然人为导致的全球气候变化并非这届环境大会的首要议题，但无疑是召开该大会的主要议题之一。那时，环境问题已经引起了全世界科学家们的广泛关注，他们把即将到来的 1972 年联合国人类环境大会视为认真对待环境问题并展开行动的机遇。为了召开这届大会，1970 年，MIT 的科学家卡罗尔·威尔逊（Carroll Wilson）发起并组织了一项研究，在长达一个多月的会议中，68 位自然和社会科学家对关键的环境问题进行了科学研究（The Study of Critical Enviroment Problems，SCEP）①。其中几位科学家提出研究人类对气候变化的影响，并于 1971 年在斯德哥尔摩成立了一个委员会，召集了来自 14 个国家的 30 多位科学家组成了一个工作组。

为了赶上环境大会的召开，SMIC 工作组的报告不到三个月就出版了。② 那时，气候问题并不是科学界甚至气象学学界重视的焦点，气候科学也尚未发展成熟。比如，报告中关于气候的认识，还是偏重于物理方面（大气环流），忽略了对海—气相互作用以及生物圈的讨论。但是，报告非常可靠地评估了当时的气候知识，提出了审慎的政策方面的建议，强调了人类对气候变化的潜在影响。③

1972 年联合国人类环境大会是人类环境保护史上的第一座里程碑，开创了人类环境保护的新纪元，对后来的世界史和环境科学发展产生了难以估量的影响。大会通过的《人类环境宣言》号召世界各国的政府与各阶层的人们"更审慎地考虑"自己的行动"对环境产生的后果"，确保不对自己国家或其他国家的

---

① CARROLL M WILSON, WILLIAM H MATTHEWS ed. Man's Impact on the Global Environment［R］. Cambridge：MIT Press，1970. 这份报告在环境科学史上具有重要意义，代表了美国科学界对自然环境威胁所达到的第一个共识，对 1972 年斯德哥尔摩世界人类环境大会产生了决定性的影响。

② Carroll M Wilson，William H Matthews ed. Inadvertent Climate Modification［R］. Cambridge，Mass：MIT Press，1971. SCEP 和 SMIC 的作者们希望他们的报告能影响环境大会的代表们，但这并非他们唯一的目的。他们还希望引起科学界、政府官员、政府科研管理人员以及国际环境组织的重视。

③ SMIC 报告的历史意义还体现在它针对气候科学发展所提的几个建议，比如，对历史气候进行多学科研究，调节辐射通量，研究云、极地冰雪、海面温度，加强海—气相互作用的模拟等。报告强调了臭氧层破坏等问题，但是，受证据所限，报告对二氧化碳效应和人为地球暖化没有给予足够的重视。更详细的评论可参见 F. KENNETH HARE. Review of Inadvertent Climate Modification［J］. Annals of the Association of American Geographers，1972，62（3）：520-522.

环境产生损害。从此，环境问题进入国际政治领域，成为全世界各国政府和人们普遍关注的议题。

美国经济学家芭芭拉·沃德（Barbara Ward）和生物学家勒内·杜博斯（Rene Dubos）在为本次大会准备的非官方报告中，简要地描述了气候变化问题。他们提道，"人类进入工业化时代以来的各种活动，正在使大气层受到破坏"。地球表面"能量平衡仅有微小的变动，就能扰乱整个体系"。"地球能量的平衡只需要很小的变化，就能改变平均温度2摄氏度。若是低2摄氏度的话，就是另一个冰河时代；若是升2摄氏度的话，又回到无冰时代。无论在哪种情况下，产生的许多影响都是全球性的和灾难性的"，会"造成致命的危害"。报告指出，由于人类排放二氧化碳的温室效应所造成的"人为的温度上升，使得已经发生的、不以人们意志为转移的地球自身温度的上升现象，变得更加危险"。报告提出，"由于空气和气候的全球互相依赖性，各地区自行决定的对策是不解决问题的"，"像这些全球性的问题，显然需要全球的决策和全球的关心"，"需要一个全球性的责任体制，同时还需要各国之间的有效行动，切实负起这个责任"。①

正如这份报告所呼吁的，其自身就是国际合作的产物。虽然沃德和杜博斯是这份报告的作者，但离不开来自58个国家的152位专家的协助，其中70多位科学家学者准备了书面材料，才得以完成这一具有里程碑意义的伟大报告。这次环境大会开启了一种重要的模式，那就是科学界充分合作，对现有的环境科学知识进行详细的评估，以作为国际政治协商、决策的科学基础。这一原则后来在1987年联合国环境与发展委员会的报告中被明确提了出来，并成为IPCC创立的目标。单从这个角度说，1972年联合国人类环境大会及沃德和杜博斯的报告具有伟大的历史意义。

1972年还有一个影响深远的历史事件，那就是《增长的极限》（*The Limits to Growth*）一书的出版。《增长的极限》是罗马俱乐部②策划并出版的第一份报告。罗马俱乐部把全球看成一个整体，提倡从全球系统的角度，采用模型和定量的方法来研究许多长期性的人类重大问题。《增长的极限》基于对有限资源供

---

① 芭芭拉·沃德，勒内·杜博斯.只有一个地球：对一个小小行星的关怀和维护［M］.《国外公害丛书》编委会，译校.长春：吉林人民出版社，1997：225-230.
② 罗马俱乐部（Club of Rome）是一个研讨全球问题的智囊组织。其主要创始人是意大利的著名实业家、学者A.佩切伊和英国科学家A.金。俱乐部的宗旨是研究未来的科学技术革命以及工业活动对人类发展的影响，阐明人类面临的主要困难以引起政策制定者和公共舆论的注意。罗马俱乐部成立于1968年4月，总部设在意大利罗马，因而得名。

给下经济和人口指数增长的计算机模拟，来探索世界体系的极限以及对人类人口数量和活动的限制，并确定各种影响世界体系行为的主导因素及其相互作用。① 报告得出的结论说，如果不改变人类的生产和生活模式，那么世界增长的极限将在 2072 年变得非常明显，随之而来的将是"人口和工业生产能力的突然和无法控制的衰退"；但如果从 1972 年开始调整改变增长的趋势，就可以达到一种可持续的生态和经济稳定性。越早改变，就越可能达到目标。② 《增长的极限》发表之后在全世界产生了深远广泛的影响，很快被翻译成 30 多种文字，销售了 3000 多万册，被认为是有史以来最畅销的环保书籍。

《增长的极限》并没有直接处理气候变化问题，但其在方法论的层次上强调全球视角，把地球自然环境和人类社会经济整合为一个地球系统，并采用计算机模拟的方法对未来情景进行预估，为当下的决策与行动提供科学基础，这些做法是后来 IPCC 气候变化科学评估以及未来预估的先驱。此外，《增长的极限》得出的几条具体结论，如不改变人类生产和生活方式，可能会导致未来的崩溃等类似"世界末日"的预估，虽然曾一度受到一些批评，但是，如今，至少从全球变暖来看，《增长的极限》可以在一定程度上被视为得到了历史的证明。③另外重要的一点是，《增长的极限》引发了世界各国对全球性危机以及人类未来的思考，这就为讨论并思考气候危机等全球性问题做了极好的准备。

第一届世界气候大会的召开是人类集体讨论并准备应对气候变化的重要事件。1979 年，世界气象组织（WMO）和联合环境规划署（UNEP）以及 ICSU 在日内瓦组织召开了人类历史上第一次专门讨论气候变化的重大国际会议。这

---

① 该研究使用了计算机模型 World 3 来模拟地球系统和人类系统之间的相互作用，项目和模型的创建人为 Dennis Meadows 以及其他 16 名研究人员组成的团队。该模型是世界上最早的全球模型之一，可以说是所有后来世界模型的鼻祖。World 3 基于五个变量：人口、粮食生产、工业化、污染、不可再生能源的消费。这五个变量被假定为指数增长，而科学技术进步增加资源的能力仅呈线性增长。作者模拟了改变五个变量的增长趋势所产生的三种情景，其中两个情景显示在 21 世纪中后期全球系统将会"过冲和崩溃"，而另外一个情景显示了一个"稳定的世界体系"。TURNER G M. A Comparison of the Limits to Growth with 30 Years of Reality. [J]. Global Environmental Change, 2008, 18 (3): 397-411.

② MEADOWS D H, MEADOWS D L, et al. The Limits to Growth: A Report for The Club of Rome's Project on the Predicament of Mankind [M]. New York: Universe Books, 1971: 184.

③ 澳大利亚墨尔本大学学者 G. 特纳认为，历史证明了《增长的极限》一书的预言。他说："令人遗憾的是，数据趋势与 LTG 的一致性表明，崩溃的早期阶段可能在十年内发生，甚至可能已经在进行中。从理性的基于风险的角度来看，我们已经浪费了几十年，为崩溃的世界体系做准备可能比避免崩溃更重要。"TURNER G. Is Global Collapse Imminent? An Updated Comparison of the Limits to Growth with Historical Data [J]. MSSI Research paper, 2014 (4): 21.

次会议本质上是科学会议，来自世界50多个国家的300多位不同领域的科学家参加了这次会议，目的是"检阅有关自然和人为气候变化和变率的知识，并评估未来气候变化和变率及其对人类活动的意义"①。与会的科学家们经过反复仔细的讨论，最终通过了《世界气候大会宣言》②，既是本次大会的结论，代表了与会科学家们的科学共识，同时也是与会各国和各个国际组织的政治共识。

《宣言》呼吁，由于气候变化会影响到人类社会和人类活动的许多领域，世界各国应该充分利用和发展气候科学知识，以预见和预防人为气候变化及其可能产生的灾难性影响。为此目的，世界各国应该展开全球合作，探索未来气候的可能变化过程，以制订人类社会的发展计划。宣言中特别提到二氧化碳增加的影响。从科学上来说，大会以及《宣言》强调了生物圈与气候之间可能会相互影响。然而，对于气候变化的机制、原因及其重要性，尚缺乏确切的认识，因此，《宣言》建议世界各国大力支持WMO倡议的"世界气候计划"（The World Climate Programme，WCP），其目的是提供预见未来气候变化的可能，帮助国家规划和管理人类活动的各个方面。为此，各个国家以及各国际组织、各学科之间展开"空前规模的合作"。由于世界气候计划的广泛性，需要"国际机构的领导和协作"，"并与各国保持紧密的合作"。

第一次世界气候大会直接产生了两个极其重要的成果。一个是世界气候计划，另一个是政府间气候变化专门委员会（Intergovernmental Panel on Climate Change，IPCC）。

在气候大会结束之后不久，世界气象组织在其1979年第八次会议上正式建立了世界气候计划（WCP）。WCP与世界气候大会都是WMO、ICSU长期设计规划的产物。③ 值得注意的是，作为WCP先驱的GARP研究的焦点是大气，项

---

① World Meteorological Organization. Proceedings of the World Climate Conference [C]. Geneva，1979：VII.

② The Declaration of the World Climate Conference [C] // WORLD METEOROLOGICAL ORGANIZATION. Proceedings of the World Climate Conference. Geneva，1979：709-718.

③ 1978年，英国气象办公室主任 B. J. Mason 发文详细介绍了 WMO、ICSU 规划的 WCP 的详细目标。文中把 WCP 的主要内容分成三大部分：数据与服务（data and services）、影响研究（impact studies）以及气候变化研究（包括过去气候的研究、气候调节以及气候模拟）。MASON B J. The World Climate Programme [J]. Nature，1978，276（5686）：327-328. WCP 建立之后，共有四个子项目：世界气候数据计划（The World Climate Data Programme，WCDP），世界气候应用计划（The World Climate Applications Programme，WCAP），世界气候影响计划（The World Climate Impacts Programme，WCIP），以及世界气候研究计划（The World Climate Research programme，WCRP）。后来，WCP 对这四个计划进行了细微的调整。详见 WCP 的官网：http：//www. wmo. int/pages/prog/wcp/wcp. html.

目成员也主要是大气科学家，而 WCP 则集中了大气学家和海洋学家共同开展研究项目。像 GARP 和 WCP 这样大型的国际综合性科研计划，需要调动大量的全球性政治和科学资源。GARP 的建立得益于新型空间技术（卫星）所提供的科学机遇，可以说，科学进步获益于政治情景。相比之下，WCP 则是科学共同体对政治、经济和社会力量的反应。也就是说，WCP 没有任何新的革命性技术的采用，也没有采用什么革命性的科学理论，更不是对什么科学机遇的回应，其目的主要是推进气候科学研究并利用气候科学知识以服务于政治、经济和社会的需要。可以说，WCP 的建立根本上是政治、经济和社会因素推动的产物，是20 世纪 60 年代和 20 世纪 70 年代一系列气候灾难所产生的世界性经济和政治危机导致的结果。人类对气候的影响是 WCP 创立的首要科学原因。[1]

三、进入政治

如前文所说，气候变化不仅是科学问题，更是社会、经济和政治议题。然而，在 20 世纪 60 年代和 70 年代，认识到气候变化严重性的只有少数几位科学家和极少数政治家。从全球范围来看，气候变化问题不但没有在政治上引起广泛的重视，也没有引起公众的普遍注意。但是，事情正在慢慢变化，尤其是美国。美国科学家是气候科学的引领者，美国公众也对气候变化给予了越来越多的关注。进入 20 世纪 80 年代以后，在美国乃至全世界，以全球变暖为主的气候变化逐渐进入政治领域。

毫无疑问，美国气候科学，如以普林斯顿大学地球物理流体动力学实验室（Geophysical Fluid Dynamics Laboratory，GFDL）为代表的气候模拟研究，是世界的领导者。美国科学院尤其关注气候变化对人类的威胁，并于 1975 年就发布了

---

[1]　WHITE R M. Science, Politics, and International Atmospheric and Oceanic Programs [J]. Bulletin of the American Meteorological Society, 1982, 63 (8)：927. 这些气候灾难包括 20 世纪 60 年代末 70 年代初非洲萨赫勒地区因为气候变化导致的长期干旱，以及 1972 年苏联农业的歉收、秘鲁渔业的失败、1975 年苏联农业歉收及印度雨季的歉收，特别是美国 20 世纪 70 年代末不正常的气候所带来的通货膨胀，由于气候异常引发的经济政治和社会灾难，引起了气候科学家们的关注，他们思考着，气候科学能为此做些什么。怀特说：“驱动 WCP 建立的首要科学因素是认识到人类活动可能会影响气候。没有这一点，WCP 能不能建立根本就是一个问题。”

专门的评估报告。① 后来的几年内，几乎每隔一到两年，美国科学院都会发布一份关于气候变化的报告。1977 年美国科学院发布的气候变化报告是对气候知识进行综合性评估的最早尝试之一，其目的是让更多的科学家了解气候变化。② 两年之后，美国科学院再次聚集了以朱尔·查尼为首的 8 位科学家对人为气候变化的前景进行评估。③ 这次评估主要出自政治上的原因。当时的美国总统吉米·卡特对气候变化表达了严正的关切，总统环境质量委员会委托美国科学院对气候变化进行评估。查尼等人的报告指出，人类排放二氧化碳将逐渐引起气候变化，与之相关的区域气候变化将会产生显著的社会经济影响。

在世界气候大会之后不久，美国国会再次向科学院提出要求，评估人类排放二氧化碳对气候的影响。科学院成立了专家小组并在 1983 年提交的报告中称，"气温升高会带来让我们深深担忧的气候变化"。美国总统环境质量委员会也再次发起了对气候变化问题的审查，参与者包括了大卫·基林等人。该委员会建议美国，"作为世界最大的能源消费国"，"考虑其减缓全球气候变化的责任"，"在处理二氧化碳问题上发挥恰当的领导作用"。

然而，这些报告并没有产生什么影响。这时，关心环境和气候变化的民主党总统吉米·卡特已经在 1980 年的大选中败给了共和党候选人罗纳德·里根。里根总统不像卡特总统那样关心气候变化问题。实际上，在里根总统的八年任期内，整个美国的环境运动陷入低谷。④ 里根对之前美国政府为保护环境而对工业生产所采取的许多管制措施感到非常不满，上任之后就着手取消多种管制，削减环境保护的投入。其中，气候变化的科学研究与政策应对自然也受到很大影响。

尽管如此，美国科学界并没有停止脚步。1981 年，美国科学院气候委员会气候研究委员会 (The Climate Research Committee of the Climate Board of the US NAS) 再次发起一项全面研究，在 GFDL 主任约瑟夫·斯马格林斯基教授的带领下详细评估了人为气候变化的可能性及其对美国农业、水供应、海平面的影响。这份报告应该是第一次严肃认真地讨论气候变化的影响。报告的结论指出，美

① US COMMITTEE FOR GARP. Understanding Climate Change: A Program for Action [M]. Washington D C: National Academy of Sciences, 1975.
② GEOPHYSICS STUDY COMMITTEE. Energy and Climate [M]. Washington D C: National Academy of Sciences, 1977.
③ CHARNEY J G, ARAKAWA A, BAKER D J, et al. Carbon Dioxide and Climate: A Scientific Assessment [M]. Washington D C: National Academy of Sciences, 1979.
④ 张腾军. 美国环境政治的历史演变及特点分析 [J]. 改革与开放, 2017 (21): 62-63.

国农业会遭受与其他国家一样的威胁，个别地区的农民可能会受到更严重的影响。另外，只要 2℃ 的升温以及减少 10% 的降水，就可能会对灌溉农业产生巨大的伤害。①

这份报告在政治上的重要性不必多言。当时的气候科学界研究的重点往往集中于气候的物理机制，很少关心气候对生物圈的影响。这样的研究重点很难吸引政府和公众的注意力。虽然以里根为代表的保守派公开鄙视各种环境主义者，将之斥为自由派的夸大之词，因此大幅消减温室效应的研究基金，甚至长期监测大气中二氧化碳含量的基林等人的研究也受到冲击，但是，以阿尔·戈尔为代表的民主党政客要求所有消减气候变化研究基金的提议都要举行国会听证会。

美国政治家阿尔·戈尔是 1993—2000 年的美国副总统，2000 年总统大选时以微弱的差距输给了共和党候选人乔治·W. 布什。戈尔是一名环保主义者，他最大的政治遗产是其有关气候变化的宣传，并因此与 IPCC 共同获得 2007 年的诺贝尔和平奖。1980 年，共和党人罗纳德·里根当选美国总统的时候，戈尔是田纳西州的民主党参议员。据其本人的说法，戈尔对环保的兴趣始自大学时代。在大四那一年，他参加了海洋学家和气候学家罗杰·雷维尔在哈佛开设的讲座。雷维尔是著名的气候变暖理论家，长期领导美国的二氧化碳计划，正是他聘任了大卫·基林来测量大气中二氧化碳的含量。1957 年，他与苏斯（H. Suess）发表论文，描述了"缓冲因子"，现在被称为"雷维尔因子"，指出海洋因为缓冲因子造成吸收大气中人类排放的过量二氧化碳的速度减慢，因此人类排放的二氧化碳将在大气中不断积聚起来，强化"温室效应"从而导致全球变暖。②

在哈佛大学的讲座上，雷维尔为学生展示了基林绘制的大气中二氧化碳浓度的增长曲线。学生们看到，8 年来二氧化碳浓度曲线连续攀升。这个曲线让戈尔深感震惊。多年以后，戈尔回忆说："我们看到的只是 8 年的曲线"，"但是如果这个趋势持续下去的话，人类文明将被迫卷入某种深远和破坏性的全球气候变化"。这彻底颠覆了他儿时以来的想象，"地球如此巨大，自然如此有力，我们所做任何事情都不会对自然系统的正常运作产生任何较大或持久的影响"③。当里根政府对气候变化问题表示出明显的敌对情绪时，戈尔联合其他一些国会

① CARBON DIOXIDE ASSESSMENT COMMITTEE. Changing Climate: Report of the Carbon Dioxide Assessment Committee [R]. Washington D C: National Academy of Sciences, 1983.

② REVELLE R, SUESS H E. Carbon Dioxide Exchange between Atmosphere and Ocean and the Question of an Increase of Atmospheric CO_2 during the Past Decades [J]. Tellus, 1957, 9 (1): 18-27.

③ GORE ALBERT Jr. Earth in the Balance: Ecology and the Human Spirit [M]. Boston: Houghton Mifflin, 1992: 4-6.

议员举行听证会竭力抵制政府消减气候研究资金。虽然听证会只是在新闻界产生了零星的影响，但是对政府来说，可以不关心科学问题，但绝不会忽略新闻报道。这几篇零星的新闻报道，已经足以让政府当局不得不停止削减气候研究的资金，并将二氧化碳排放列为政府能源政策的主要问题。此外，如詹森（James E. Jensen）所说，这场战斗也巩固了某些民主党政客与一些前沿气候科学家及环保主义者之间的关系。[①]

通过这次努力，科学家们也逐渐认识到，要获得足够的预算，需要得到大众媒体的关注，从而影响那些严重依赖公共舆论进行决策的政客。随着美国科学院气候变化评估报告的发布（1983 年）和美国环保署报告对科学院报告结论的进一步确认，以及国会听证会上科学家的激烈辩论，越来越多的公众和政治家们开始注意气候变化问题。然而，不久后，气候问题被其他更紧迫的问题淹没了，公众的注意力也迅速被分散转移到其他问题上。

不过，气候变化及其后果的问题仍然在酝酿，并由于另一个更严重问题的讨论而引起广泛关注。前文提到，里根政府对包括气候变化在内的许多环境问题都持排斥的态度，NASA 的科学家汉森因为发表了全球变暖的文章而被政府当局撤销了许诺的研究资助。[②] 其他的，包括对酸雨的讨论，似乎都会被视为对政府的攻击。然而，这一切因为一场有关核冬天的讨论而意外地被极大地改变了，气候变化也随之迅速成为公众和政治家们严肃对待的重要话题。

1983 年，著名科学家卡尔·萨根（Carl Edward Sagan）领导的一个五人科学家小组（TTAPS）在《科学》杂志上发表了一篇重磅论文，题目是"核冬天：多次核爆炸的全球影响"[③]。他们利用先前为研究火山喷发后果而研发的计算机模型探索了核战争的后果。文章指出，尽管存在一定程度的不确定性，但最可能发生的后果是极其严重的。核爆炸产生的大量细尘和森林及城市燃烧放出的烟雾会导致太阳辐射通量的衰减，地表温度会低于冰点。他们的计算机模拟表明，数千兆吨当量的爆炸之后的 1~2 周，爆炸产生的烟尘将会扩散并包围全球，遮蔽阳光并导致地表温度降至 $-15℃ \sim -25℃$。产生明显光学和气候后果的阈值

① JENSEN J E. An Unholy Trinity: Science, Politics and the Press [J]. Unpublished Talk, 1990. 转引自 The Discovery of Global Warming: Government: The View from Washington, DC [EB/OL]. (2018-02) [2018-08].

② STEVENS WILLIAM K. The Change in the Weather: People, Weather and the Science of Climate [M]. New York: Delacorte Press, 1999: 150.

③ TURCO R P, TOON O B, ACKERMAN T P, et al. Nuclear Winter: Global Consequences of Multiple Nuclear Explosions [J]. Science, 1983, 222 (4630): 1283-1292. 小组以五位科学家第一名字的首字母按字母顺序排序而命名。

很低，仅在大约 100 个城市引爆大约 100 兆当量的核弹，就可以造成严重的降温，即使在夏天都可能使地表温度低于冰点并持续几个月的时间。也就是说，100 兆当量的核弹爆炸就足以引起核冬天并毁灭人类。

实际上，TTAPS 的文章在正式发表之前，已于当年万圣节华盛顿召开的一场大型国际研讨会上宣读，产生了广泛激烈的社会影响。参加这场"核战争以后的世界——核战争带来的长期全球性生物学后果研讨会"的 500 多名代表来自美苏等 20 多个国家，包括各国的政要、教育家、环境问题专家、政策制定者和军方的代表。当时正是美苏两国核竞赛的高潮，随时可能爆发的核大战时刻威胁着整个人类的生存，因此，核爆炸的可能后果不仅仅是科学问题，更是事关人类存亡的终极问题。因此，TTAPS 的论文发表之后，"核冬天"的概念立刻传遍了世界。在大众媒体的推广下，特别是在卡尔·萨根的大力宣扬下，"核冬天"理论对公共舆论和国家政策的影响达到了顶峰。①

卡尔·萨根等人证明，发动一场核战争，即使对手不还击，核爆炸造成的短期气候变化也足以让整个人类毁灭。他们的本意是呼吁政府控制军备，却让

---

① MARTIN B. Nuclear Winter：Science and Politics［J］. Science and Public Policy, 1988, 15（5）：321-334. 实际上，萨根等人并不是最早关注核战争影响的科学家。自从 1945 年第一次核爆炸以后，科学家和公众就开始关注核武器爆炸后的影响。最初人们主要关注爆炸能量、辐射等方面的直接影响。进入 20 世纪 50 年代以后，科学家们开始思考核爆炸对天气和气候的影响问题。1952 年，美国军方的几位科学家提出，核弹爆炸产生的烟尘和气溶胶并不会带来严重的降温以及明显的气候变化（KUNKLE T, RISTVET B. CASTLE BRAVO：Fifty Years of Legend and Lore. A Guide to Off-Site Radiation Exposures［R］. Defense Threat Reduction Information Analysis Center Kirtland AFB NM, 2013：27. ）。随后不久的一份报告中，作者也认为氢弹爆炸产生的烟尘还比不上一座大型火山的释放，因此不会产生明显的降温（SAMUEL GLASSTONE. The Effects of Nuclear Weapons［R］. Washington DC：Government Printing Office, 1956：69. ）。但是，美国气象局 1956 年的报告中指出，如果核战争的规模足够大，将可能导致一个新冰河时代的到来。1966 年美国兰德公司的一份备忘录指出，"作为核战争的一个结果，天气可能会被改变。"（E. S. BAT TEN. The Effects of Nuclear War On the Weather and Climate［R］// Prepared for：Technical Analysis Branch of United States Atomic Energy Commission. The Rand Corporation, 1966：44. ）这份备忘录除了指出核弹爆炸本身造成的烟尘的影响外，还讨论了核炸引发城市燃烧可能造成的影响。到了 20 世纪 70 年代，随着核竞赛的白热化，科学家和公众也越来越关注核战争的影响，有关的研究也越来越深入。在 TTAPS 论文之前影响最大的是两位瑞典科学家的论文（CRUTZEN P J, BIRKS J W. The Atmosphere After a Nuclear War：Twilight at Noon［J］. AMBIO A Journal of the Human Environment, 1982, 11：114-125. ），文中几乎提到了"核冬天"的假设，在国际上产生了广泛的影响，也直接影响了卡尔·萨根。更详细的介绍请参见 MUENCH H S, BANTA R M, BRENER S, et al. An Assessment of Global Atmospheric Effects of a Major Nuclear Conflict［R］. Air Force Geophysics Laboratory HANSCOM AFB MA, 1988.

"公众对全球大灾难的理解更上了层楼"①。因此，关于核冬天的讨论，意外地让公众以及美国政府开始正视人为气候变化的潜在影响。人们认识到，气候可以因为核战而被改变（人为气候变化），这种改变是灾难性的（核冬天）。也就是说，人类活动是可以影响气候的。即使核战没有发生，也可能会有别的因素影响到气候变化。气候变暖还是变冷，都可能会带来毁灭性的后果。因此，需要及时采取行动，防止此事的发生。核冬天的讨论，引导了公共舆论和政治决策的注意力，使气候变化成为人们关注的重要议题。②

到了 20 世纪 80 年代后期，科学研究的确导致了政策方面的许多重要突破。虽然有些突破与气候变化没有直接关系，但为后来气候变化的政治协商与合作准备了基础。臭氧层破坏的问题自从 20 世纪 70 年代就引起了科学家们的注意，他们担心平流层的臭氧层遭到人类排放的氟、氯、烃等化合物的破坏，从而危及人类和其他生物生存的健康。1985 年，英国研究小组声称，在南极上空，发现了与美国领土面积差不多大小的"洞"。这个发现促使几十个国家在 1985 年签署了《保护臭氧层维也纳公约》。虽然里根政府支持反对限制氟、氯、烃排放的工业团体，但是随后南极上空的多次实验证明了氟、氯、烃对臭氧层的破坏作用。在大众媒体的宣传下，公众认识到了事情的严重性。于是，从 1986 年 12 月开始的外交谈判仅仅持续了 9 个月，具有划时代意义的《蒙特利尔议定书》便签订了。《维也纳公约》和《蒙特利尔议定书》是历史上最成功的国际协定，已经得到了全世界几乎所有国家的批准和执行。虽然，《蒙特利尔议定书》的成功对气候变化没有直接的意义③，但是，如美国乔治城大学国际法学教授维斯指出的，《维也纳公约》和《蒙特利尔议定书》为此后解决国际环境危机确立了先例，为《联合国气候变化框架公约》和《京都议定书》所援用。④ 这表明，只要国际上展开真正的、有效的合作，限制温室气体的排放也是可能做到的。

总的来说，20 世纪 80 年代，气候变化问题不像臭氧层破坏、酸雨等问题更紧迫、更吸引公众的注意。毕竟，气候变化即便是真的在发生，那不过是很缓慢的过程，至少现在还不必为此费心。然而，正如前文所说的，不论是核冬天，

---

① 斯潘塞·R. 沃特. 全球变暖的发现 [M]. 宫照丽，译. 北京：外语教学与研究出版社，2008：138.

② DÖRRIES M. The Politics of Atmospheric Sciences："Nuclear Winter" and Global Climate Change [J]. Osiris, 2011, 26 (1)：198-223.

③ 虽然《蒙特利尔议定书》非常成功地限制了 CFC 的排放，但是工业上用来代替 CFC 的化学物质也会排放温室气体。另外，臭氧也是温室气体。

④ Edith Brown Weiss. 保护臭氧层维也纳公约，关于消耗臭氧层物质的蒙特利尔议定书 [EB/OL]. 联合国官网：http://legal. un. org/avl/pdf/ha/vcpol/vcpol_ c. pdf.

还是臭氧层破坏，已经让公众及国际和各国政府认识到全球性环境危机的严重性，一旦时机恰当，就会引发大规模的关注，成为公共舆论和政治讨论的焦点。

1988 年夏天，时机终于来了。1980 年夏的热浪所造成的恐怖记忆还没有完全褪去，1988 年夏天更加恐怖的热浪再次席卷美国。热浪造成的干旱不仅摧毁了整个美国的农业，还造成了上万人的死亡。无数家新闻杂志的头版头条，还有大大小小数不清的电视新闻节目中不断播放着这样的画面：干裂的土地、炎热的城市、黄石公园和总统山上燃烧的森林。持续不断的高温，烧烤着人们绝望的神经。人们不禁会问：这一切都是全球变暖导致的吗？人类是不是该为此负责？

面对这样一场严重的气候危机，政治家们自然要做点什么。6 月，参议院能源和资源委员会的议员们举行了一场听证会。按照委员会主席蒂莫西·E. 沃斯（Timothy E. Wirth）的说法，这场听证会的目的是"研究如何应对这一紧急事件"①。在开场白中，沃斯强调了气候变化对于公共政策的重要性。现场的参议员们都清楚当时的天气状况。在他们的窗外，气温正值有史以来的最高纪录。来自北达科他州的民主党参议员肯特·康拉德（Kent Conrad）说，他家乡的土地看上去像是"月球表面"。这场听证会使得气候变化成为万众瞩目的焦点，并将载入当代气候文明的史册。1988 年 6 月 23 日，气候学家詹姆斯·汉森（James Hansen）在听证会上代表气候科学家发表了证词。汉森在证词中说："全球变暖达到了如此的程度，以至于我们可以高度确信，在温室效应和观察到的变暖之间存在因果关系……现在它已经发生了。"② 他告诉议员们，可以"99%地肯定"，全球变暖是真实的现象，根据计算机的气候模拟，温室效应已经足够明确并开始影响极端气候事件发生的概率，因此随之而来的很可能将是更频繁的飓风、洪水和危及生命的热浪。③

① U. S. CONGRESS, SENATE, COMMITTEE ON ENERGY AND NATURAL RESOURCES. Greenhouse Effect and Global Climate Change：Hearing before the Committee on Energy and Natural Resources, 100th Cong., 2nd sess［C］. Washington DC：U. S. Government Printing Office, 1988：1.

② PHILIP SHABECOFF. Global Warming Has Begun, Expert Tells Senate［J］. New York Times, 1988.

③ U. S. CONGRESS, SENATE, COMMITTEE ON ENERGY AND NATURAL RESOURCES. Greenhouse Effect and Global Climate Change：Hearing before the Committee on Energy and Natural Resources, 100th Cong., 2nd sess［C］. Washington DC：U. S. Government Printing Office, 1988：99.

有学者认为，汉森在作证时"故意夸大了事实"①，但这是他必须采用的修辞策略②。他的证词果然产生了强烈的影响，成为"全球气候变化史上的一个重要转折点"。全球气候变化在美国首次成为重大的公共和政策议题。这次听证会结束后，汉森的名字占据了几乎所有媒体的头版头条。③ 在汉森作证之后，美国环保基金会官员迈克尔·奥本海默（Michael Oppenheimer）惊讶地说："我从来没见过一个环境问题成熟得如此之快，几乎一夜之间就从科学问题进入了政治领域。"④ 由于美国在气候科学和国际政治领域具有无比重要的地位，一旦美国公众和政府重视起来，气候变化问题就真正进入了政治领域。⑤

就这样，在科学家们的研究和媒体的推动下，有关气候变化的观念在公众和政治生活中逐渐酝酿并发酵。对科学家来说，他们根据自己的研究看到了正在和即将发生的灾难，因此迫切地想告诉世界问题的严重性，同时表明自己的研究领域是多么重要，需要公众和政府管理人员认真对待并投入充分的研究资金。而政府官员们也愿意推动公众关心的重大问题的应对和解决，以获得更大的权力和更多的预算。科学要想进行更深入的研究，需要得到充分的经费，而政治决定什么样的政策和行动则需要有力的科学结论。因此，这一切最终需要科学与政治之间充分有效的合作。此外，气候超越了国界，气候变化是一个全球现象，因此，美国不可能独立应对和解决气候变化问题，需要其他国家的合作。正是在这样的背景下，IPCC 产生了。

---

① 斯潘塞·R. 沃特. 全球变暖的发现 [M]. 宫照丽，译. 北京：外语教学与研究出版社，2008：147. 实际上，汉森的证词的确在科学家之间产生了激烈的争论，许多科学家批评汉森夸大其词。当时还没有足够的证据表明极端气候事件与温室效应之间存在联系，也没有证据表明极端气候事件将会更加频繁。

② BESEL R D. Accommodating climate change science: James Hansen and the rhetorical/political emergence of global warming [J]. Science in Context, 2013, 26 (1): 137-152. 根据 Besel 的研究，汉森之前有过多次关于全球变暖的发言，但都没有产生什么影响。

③ KERR R A. Hansen vs. The World on the Greenhouse Threat: Scientists like the attention the greenhouse effect is getting on Capitol Hill, but they shun the reputedly unscientific way their colleague James Hansen went about getting that attention [J]. Science, 1989, 244 (4908): 1041-1043.

④ WILFORD, JOHN N. His Bold Statement Transforms the Debate on Greenhouse Effect [N]. New York Times, 1988-07-23 (C4).

⑤ 斯潘塞·R. 沃特说："最高层的政治家们开始注意温室气体了。一个主要原因，是因为引起了美国——这个国家的合作对任何协议的签署都是必不可少的——的注意。"（斯潘塞·R.沃特. 全球变暖的发现 [M]. 宫照丽，译. 北京：外语教学与研究出版社，2008：148.）

四、IPCC 的诞生：在科学与政治之间

毫无疑问，IPCC 当然是气候变化科学与政治发展过程中最重要的事件。IPCC 能够成立的原因，如我们在前文所讨论的，一方面是因为气候科学由于研究对象的全球性变得越来越国际化，另一方面是因为气候变化可能造成灾难性后果而日益成为国际和世界各国必须严肃对待的重要政治议题。然而，正如《维也纳公约》和《蒙特利尔议定书》所表明的，气候变化的根本特征在于其全球性，因而无论是科学研究还是政治行动，都需要国际性的合作，特别是需要一个专门的组织来协调科学与政治、各国与他国之间的复杂关系。对于这一点，1979 年世界气候大会的《宣言》里讲得已经很明确了。《宣言》呼吁世界各国之间开展合作，并建立全球气候研究计划，成立一个"国际机构"来"领导和协调"。1988 年，在 WMO、UNEP 两个联合国机构的努力下，政府间气候变化专门委员会（IPCC）终于成立了。

从 1979 年世界气候大会，到 1988 年 IPCC 的诞生，经历了近十年的酝酿和筹备。与臭氧层破坏相比，人为气候变化在科学和政治经济上要微妙、复杂得多。毕竟，臭氧层破坏问题只牵扯到工业生产的一个方面，但应对气候变化则涉及整个能源体系。这对以能源为基础的现代工业文明来说，是一个无比巨大和困难的挑战。随着气候科学的国际化，以及以美国为首的西方发达国家政府对气候变化越来越重视，建立一个《人类气候宣言》所说的国际领导机构的条件逐渐成熟了。在这个过程中，1985 年维拉赫会议非常关键。① 这次会议不但在与会的数百名来自世界各国的主要气候科学家之间达成了人为气候变化已经发生的科学共识，而且还一致呼吁科学家和政策制定者之间进行积极合作。从世界范围来看，1985 年维拉赫会议以后，气候变化成为国际政治的议题。此外，这次会议显示出了推动气候变化研究与应对的四个关键因素：UNEP、WMO、ICSU、美国。②

---

① 第一次世界气候大会并没有呼吁世界各国就气候变化问题展开政策行动，但是组织安排了一系列的研讨会，以深化和推进对气候变化的科学研究。这系列的研讨会由 WMO、UNEP 和 ICSU 主办，于 1980—1986 年在奥地利的维拉赫（Villach）举行。

② AGRAWALA S. Context and Early Origins of the Intergovernmental Panel on Climate Change [J]. Climatic Change, 1998, 39 (4)：605-620. 但是维拉赫会议还不足以产生像 IPCC 这样的机构。

从 1986 年开始，WMO、UNEP 和 ICSU 以及美国政府就开始讨论建立类似《维也纳公约》那样的机制或组织，以评估和应对气候变化。由于气候变化涉及太多的不确定性以及各种利益的复杂性，许多国际机构没有勇气担当领导的角色，甚至认为成立这样的组织还为时过早，但是最终各方决定成立一个新的机构来发挥领导作用。① 考虑到气候变化以及政治经济的复杂性，一些关键国家认为 UNEP 和 WMO 这样的机构即便是联合起来也不适合对此类事务进行评估。在美国某些政府机构的建议和影响下，WMO 和 UNEP 决定设计一种政府间的程序，以便于各国政府直接参与并影响过程的展开，而不需要通过 WMO 或 UNEP 这样的中介发挥作用。在经过充分讨论和咨询之后，1988 年 3 月，WMO 秘书长邀请 WMO 各成员国开会并通过了设立 IPCC 的决定。WMO 和 UNEP 还就 IPCC 的一些管理和运行规则达成了一致。②

这种"政府间"（intergovernmental）机制是 IPCC 最根本的特点，它所产生的气候变化评估报告是各国政府代表以及官方专家参与、认可的结果，因此有别于其他林林总总的评估和分析。虽然根据政府间谈判委员会（Intergovernmental Negotiating Committee，INC）创始主席、主持气候公约谈判的 Jean Ripert 的说法，之所以设计这种"政府间"机制，其很大程度上是为了教育许多政府官僚，让他们更多地了解气候变化，更积极主动地坐到谈判桌前。然而，其目的并不只是教育这么简单。

---

① 虽然在 1985 年维拉赫会议之后按照决议成立了"温室气体顾问小组"（the Advisory Group on Greenhouse Gases，AGGG），并考虑发起关于温室气体的全球公约。小组 6 名成员分别来自 WMO、UNEP 和 ICSU 的任命，但是，根据成员之一、后来的 IPCC 第一任主席伯特·伯林的说法，这个小组根本发挥不了什么作用，因为"它既无钱也无权"。BERT BOLIN. A History of the Science and Politics of Climate Change：The Role of the Intergovernmental Panel on Climate Change［M］. Cambridge：Cambridge University Press，2007：46.

② IPCC 最终被定位为 WMO 和 UNEP 联合管理的政府间组织，其中有许多复杂的原因。一方面，美国政府内部多个机构如环保署、能源部、国务院、白宫之间矛盾重重，最后达成妥协，采取了能源部提议的让官方专家参与的建议，成立一个政府间组织，进行美国政府机构像环保署、国务院、参议院、白宫科学顾问委员会以及能源部等多次做过的评估工作。此外，WMO 作为主办方之一，其作用在于气候变化本身，但没有足够的专家储备应对气候变化的影响和政策响应。因此需要和 UNEP 联合起来主办 IPCC。UNEP 执行主席 Mostafa Tolba 是推动气候变化应对的最重要人物之一，是 IPCC 建立的关键人物、IPCC 筹委会的主席，虽然他在臭氧层破坏问题上得罪了美国，但是他支持美国提议的关于 IPCC 的观点。另外，在推动气候变化研究曾发挥重要作用的 ICSU 则退出了 IPCC 的筹备和主持工作，因为 IPCC 是政府间组织，ICSU 是非政府组织。此外，ICSU 对政策也不感兴趣。

可以说，IPCC 的诞生，包括其组织形式、规模、评估程序等，在一定程度上是美国白宫、能源部、环保署及 WMO、UNEP 等机构及有关个人之间磋商、谈判和妥协以及影响的结果。正如沃特先生所说，"与更早的气候大会、国家科学院专门委员会以及顾问委员会不同，控制 IPCC 的人不仅是科学专家，而且也是政府的官方代表——都是那些与国家实验室、气象局以及科研机构有紧密联系的人。因此 IPCC 既不是严格意义上的科学机构，也不是严格意义上的政治部门，而是两者独特的混合。""注意，与后来广为流传的神话相反，IPCC 既不是联合国机构的一个部门，也不是自由派创建的；它是有自治的政府间组织，主要是由保守的里根政府创建的。"① 所以，IPCC 实际上就是美国官方气候评估的国际扩大版。

除了 IPCC 的组织形式外，另外一个关键问题是气候变化评估的范围，也就是 IPCC 具体评估哪些方面的知识。是气候变化的科学？气候变化的影响？还是气候变化的政策响应？或者三者都评，也就是进行全面综合性的评估？最终，IPCC 选择了美国在 20 世纪 70 年代早期进行的气候影响评估计划（Climate Impact Assessment Program，CIAP）的综合性评估模式。根据伯林的回忆，在 1988 年 11 月召开的 IPCC 第一次大会开幕词上，UNEP 执行主席莫斯塔法·托尔巴（Mostafa Tolba）向与会的全体代表提议成立三个工作组，进行科学评估、社会经济影响以及政策响应方面的工作。② IPCC 的主席、副主席，以及三个工作组的主席和副主席人选，都经过了政治上的权衡和考量。最终，IPCC 形成了如下架构：

IPCC 主　席：伯特·伯林（瑞典）

　　副主席：A. Al-Gain（沙特阿拉伯）

　　书　记：J. A. Adejokun（尼日利亚）

第一工作组：评估已有的气候变化的科学知识。

　　主　席：约翰·霍顿爵士（英国气象局主任）

第二工作组：评估气候变化对环境和社会经济的影响。

　　主　席：尤里·以泽利尔博士（苏联水利气象局主任）

第三工作组：响应战略的形成。

---

① The Discovery of Global Warming：Government：International Cooperation［EB/OL］.（2018-02）［2018-08］.

② 这届大会上伯特·伯林当选为 IPCC 的第一任主席。伯林说，在 IPCC 正式成立之前，IPCC 筹委会主席 Tolba 就邀请伯林出任 IPCC 主席。BERT BOLIN. A History of the Science and Politics of Climate Change：The Role of the Intergovernmental Panel on Climate Change［M］. Cambridge：Cambridge University Press，2007：49. 后来，在 1988 年 12 月 6 日联合国大会（第 70 届全会）上通过了设立 IPCC 的决议，决议见：https://www.ipcc.ch/docs/UNGA43-53. pdf.

主　席：弗里德里克·波恩塞尔博士（美国国务院助理国务卿）

如伯林所说，IPCC 及其工作组主席的选择反映了科学和政治因素都发挥了作用。实际上，这并不让人感到意外。因为，正如我们在前面提到的，IPCC 的政治性（政府间性）是其根本特点。用托尔巴的核心顾问彼得·尤舍尔（Peter Usher）的话说，"政治遇到了臭氧层"，但"气候变化则是出生于政治"①。IPCC 这样的组织，形式上本来就是此前美国政府官方气候评估计划的国际版，其首要目的不是进行科学研究，而是让全世界各国政府参与气候变化的科学评估和政治决策。当然，没有可靠的科学基础，这样的政治决策不会有任何信誉。因此，IPCC 一方面要基于多方面的政治考量，但同时也必须能吸引到越来越多的最优秀的科学家参与进来，以保证其评估报告以及 IPCC 本身的科学信誉。如果 IPCC 不能保证科学家的独立性和科学评估的严正性，受到政治压力的扭曲，IPCC 就毫无价值。

值得强调的是，得益于世界范围的民主进步，IPCC 引人瞩目的特点就是其号称以民主的方式管理自己。由于 IPCC 主要是由美英等西方民主国家所创立的，因此，在这些国家的民主政治生活中日常进行的议会辩论、投票等形式为 IPCC 所采用。基于平等的原则，科学家及各政府代表通过进行讨论、协商和投票达成共识。这种民主体现在 IPCC 的组织原则和运行程序上。自从 1988 年 11 月 IPCC 成立以来，IPCC 经历过数次调整和改革。② 即使如此，IPCC 几十年来还是不断受到了外界的很多批评。2010 年 3 月 10 日，联合国秘书长潘基文和 IPCC 主席帕乔里致信国际科学院委员会（InterAcademy Council，IAC）③，请求

---

① AGRAWALA S. Context and early origins of the Intergovernmental Panel on Climate Change [J]. Climatic Change，1998，39（4）：605-620.

② IPCC 创建之前主要受到 WMO、UNEP 和美国政府相关部门中少数个人的影响，但自成立之后，IPCC 面对的是全世界各方的压力和影响。WMO 和 UNEP 对 IPCC 结构和运行机制的影响越来越小，而美国则一直保持着强大的影响力。此外 IPCC 主席（如伯林、沃顿等）通过自己的日常领导影响 IPCC 的运作。此外，在气候变化公约签署之后，气候变化公约的实体机构也在相当程度上影响了 IPCC；另外，媒体和科学界的监督和批评也在某种程度上影响了 IPCC 的构架以及运行机制。关于 IPCC 早期的结构和运行程序的变化，可参见 AGRAWALA S. Structural and Process History of the Intergovernmental Panel on Climate Change [J]. Climatic Change，1998，39（4）：621-642.

③ InterAcademy Council，简称 IAC，是美国科学院、英国皇家学会、瑞典皇家科学院以及印度科学院联合倡议，2000 年 5 月成立的一个国际科学院间科学组织，总部设于荷兰阿姆斯特丹。IAC 宗旨是促进各国科学院的合作，集中全球科学资源来解决诸多全球性的经济和社会问题，如环境、教育等，并为各国政府和国际组织提供科学咨询。目前 IAC 由包括中、美、俄、法、德、日、英、印以及第三世界科学院等 15 个科学院组成。网址：http：//www. interacademycouncil. net/.

IAC 对 IPCC 的机构和运行程序展开独立调查。① IAC 经过调查研究之后，给出了一些建议。② 其中许多建议为 IPCC 全会所采纳（第 32、33、34 和 35 次全会）。经过这次大的调整和改革之后，现在的 IPCC 虽然保留了创建时的基本架构，但在组织和程序上逐渐变得更加严谨了。

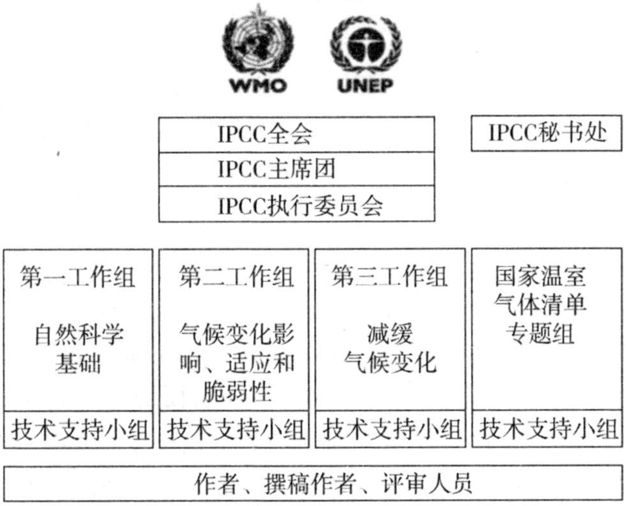

IPCC全会	IPCC秘书处
IPCC主席团	
IPCC执行委员会	

第一工作组 自然科学基础	第二工作组 气候变化影响、适应和脆弱性	第三工作组 减缓气候变化	国家温室气体清单专题组
技术支持小组	技术支持小组	技术支持小组	技术支持小组

作者、撰稿作者、评审人员

图 5　IPCC 的基本结构③

IPCC 由世界气象组织（WMO）和联合国环境署（UNEP）两家联合国机构创立，按照其工作原则，"其活动重点是这两家组织通过的相关决议和决定所赋予的任务，以及支持联合国气候变化框架公约的各项行动"④。其目的是对气候变化及其潜在社会经济和环境影响的最新知识进行评估，以给全世界提供清楚的科学观点。特别需要注意的是，IPCC 的工作是对已有最新的科学知识进行评估，但 IPCC 本身并不进行任何研究，也不监督任何与气候相关的数据或参数。

IPCC 是一个政府间机构，向联合国和 WMO 的所有成员国开放会员资格。因此，会员国政府会参与评审程序和全会，决定 IPCC 的工作计划以及报告的接

---

① BAN KI-MOON, RAJENDRA K PACHAURI. Letter to Dr. Dijkgraaf, Co-chair of InterAcademy Council［R/OL］.（2010-03-10）［2018-08］.

② Committee to Review the Intergovernmental Panel on Climate Change. Climate Change Assessments：Review of the Processes and Procedures of the IPCC［M/OL］.（2010-10）［2018-08］.

③ Intergovernmental Panel on Climate Change［EB/OL］.（2018-08）［2018-08］.

④ IPCC 工作原则［EB/OL］.［2018-08］.

受、修改和通过，选举 IPCC 的主席团成员，包括主席。IPCC 的主要工作是评审，来自全世界的数千名科学家参与评审，确保对当前的气候科学知识进行客观、充分的评估。因此，IPCC 既是政府间组织，也是科学评估机构，因此才有独一无二的机会给决策者们提供有力和平衡的科学信息。各国政府对 IPCC 及其报告的支持和认可，意味着承认 IPCC 评估报告科学内容的权威性，因此 IPCC 报告与政策相关，但是政策中立的，不具有政策规定性。

IPCC 目前有 195 个成员国，近年来，每年举行一次全会（IPCC Plenary），来自各成员国有关部门、机构和研究所以及观察员组织（目前 IPCC 有 152 个观察员组织）的千百名政府官员和专家参加全会。IPCC 的许多重要决定是在全会上做出并通过的，包括选出 IPCC 主席、IPCC 主席团、工作组主席团成员，确定 IPCC 工作组和工作组的结构和任务、IPCC 原则和程序、工作计划、预算，讨论确定 IPCC 报告的范围和大纲，批准、采用和接受 IPCC 报告，等等。

IPCC 主席团（IPCC Bureau）由 IPCC 主席、副主席，工作组、任务组的联合主席和副主席构成，目前共有成员 34 人。主席团的主席由 IPCC 主席担任，其任务主要是为委员会科学和技术方面的工作提供指导，为相关的管理和战略问题提供建议，对其职权范围内的具体事务做出决定，比如：IPCC 的工作计划制订，IPCC 大会的召开，IPCC 工作组之间的协调，商议拟定 IPCC 报告的作者、评审编辑、专家评审名单，监督 IPCC 报告的科学质量等。① IPCC 设有秘书处，为 IPCC 主席团提供日常服务。

根据 IAC 的建议，IPCC 于 2011 年创立了执行委员会（Executive Committee），以强化和及时有效地实施 IPCC 的工作计划。执行委员会的成员包括：IPCC 主席和副主席、四个工作组的联合主席、顾问成员、秘书处负责人、四个工作组的技术支持小组（Technical Support Units，TSU）的负责人。显然，从执行委员会的成员来看，执行委员会的主要职责是在两次大会之间执行大会的工作计划，以及主席团的决定和建议，等等。②

IPCC 主要工作是评估气候变化知识并撰写评估报告，来自各成员国的数千名志愿作者和评审专家是 IPCC 的主体。据统计，有 130 多个国家的 3500 多名专家学者参与了 AR4 的编写（450 位主要作者、800 位撰稿作者、2500 位专家评审）；参与 AR5 的专家则多达 3800 多位。这些专家分别参加三个工作组的撰

① 关于 IPCC 主席团职责的更详细、更全面的说明，请见 Terms of Reference of the Bureau [EB/OL]．[2018-08]．
② IPCC Executive Committee. Decisions Taken with Respect to the Review of IPCC Processes and Procedures, Governance and Management [EB/OL]．(2011-05-13)［2018-08］.

稿、编辑和评审工作：第一工作组，评估气候变化的物理科学基础；第二工作组，评估气候变化的影响、适应和脆弱性；第三工作组，评估气候变化的减缓。IPCC 还成立了一个国家温室气体清单任务组（Task Force on National Greenhouse Gas Inventories）。

参与 IPCC 报告的专家都是基于自愿。这些专家来自各国政府和参与组织列出的名单，以及因文章和著作而闻名的一些作者，工作组全会从中选出协调作者（Coordinating Lead Authors，CLAs），主要作者（Lead Authors，LAs）。每一章、每一份报告或其摘要的协调作者和主要作者的构成要能反映一定范围的科学技术和社会经济观点和专业知识、地区代表性；还要注意参加过和未参加过 IPCC 工作专家的比例以及性别平衡。CLAs 协调所负责章节的内容，通常每一章有两个 CLAs，一个来自发达国家，一个来自发展中国家。每一章有数位到十几位主要作者，根据现有最好的科学、技术和社会经济信息来准备各章的内容。在评估期间，LAs 还可以召集一些撰稿作者（Contributing Authors，CAs）为自己提供本章内容覆盖的某些具体专业的技术信息。① 除了 CLAs、LAs 和 CAs，IPCC 报告的每一章和技术摘要都有两到四名评审编辑（Review Editors，REs），主要负责保证所有实质性的专家和政府评审建议得到作者团队的适当考虑，并就一些有争议的问题提出处理的建议。IPCC 报告从初稿到发布要通过多次评审。第一轮评审中，IPCC 报告的第一稿分发给全世界相关领域有影响力的独立专家以及政府和参与组织之前提名的专家。那些政府和国际组织提名的专家如未被选为主要作者或评审编辑，通常会担任相关章节的评审专家。第二轮评审中，政府联络员（government focal points）会把报告的第二稿和决策者摘要的第一稿分发给各国政府代表、所有参加第一轮评审的作者、评审专家及新注册的评审专家。来自全世界的数千名科学家作为评审专家参与 IPCC 的评审程序。一些观察员组织也有机会让自己的专家参与评审过程，但以个人名义而非观察员组织的名义发表评审意见。②

其中，几个关键性的程序需要说明。一个是"approve"（批准），这是指 IPCC 全会上对涉及的材料（报告或其他文件）进行逐行逐句的讨论和通过，一般"approve"用于报告的决策者摘要；"adoption"（通过），指一节一节地采

① IPCC Factsheet：How does the IPCC select its authors？［EB/OL］.（2013-08-30）［2018-08］.

② IPCC Factsheet：How does the IPCC review process work？ ［EB/OL］.（2015-01-15）［2018-08］.

IPCC是如何撰写报告的？

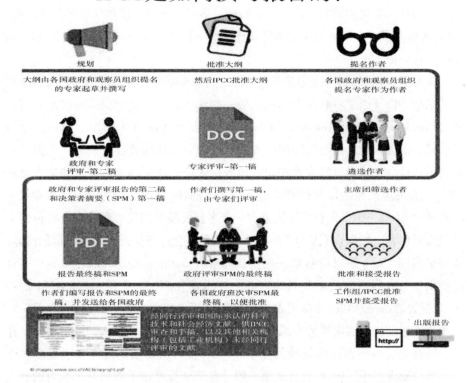

图 6　IPCC 是如何撰写报告的？①

纳，用于综合报告和方法论报告章节的综述；最后，"acceptance"（接受），指没有对材料进行逐行逐句或一节一节的审议，但是提供了对所涉主题的全面、客观和平衡的观点。②

　　综观 IPCC 的结构和运作方式，以及 IPCC 报告编写、评审、通过、批准和出版的程序，可以说 IPCC 在政府间组织和科学评估机构两个不同的角色之间最大限度地找到了平衡。首先，通过联合国两大组织 WMO 和 UNEP 的领导协调，以及程序中必要的政府代表和官方专家的参与，确保了 IPCC 报告最终是各国政府认可的官方报告，这不仅意味着各国政府承认 IPCC 报告的权威性，更意味着各国政府有责任和义务根据 IPCC 报告的相关信息采取适当的政策措施并展开行动以应对气候变化。其次，作为一个科学评估机构，IPCC 非常注意报告的科学

---

① IPCC 如何编写报告［EB/OL］.（2018-08）［2018-08］.

② 关于 IPCC 报告编写、评审、接受、通过、批准和出版的程序［EB/OL］.［2018-08］.

性，这主要体现在如下几点：第一，在作者、评审专家的选择上，虽然各国政府有权利提供 IPCC 报告的作者名单，但各国政府并不能决定全部作者名单，IPCC 还邀请了许多观察员组织（现在有 120 个）其中大多数（目前是 98 个）是非政府组织，向 IPCC 推荐作者；此外，IPCC 还通过出版物，邀请一些杰出的独立科学家作为潜在作者或评审专家。这种作者的多样性最大限度地确保了 IPCC 报告免于政府对专家的操控，保证了 IPCC 报告的客观性。第二，全面性。IPCC 特别强调作者群体的代表性，既有发达国家的，也有发展中国家的，既有欧洲的，美洲的，也有大洋洲，亚洲的；特别是，IPCC 强调要在报告中反映有关问题的不同观点。这样，在很大程度上避免作者群体由于单一的政治经济背景出现观点上的偏差。第三，开放性。这一点也是 IPCC 报告科学性的重要保障。IPCC 强调各项决定、计划的讨论和批准是开放的，不仅面向各会员国开放，向各观察员组织开放，甚至也向媒体开放。最重要的，IPCC 报告最终会公开向全世界发表，因此将接受全世界科学家和公众的审视和检讨。

在气候科学史上，IPCC 的建立是最重要的事件之一[①]。IPCC 的建立以如下科学共识为基础：存在 CO_2 等气体的温室效应；人类大量排放温室气体可能影响气候；这种影响导致的气候变化会给人类带来严重的后果。由于气候变化是全球性问题，因此需要全世界科学家、政府联合起来研究、评估并讨论应对的可能性，于是 IPCC 这一兼具科学性和政治性的政府间组织应运而生。正如英国气候科学家休尔姆（Mike Hulme）所说，关于气候变化，"人类正在进行着一场史无前例的巨大实验，这是全世界的社会文化实验，看看我们全人类的行为、偏好和实践能否协调一致以实现单一目标：使全世界温室气体的排放得到统一的管理"[②]。而这一目标，显然应以关于温室气体排放及温度变化的预测性知识以及就此知识达成的科学共识为基础。因此，IPCC 既是气候科学共识的结果，也是气候科学共识的最大代表和推动者。

IPCC 成立的目的是"评估气候变化问题相关的各方面科学信息以及评估气候变化的环境、社会经济后果所需的信息"，然后提出"气候变化管理所需要的现实的反应策略"。IPCC 的工作主要是对相关领域内已经发表的、经过同行评议的科学文献进行评估，自身并不进行科学研究。人们之所以认为 IPCC 报告代

---

① 关于 IPCC 的建立，可参见 BERT BOLIN. A History of the Science and Politics of Climate Change：The Role of the Intergovernmental Panel on Climate Change ［M］. Cambridge：Cambridge University Press，2007.

② HULME M，MAHONY M. Climate Change：What Do We Know about the IPCC? ［J］. Progress in Physical Geography，2010，34（5）：705-718.

表了气候科学的科学共识，主要有两个原因：一是 IPCC 报告本身是对世界范围内发表的、经过同行评议的气候科学研究文献进行的概括、评估，是气候科学成果、观点的集中；二是 IPCC 的每个工作组都由数百名专家组成，首先由作者起草初稿，然后经过同行评议，交还作者修改，然后再评议，再修改，再经过大会讨论、协商，得出简洁、明确的共识性结论。

可以说，得到科学共识是 IPCC 的核心工作原则，在《指导 IPCC 工作的原则》中，"原则 10"明确指出，"在做出决定、同意、采纳和接受报告时，专门委员会，它的各个工作组以及任何任务组，应该想尽一切办法达成共识"①。显然，没有共识，就无法一致行动。但是，需要讨论的是，在 IPCC 的工作程序中，在工作组和 IPCC 接受并确定报告之前，会对报告的草稿进行两次评议。第一次评议是交给气候科学家进行同行评议，然后由作者们进行讨论、修改，接下来，第二稿交给科学家和政府代表进行第二次评议，然后交还作者们进行修改，然后再交由政府评审，最后由工作组及 IPCC 通过并接受。这样的撰写、评审过程有一个显著的特点，即在 IPCC 所谓气候科学共识的产生过程中，很难摆脱政治因素的影响，因为政府在审议报告中发挥着重要的影响。这很难真正保证 IPCC 的科学评估具有科学上的自主性，毋宁说，IPCC 报告的"科学"共识，实际上是科学和政治协商、妥协的结果（科学—政治共识）。此外，IPCC 的作者大都由各国政府选送，从一开始就具有了政治的因素。

从此，人类历史上第一次由一个兼有科学和政治性质的官方机构定期评估气候科学知识状况并发布相关的科学共识。1990 年，IPCC 发布了第一次评估报告提出："我们确信：存在自然的温室效应，使地球比没有温室效应时要暖。人类活动产生的各种排放正在使大气中的温室气体浓度显著增加。……这将使温室效应增强，平均来说就是使地表更暖。主要温室气体——水汽，随着全球变暖将增加，并且将进一步加速全球变暖。"② 1995 年，IPCC 推出第二次评估报告，称"从 19 世纪以来，全球平均表面温度增加了 0.3~0.6 摄氏度，在过去 40 年间增加了 0.2~0.3 摄氏度"，"根据气候模型的预估，到 2100 年全球气温

---

① 关于 IPCC 组织工作的原则以及报告起草、评议和程序，请参见 IPCC 的官方文件，Principles Governing IPCC Work, Procedures for The Preparation, Review, Acceptance, Adoption, Approval and Publication of Ipcc Reports. 从 1990 年到现在，这一直是 IPCC 的工作指导原则。网址：https://www.ipcc-wg1.unibe.ch/procedures/PrinciplesProcedures-GoverningIPCC.pdf.

② 世界气象组织，联合国环境规划署，政府间气候变化专门委员会. 气候变化：政府间气候变化专门委员会 1990 年和 1992 年的评估 [M]. 1992：52. 1992 年对 1990 年的评估进行了补充，但基本科学结论则没有改变（第 6 页）。

将比 1990 年升高 1~3.5 摄氏度",而"海平面将上升 49 厘米"①。IPCC 第三次评估报告于 2001 年发布,再次强调"越来越多的观测机构给出了变暖和其他气候变化的集体图画","有新的和更强的证据表明,过去 50 年观测到的增暖的大部分归结于人类活动",认为"20 世纪全球地面平均气温升高 0.6 摄氏度","雪盖和结冰范围已经减少","20 世纪全球平均海平面升高 0.1~0.2 米",预计"全球平均气温在 1990—2100 年增加 1.4~5.8 摄氏度","全球平均海平面将上升 0.09~0.88 米"。②IPCC 第四次报告(2007)补充了 2001 年之后的科学材料,认为"1850—1899 年至 2001—2005 年间整体温度上升了 0.76 摄氏度","南北半球的冰雪覆盖率持续下降","1961—2003 年全球平均海平面每年上升 1.88 毫米"。报告指出,观测到的这些升温"非常可能"是由于检测到的人为温室气体浓度增加的结果。报告预估,在未来的 20 年,每 10 年都会有 0.2 摄氏度的升温,而且如果继续以当前速率或更高速率排放温室气体的话,将会加剧变暖并在 21 世纪引发气候系统的很多变化,比 20 世纪观察到的变化要剧烈得多。③

现在我们回到开头谈到的戈尔在《难以忽视的真相》中关于气候科学共识的说法。戈尔引用的是美国科学史家奥瑞斯科关于气候科学共识的调查。奥瑞斯科提出:气候科学的"科学共识"集中体现在 IPCC 报告的基本观点之中;IPCC 报告所代表的气候科学共识认为,地球气候正在受到人类活动的影响。简而言之:人类可能导致了最近 50 年来的气候变化。她认为,没有一篇同行评议

───────────────

① HOUGHTON J T, MEIRA FILHO L G, CALLANDER B A, et al. Climate Change 1995: The Science of Climate Change, Contribution of WGI to the Second Assessment Report of the Intergovernmental Panel on Climate Change [R]. Cambridge Cambridge University Press, 1996: 26, 303, 385.

② HOUGHTON J T, Y DING, D J GRIGGS, et al. IPCC, 2001: Climate Change 2001: The Scientific Basis. Contribution of Working Group I to the Third Assessment Report of the Intergovernmental Panel on Climate Change [R] // Cambridge: Cambridge University Press, 2001: 158, 152, 162.

③ QIN D, CHEN Z, AVERYT K B, et al. IPCC, 2007: Summary for Policymakers [R]. Cambridge: SOLOMON S, D QIN, M. MANNING, et al. IPCC, 2007: Climate Change 2007: The Physical Science Basis. Contribution of Working Group I to the Fourth Assessment Report of the IPCC (FAR). Cambridge: Cambridge University Press, 2007: 5, 10, 12. 值得注意的是,AR4 强调如下一点:TAR 提出观测到的升温"可能"(likely)由人为温室气体排放导致,而 AR4 则提出"很可能"(very likely)由人为温室气体排放导致。(第 10 页)

的科学论文提出了否定 IPCC 科学共识的观点。①

正如奥瑞斯科所说的那样，自从 1990 年 IPCC 报告开始发布之后，其观点被普遍认为代表了目前世界气候科学共同体的科学共识，不断有很多国际的、国家的科学组织单独或联合起来发表声明，认可、支持 IPCC 科学共识，呼吁决策者和民众积极采取行动。

2000 年 5 月，63 个国家的国家学院在东京召开大会，会后发表联合声明，称"气候变化的全球趋势越来越值得关注"②。2001 年，在 IPCC 第三次报告出台之后，英国皇家学会召集另外 15 个国家的科学院③发表联合声明，宣称"IPCC 的工作代表了国家科学共同体关于气候变化科学的共识"，认为 IPCC 是"世界上最可靠的关于气候变化及其原因的信息来源"，"我们支持它达到这一共识的方法，以及 IPCC 报告的各个结果"④。

在 2005 年、2007 年、2008 年及 2009 年，G8 峰会八国与另外几国的科学院为 G8 峰会的召开联合签署声明，支持 IPCC 的立场，敦促政府积极采取措施。除此之外，美国大气学会（AMS，2003）、欧洲地质科学联盟（EGU，2005）、加拿大大气与海洋学会（CMOS，2005）、美国科学促进学会（AAAS，2006）、美国地质学学会（GSA，2006）、美国地球物理联盟（AGU，2007）、澳大利亚科学技术学会联盟（FASTS，2008）、欧洲地质学联盟（EFG，2008）、澳大利亚地质学会（GSA，2009），甚至世界卫生组织（WHO，2008），都发表声明，支持 IPCC 及其主张的气候科学共识。如今，虽然不是所有的科学组织都公开发表声明支持 IPCC 的观点，但可以说，没有任何国家或国际的科学机构公开否定或怀疑 IPCC 的观点。

这真是科学史上独一无二的景象！一方面有 IPCC 这一庞大的联合国机构作为科学共识的代表，同时又有如此众多的国际、国内科学组织纷纷发表声明强

---

① 其中 75% 明确或含蓄地接受了 IPCC 的观点；其余 25% 的论文讨论方法问题和古气候，没有涉及人为气候变化，更没有表达与 IPCC 相异的观点。ORESKES N. Beyond the Ivory Tower: The Scientific Consensus on Climate Change [J]. Science, 2004, 306 (5702): 3.

② Transition to Sustainability in the 21st Century: The Contribution of Science and Technology. A Statement of the World's Scientific Academies [EB/OL]. (2000-05) [2018-08].

③ 共 16 个国家的科学院签署了这项声明，包括澳大利亚国家科学院、比利时皇家科学与艺术研究院、巴西科学院、加拿大皇家学会、加勒比科学院、中国科学院、法国科学院、德国国家科学院、印度国家科学院、印度尼西亚科学院、爱尔兰皇家科学院、意大利国家林赛学院、马来西亚科学院、新西兰皇家学会学术理事会、瑞典皇家科学院和英国皇家学会。

④ The Science of Climate Change (2001)，声明载于英国皇家学会以及其他科学院的官方网站。

调、支持这一科学共识，这是历史上从未有过的。

五、科学共识还是政治共识：气候科学共识的本质及其问题

正如 IPCC 第一任主席伯特·伯林所说，整个 20 世纪 70 年代，关于全球变暖，政治和科学之间的交流并不充分。① 其主要原因显然是公众的注意力还集中在 DDT、臭氧层等问题上，对全球变暖尚不了解，自然也就无法引起政治家的兴趣。然而，进入 80 年代之后，情况发生了很大变化，其中环境运动和媒体发挥了巨大作用。

包括全球变暖在内的全球性环境问题，不仅是科学问题，同时也可能成为重大的国际性、时代性的社会、政治、发展问题，无疑是媒体最乐于关注并推动的。可以说，正是环境运动与媒体一起促进了温室效应、全球变暖等概念在公众中的迅速传播和政治化的进程，并反过来影响了气候科学的发展。美国气候学家理查德·林尊曾指出，"1970 年以来的环境运动是一个重要的现象"，而"全球变暖"不仅是环境运动的核心议题，也是他们"募集资金的重要战斗口号。与此同时，媒体则毫不质疑地接受了这些群体的声明，并将其视为客观真理"②。环境运动及媒体对全球变暖的宣扬让林尊感到不满，因为他们极力夸大事情的严重性，甚至在并没有形成明确科学结论的情况下就大力渲染某种灾难性后果，来恐吓公众、吸引眼球。IPCC 会议主席伯特·伯林也有类似的看法。③ 更严重的是，有些科学家，如气候变化最有名的推动者施耐德和汉森，则有意利用环境运动和媒体的这些特点，为之提供夸大的科学信息

---

① Bert Bolin. A History of the Science and Politics of Climate Change：The Role of the Intergovernmental Panel on Climate Change ［M］. Cambridge：Cambridge University Press，2007：31. 但是，他指出，美国是个例外。美国从 20 世纪 70 年代初就表示出对气候变化问题的关切。

② Lindzen R S. Global Warming：The Origin and Nature of the Alleged Scientific Consensus ［J］. Regulation，1992，15：87.

③ Bert Bolin 说："绿色和平运动在公共领域内的讨论，并不是建立在良好的科学基础上。我曾明确告诉绿色和平组织的领导，我认为他们的科学分析与行动策略之间并不协调，但没有收到让人满意的回应。"Bert Bolin. A History of the Science and Politics of Climate Change：The Role of the Intergovernmental Panel on Climate Change ［M］. Cambridge：Cambridge University Press，2007：77.

以鼓吹全球变暖。①

环境运动有着极为广泛的公众基础，对政治与科学都会产生直接而深远的影响。如1970年4月22日，仅美国参加首个地球日聚会的人数就有2000多万。1990年，全世界140个国家中有2亿人参加了地球日的活动。公众对环境问题的关心会对政治家产生直接影响，为了获得选票，他们毫不犹豫地强调对全球变暖的重视。如1988年，英国首相撒切尔夫人在英国皇家学会的讲话中强调，人为气候变化已经构成对人类的威胁，需要认真对待。她说："我们被告知，每10年气温增加1摄氏度将大大超过自然所能承受的范围。这样的变暖将导致冰川的加速融化以及未来一个世纪内的海平面上升数英尺②。"她指出："保持自然的平衡将是本世纪末所要面对的最大挑战。"③此外，美国总统布什也在当年IPCC会议的讲话中明确表明美国要重视全球变暖的立场，给与会代表留下深刻印象，对美国气候科学的发展也产生了多年的积极影响。

在气候科学共识达成的过程中，媒体发挥了强大的力量，因为它可以通过在大众中产生的广泛影响，形成强大压力作用于那些试图提出疑问的科学家。科学观点通常依靠媒体传达给公众，是科学传播的重要途径，而公众也通常以为，媒体有关科学的报道代表了科学共同体的共识性观点。我们以《纽约时报》为例来谈一谈这一点。

《纽约时报》是美国乃至全世界最具影响力的媒体之一，一个半世纪以来，它几乎从未间断地报道气候变化。④ 进入20世纪80年代以后，《纽约时报》更加重视气候变化的报道。1981年4月17日，《纽约时报》刊登了题为"气候与二氧化碳"的文章，其中声称："自从1958年开始系统测量以来，大气中的二氧化碳含量增加了7%。科学家们担心，持续使用化石燃料以及不断地破坏森林、减少绿地将使CO_2含量增加至前工业化时期的两倍。我们担心，如果气候

---

① 施耐德曾公开号召气候学家"抓获公众的想象力……这意味着媒体的大量报道，我们需要提供一些惊悚的情景，提出一些简洁的、能吸引人的说法，而且不能提及我们所可能有的任何疑问。"见 JONATHAN SCHELL. Our Fragile Earth［J］. Discover, 1989 (10). 汉森的问题我们将在稍后提到。

② 1英尺=30.48厘米。

③ 参见 THATCHER M. Speech to the Royal Society, 可以从撒切尔基金会获得表格网址：www. margaretthatcher. org/Speeches. 需要说明的是，撒切尔夫人讲的每10年增加1摄氏度显然是不准确的数字。

④ 笔者以"全球变暖"和"气候变化"为关键词检索了《纽约时报》的历史文献数据库，发现该报从19世纪50年代就开始报道气候变化相关的科学信息，是世界上最早、最持久报道气候变化的媒体。

理论家是对的话，那么在下一个一百年将会导致地球气候模式的不可逆转的变化，这将是史无前例的。这种'温室效应'将会导致巨大的混乱……"① 文章仅仅说"科学家们""气候理论家"，而不是具体标明做出此类预言的具体是哪位科学家，很容易让广大读者认为，这代表了气候科学家的一致观点，但事实远非如此。

1981 年 8 月 22 日，全球变暖的预言成了《纽约时报》的头版新闻。该报道题为"研究发现变暖趋势可以导致海平面上升"，文中称科学家们"检测到了一个始于 1880 年的整体变暖趋势。他们视为'温室'效应的确凿证据，即增加二氧化碳的数量导致了稳定的温度增长。这 7 位大气科学家预言，下个世纪，将有一个'几乎是前所未有的大规模'的全球变暖。它可能足以融化南极西部的冰川，最终导致全球 15~20 英尺的海平面上升，淹没路易斯安那和佛罗里达 25%的土地，以及全世界其他低地地区"②。1981 年 10 月 19 日，《纽约时报》又独家报道了哥伦比亚大学气候科学家关于全球变暖的新证据。③ 报道再次宣称"变暖趋势的证据已经发现"，"哥伦比亚的科学家检测到的新证据支持 CO_2 污染正在导致地球气候的危险性的变暖。……这一趋势的持续最终会给全世界的低地地区带来洪灾以及其他与气候相关的混乱。……有人认为，变暖将会融化南极西部的冰川，使海平面升高 15~20 英尺"。

实际上，《纽约时报》的这一报道的根据是汉森等人即将在《科学》上发表的文章的预印本。在论文刊印之前，汉森把预印本给了《纽约时报》的记者沃尔特·苏利万（Walter Sullivan）。此记者多年来一直跟踪报道气候变化的新闻，和汉森、施耐德等人的关系非常密切。汉森的文章做了一些惊人的预言，如"由南极冰川融化导致的海平面上升的危险，……（如果未来 100 年内南极气温升高 5 摄氏度），将会导致 5~6 米的海平面上升……洪水将淹没路易斯安那和佛罗里达的 25%、新泽西的 10%，以及全世界许多其他低地地区。气候模型显示，全球变暖 2 摄氏度就会导致南极变暖 5 摄氏度。按照我们考虑到的所有 CO_2 情景，2 摄氏度的变暖将在 21 世纪之内达到，除非排放停止增长、取消煤

① DAVID M. Burns. Climate and CO_2 [N]. New York Times，1981-04-17（A25）.

② WALTER SULLIVAN. Study Finds Trend That Could Raise Sea Levels [N]. New York Times，1981-08-22（A1）.

③ ROBERT REINHOLD. Evidence is Found of Warming Trend [N]. New York Times，1981-10-19（A21）.

炭"①。汉森的文章发表之后受到了一些科学家的批评，认为他的这些预言过于草率，远远超出了科学证据支持的范围。②

《纽约时报》刊登如此惊人的说法很容易在公众中产生重大反响，引起普遍的关注和担忧，但实际上在当时远远不能代表气候科学的共识。在美国气候科学界，绝大多数的科学家都抱着更加慎重的态度。③ 不过，让人惊奇的是，尽管当时科学界远未达成共识，但是借助《科学》和《纽约时报》这两个最有影响力的科学杂志和新闻媒介的推动，这些观点竟然被广泛当作科学界的共识而逐渐散播开来，虽然有些预言最终被揭露是夸大其词，但这些极为大胆的惊人预言，开始占据各种媒体的篇幅，"全球变暖""温室效应"几乎成了家喻户晓的词汇。④ 从长远来看，如此深入、广泛的民间基础，反过来为这些类似的观点成为气候科学共识准备了一个非同寻常的政治和社会条件。⑤ 气候科学共识并不代表没有科学异议（怀疑甚至否定 IPCC 共识的科学观点），恰恰相反，正是因为气候科学中异议的存在，才是气候科学共识一再被强调的主要原因。众所周知，气候科学中许多层次上存在不确定性，如果仅从科学自身出发，很难达成如此广泛明确的共识。

然而，由于 IPCC 的工作原则是"尽可能地达成共识"，所以总是会通过各

---

① HANSEN J, JOHNSON D, LACIS A, et al. Climate Impact of Increasing Atmospheric Carbon Dioxide [J]. Science, 1981, 213 (4511): 957-966.

② Lindzen R S. Global Warming: The Origin and Nature of the Alleged Scientific Consensus [J]. Regulation, 1992, 15: 87. 另外，斯潘塞·R. 沃特在《全球变暖的发现》中也描述过当时的状况，说当时很多科学家公开批评、质疑汉森的预言（SPENCER WEART. The Discovery of Global Warming [M]. Cambridge: Harvard University Press, 2008: 116.）。此外，Bolin 也提到当时美国科学界的激烈争论。BERT BOLIN. History of the Science and Politics of Climate Change [M]. Cambridge: Cambridge University Press, 2007: 68.

③ 1980 年，最为美国政府信赖的科学组织美国科学院（National Academy of Sciences）受美国国会委托进行关于 CO_2 浓度增加所造成的影响的综合性研究。美国科学院指定了一个由本领域的顶尖专家组成的小组，于 1983 年出版了一份长达 299 页的科学评估报告。这份报告可被视为美国气候科学家们第一次正式达成的科学共识（虽然不是国际性的）。与汉森的预言相比，该报告的结论非常温和，称变暖的趋势也许并不严重。National Academy of Sciences. Carbon Dioxide Assessment Committee, Changing Climate [R]. Washington D C: National Academy Press, 1983: 1-3.

④ 根据 Spencer Weart 的说法，在 1981 年，美国有 1/3 以上的成年人都知道全球变暖及其严重性。1989 年，已经有 79% 的美国人知道温室效应。（SPENCER WEART. The Discovery of Global Warming [M]. Cambridge: Harvard University Press, 2008: 150-151.）

⑤ Bolin 明确承认环境运动、媒体报道等外界因素对 IPCC 代表们的影响。他承认，非政府环境组织的宣言的引用率要远超 IPCC 的引用率。BERT BOLIN. History of the Science and Politics of Climate Change [M]. Cambridge: Cambridge University Press, 2007: 77.

种途径克服不确定性和冲突最终达成一致。但这样一来，无疑会产生如下问题：首先，科学直接和政治因素纠缠在一起。IPCC 对自己的定位非常清楚，即"政府间组织"，因此，"评审是 IPCC 程序中的关键部分，因为 IPCC 是政府间组织，所以对 IPCC 文件的评审就应该既包括专家，也包括政府"①。无疑，这一程序会使各国政府的政治立场直接作用到 IPCC 报告的形成之中。其次，由于 IPCC 报告要"尽可能达成共识"，本来属于科学上的争论最终会演变成政治上的斗争和博弈。最终，科学上的不同观点就消失于科学、政治与利益博弈之后的妥协之中。所谓 IPCC 报告就是科学与政治交互"平衡"的结果，甚至可能成为强势国家政治势力意志的代表。

有一个事例最能说明这一点。1996 年美国前国家科学院主席弗里德里克·塞茨（Frederick Seitz）在《华尔街杂志》上发表文章说："从我成为美国科学共同体成员 60 多年以来，包括作为美国科学院主席和美国物理学会主席期间，从来没见过比 IPCC 报告同行评议过程更腐败的事情。"塞茨揭露说，1995 年 IPCC 出台的报告科学基础的第 8 章与科学家通过的最初版本并不一致，而是后来被 IPCC 篡改了，以掩盖科学上的怀疑意见。② 这一报道在全世界引起强烈反响。为此，负责第 8 章并删改了该报告的美国科学家本杰明·D. 桑特（Benjamin D. Santer）被推向风口浪尖。英国《卫报》长期报道气候变化的记者弗雷德·皮尔斯（Fred Pearce）为此访问了桑特。事实是，桑特确实对 IPCC 报告进行了删改，但那是因为最后通过的决策者摘要与科学基础的评估报告第 8 章的内容不一致，原因是某些政府（主要是西方发达国家）代表强烈反对报告中存在的对人为全球变暖持怀疑态度的观点。他们获得了胜利，这些怀疑观点最终没能出现在决策者摘要之中。而且，"按照 IPCC 程序，就要反过来修改科学评估报告，而不是相反"③。于是原报告中对全球变暖的怀疑观点被全部删除。这一事实证明：不同国家的政治立场强烈影响了所谓"科学共识"的达成，特别是发达国家具有更大的权力。

美国科学家弗雷德·辛格（Fred Singer）也曾发表文章，质疑 IPCC 报告的一些关键"共识"存在严重的问题。他指出，"IPCC 摘要有挑拣和忽略重要信

---

① Principles Governing IPCC Work, Procedures For The Preparation, Review, Acceptance, A-doption, Approval and Publication of IPCC Reports. [EB/OL]. [2018-08].

② FREDERIC SEITZ. A Major Deception On Global Warming [N]. The Wall Street Journal, 1996-06-12.

③ FRED PEARCE. The Climate Files [M]. London: Random House, 2010: 108-109. Pearce 认为，Santer 个人不应该为此负责。

息的问题",如"摘要报告说过去 100 年增温了 0.3 摄氏度到 0.6 摄氏度,但没有提到过去 50 年只有很少的增温,而这 50 年里排放了 80% 的 CO_2。报告没有提到卫星资料显示 1979 年以来根本就没有升温"①。

虽然 IPCC 报告写作和评审程序中特别强调来自发达国家和发展中国家的专家在构成上达到适当的平衡,但是由于科学技术研究和工业技术发展水平上的差异,来自发展中国家的专家即便在人数上达到一定比例,但不一定能够具有相应分量的话语权。出于某种政治目的,发达国家强调人为气候变化及其危害,并力促其成为科学共识,这一点在 2007 年报告中同样明显。对此,我国参与 IPCC 报告编写工作的多位气候科学家深有体会,如吴绍洪说:"第三次评估的时候,当时很看重一个阈值问题,最后到了几摄氏度会产生重大影响的时候,产生了很大的分歧,各国的看法不一。一批发展中国家不同意发达国家的看法,僵持了很长时间,最后写了一个模糊的,各方都退一步,行文为几摄氏度,这样就达成各方的同意。……在这次(第四次——作者按)IPCC 评估报告第二工作组的最后评审过程,许多国家都注意到,报告的决策者摘要中,有一个是将稳定温室气体浓度和升温、影响力等内容相关联。但同时注意到,这个关联的科学基础和内在联系还不够确切的那部分内容被删掉。"②

然而,阈值问题是 IPCC 重点力推的气候变化科学共识的核心之一。正如我国气候学家葛全胜等人指出的:"近年来,以欧盟为代表的国际力量不遗余力地推崇和倡导 2 摄氏度阈值理念,广泛营造'维护这一阈值就是对人类负责,挑战这一阈值就是对人类犯罪'的舆论环境,并迫切地期待它成为全球性共识。"③ 欧盟的这一诉求最终在哥本哈根气候峰会上得到满足。哥本哈根气候大会虽然被广泛认为是失败的会议,达成的《哥本哈根协定》没有任何约束力。但是,欧盟坚持的 2 摄氏度阈值被写入该协定的第一条和第二条。④ 一旦 2 摄氏

① S F. SINGER. Climate Change and Consensus [J]. Science, 1996, 271 (5249): 581-582.
② 中国科协学会学术部. 未来几年气候变化研究向何处去 [M]. 北京:中国科学技术出版社, 2007: 53.
③ 葛全胜, 方修琦, 程邦波. 气候变化政治共识的确定性与科学认识的不确定性 [J]. 气候变化研究进展, 2010, 6 (2): 152-153.
④ Copenhagen Accord. [A/OL]. (2009-12-18) [2018-08]. 其中第一条称:"认识到升幅不应超过 2 摄氏度的科学观点,我们应当在公正和可持续发展的基础上,加强长期合作以对抗气候变化。"第二条:"根据科学所要求的以及 IPCC 第四次评估报告所记录的,我们应当大幅度减排,以减少全球排放并将全球气温升幅控制在 2 摄氏度以下。"

度阈值成为全世界的气候变化共识，接下来须直面的问题就是减排。① 中国、印度等发展中国家将不得不像欧盟等发达国家一样大力降低碳排放。显然，许多已经成功大力减排的发达国家将会占据道德和经济利益的双重制高点，而以中国为代表的发展中国家的经济发展将受到极大限制。正是在这个意义上，所谓科学共识虽然在科学上尚存在许多不确定性，但已经确定地成为"政治共识"。

2001 年，美国科学院应白宫的要求评估气候变化的一些关键问题，其中一个问题与 IPCC 和气候科学共同体有关。该报告指出，IPCC 评估基于自愿，有的科学家愿意参加，也有很多受到邀请的科学家拒绝参加 IPCC 评估，这种情况容易造成参加者的"自选"倾向，世界气候科学共同体就会形成这样一种局面：有的人支持 IPCC 主场及其程序，其他人则对把 IPCC 报告作为政策工具持否定态度。此外，加上政府代表也和科学家共同审议 SPM，势必带有各自政府的态度，这样，IPCC 的代表性和独立性都会有受到质疑的风险。②

许多气候科学家曾明确希望将政客们从 IPCC 报告的程序中清除出去，如美国学者罗伯特·鲍令（Robert Balling）所说，"让科学家们告诉世界科学家说了什么"③。但类似的建议是徒劳的，因为 IPCC 自身就定位为政府间组织，并把政府参与作为自身工作的最核心的原则。可以想见，如果没有政府官员或官方专家的参与，IPCC 报告很难受到政府的认可和重视。但是，碳排放控制涉及各国经济利益以及政治利益，难免进行政治上的博弈和干预。在有些情形下可能会牺牲科学的完整性和独立性，进而损害气候变化科学的客观性。人们自然会疑问，这样的"科学共识"能否成为行动的基础。

事实上，IPCC 报告并不能掩盖气候科学中的不同观点。奥瑞斯科所说的"没有科学家对 IPCC 的科学共识持有不同观点"，很快就遭到学者们的质疑和批评。罗杰尔·皮尔克（Roger Pielke）撰文指出，"尽管奥瑞斯科宣称她调查的928 篇文章的观点是一致的，但如果我们调查更多的文章后发现与 IPCC 报告不同的结论也不应该感到惊讶。一项研究表明，ISI 数据库中有 11000 多篇（而不是奥瑞斯科的 928 篇——引者按）讨论气候变化的文章，其中 10% 提出了与

---

① 关于确立 2 摄氏度阈值的详细过程，请参见 RANDALLS S. History of the 2 Degrees C climate Target［J］. Wiley Interdisciplinary Reviews Climate Change, 2010, 1（4）: 598-605.

② COMMITTEE ON THE SCIENCE OF CLIMATE CHANGE, NATIONAL RESEARCH COUNCIL. Climate Change Science: An Analysis of Some Key Questions［M］. Washington D C: National Academy Press, 2001: 23.

③ SCHROPE M. Consensus Science, or Consensus Politics?［J］. Nature, 2001, 412（6843）: 112-114.

IPCC 共识不同的观点。"① 实际上，很多调查结果表明②，在气候科学同行评议的科学杂志所发表的文献中，有一定数量的科学家表达了不同于 IPCC 科学共识的观点。显然，这些观点并没有被充分反映到 IPCC 的报告之中。皮尔克认为，我们现在应当对气候科学共识观念本身展开讨论，并保证我们所有的气候变化行动能容纳"不同的科学立场以及对科学共识本质的多样性理解"，而不是一味强化"IPCC 共识"这一"中心趋势"。

值得注意的是，与辛格这样的气候变化怀疑论或否定者批评气候变化科学共识夸大其词相反，有些科学家则批评气候变化科学共识因为受到政治压力而变得过于保守。美国普林斯顿大学的地理学家迈克尔·奥本海默是 IPCC 评估报告的长年合作者，是 AR4 的主要作者和 AR5 的协调作者，曾积极参与世界气候谈判，为联合国气候框架公约的签署做出重要贡献。2007 年以来，他多次撰文批评 IPCC 气候科学共识的局限性。他认为，虽然 IPCC 是一次伟大的创新，但是"IPCC 报告对共识的强调，把注意力聚光于预期的结果，进而通过数值预估在决策者的认识中被锚定（anchored）③下来。随着气候变化科学的整体信誉的确立，现在同等重要的是，决策者们要能理解那些共识可能排除或忽视的极端可能性"。奥本海默指出，"追求共识经常带来的后果是搁置或忽略关键结构性不确定性的重要性"。另外，在气候变化的社会经济影响方面，就像物理过程的模式一样，在社会经济模式的基础上得到的结论，"也常常屈从于过早的共识（premature consensus）"。比如，关于西南极冰盖（West Antarctic Ice Sheet, WAIS），已经对海平面产生了明显的影响，在 TAR 中还提到了 WAIS 解体的潜在灾难性影响，但由于缺乏共识，竟然在 AR4 中被遗漏了。④ 奥本海默对 IPCC 使气候科学共识中心化的趋势也提出了严厉的警告，指出如果 IPCC 继续允许以单一的信息来交流，最终会使 IPCC 作为一个机构变得"僵化和无关紧要"⑤。

---

① PIELKE R A. Consensus about Climate Change? [J]. Science, 2005, 308 (5724): 952-954.

② BAST J L, TAYLOR J M, BRAY D, et al. Scientific Consensus on Global Warming: Results of an International Survey of Climate Scientists [M]. Chicago: Heartland Institute, 2009.

③ 锚定（anchor）是一种心理学效应，指的是人们在对事物进行判断时，把第一印象或第一信息作为判断的基准，就像沉入海底的锚限制了船的运动一样，这种第一信息会限制人的认识或判断。这种效应在心理学上被称为锚定效应。

④ OPPENHEIMER M, O'NEILL B C, WEBSTER M, et al. The Limits of Consensus [J]. Science, 2007, 317 (5844): 1505-1506.

⑤ YOHE G, OPPENHEIMER M. Evaluation, Characterization, and Communication of Uncertainty by the Intergovernmental Panel on Climate Change—an Introductory Essay [J]. Climatic Change, 2011, 108 (4): 629-639.

　　最后，我们还需认识到，气候科学共识自身并非真理性的保证。科学共识不但不能作为科学真理的标准，而且在历史上，不乏科学共识最终被证明为错误的案例。更重要的是，"科学共识"不应该成为对不同科学观点进行意识形态压制的手段。科学王国中，真理的唯一标准是自然事实和实验的检验，而不是科学家投票表决的结果。但一旦把部分科学家的共识确立为标准，就会对其他科学家的观点形成压制，这在 IPCC 报告中已经得到了体现。关于 IPCC 科学共识，《卫报》记者皮尔斯在反思"气候门"事件时有一段意味深长的话值得我们深思：

　　　　气候门提出了关于 IPCC 报告写作程序的问题，其中包括了多位气候门的主角。各国政府在 20 多年前建立了 IPCC 是为了在气候变化问题上能用一个声音说话。但是通常并没有分明的共识。科学家们受到的训练是提出不同观点，但他们往往被卷入将一些伪造的共识粗滥拼凑在一起的政治过程。这既是坏政治，也是坏科学。①

　　从科学史看，任何科学共识的达成，都是科学家个体根据科学的基本方法和规范，进行独立思考、验证和判断之后自发趋同的结果。科学史上此前从未出现过由集体讨论、谈判、协商而达成的甚至强加的科学共识。据此，我们可以得出结论：经由科学、政治组织共同协商、讨论确立的 IPCC 共识显然不是"偶发性共识"，而是"必要性共识"，正是在这个意义上，我们可以说，所谓"IPCC 气候科学共识"的本质是政治共识而不是科学共识。

　　这样，我们可以把 IPCC 气候科学共识的特点总结为如下几点。首先，气候变化的科学共识不只是科学家个体之间研究、交流和达成一致的过程（自发的过程），许多外部因素的影响和推动（国际组织、媒体、环境运动以及政府等）发挥了极大的作用。其次，气候变化的科学共识的最明显特点，就是它有一个正式的、大规模的联合国机构，即政府间气候变化专门委员会（IPCC）作为体现。最后，IPCC 气候科学共识是科学因素和政治因素妥协的结果，这一结果导致了气候科学的异议在很大程度上被有意掩盖了。

　　这就要求我们正确认识并评估 IPCC 气候科学共识的复杂性及其意义。一方面，从科学发展的角度来说，作为"必要性共识"的 IPCC 共识，其"中心趋势"的地位正不断被强化，势必会限制气候科学的自由争论，压制气候科学中

　　① FRED PEARCE. The Climate Files [M]. London：Random House, 2010：245.

对这一共识的怀疑和异议，从而最终束缚气候科学的发展。这一点应该引起我国气候科学家的注意。另一方面，从政治角度来说，鉴于 IPCC 气候共识已成为国际气候政治斗争的科学根据，并将对中国等发展中国家产生越来越大的影响，我们也要在气候共识达成过程中维护中国自身的政治和经济利益，做出审慎的判断、行动。

总之，已经有足够的证据表明，所谓气候科学共识最大的问题，是对不同观点的压制，对不想要的结果的排拒，对实验和观测结果的有偏见的解释。在科学中，严格的科学研究要求异议，用科学社会学家罗伯特·默顿的话说，科学研究需要"有条理的怀疑主义"。然而，在整个气候科学界，在 IPCC 气候科学共识的强大压力下，那些不同的观点以及健康的怀疑主义越来越少。我们在后面关于曲棍球杆曲线和气候门邮件的讨论中，可以明显看到，相当数量的杰出科学家们以 IPCC 气候科学共识的名义，躲在所谓科学正确和政治正确双重保护伞的背后，捏造和挑拣数据与方法，干涉、操纵科学报告和杂志的同行评议过程。其结果，是所谓气候科学共识至今依然饱受质疑和争议，并给决策者带来极大的困惑。

如何走出这一困境？笔者认为，20 世纪六七十年代，美国学者亚瑟·康特罗维兹（Arthur Kantrowitz）提出的"科学法庭"也许可以作为一种值得尝试的方案。康特罗维兹的建议最有价值的一点是给科学异议以合法表达自己观点和证据的权利和地位，有机会在法庭上将自己的科学证据客观、严格地呈现出来，使得科学争论程序化、形式化，以避免争论中的某一方的利益成为压倒其他各方的主导性力量，最终在争论中分离和去除各种道德、政治和利益因素，给决策者提供"硬科学事实"（hard scientific fact）作为决策的基础。① 但是，康特罗维兹的建议后来引起极大争议，被广泛批评为幼稚的、不必要的，甚至权威主义的，最终不了了之。

笔者认为，鉴于当下气候科学争论的困境，有必要重新考虑康特罗维兹的观点。在气候科学中，气候科学家们的政治和道德信念已经在其气候研究中引入各种问题和偏见。想一想气候模式和实验设计人员的偏见，以及在 NNFCC/IPCC 的引导下，气候模式和气候研究集中于温度异常的时间序列，而不是获得准确的温度，科学家们普遍关注人为强迫，很少注意太阳强迫和间接效应，关

---

① KANTROWITZ A. Proposal for an Institution for Scientific Judgment [J]. Science，1967，156 (3776)：763-764. 最初，康特罗维兹并没有将自己提议的这个机构命名为"Science Court"，而是接受了后来人们对这个机构的称呼。

注全球平均表面温度，而不是区域变化，特别是，人为全球变暖说已经成为判断科学正确以及政治正确的不容置疑的绝对标准或神圣信条。在气候科学界，政治干预（以IPCC为代表）正在全力凝聚所谓科学共识并因此无意或自觉地扼杀任何怀疑主义。正是在这样的背景下，不论是康特罗维兹的"科学法庭"，还是辛格等人提出的B小组（IPCC是A小组），或是克里斯蒂等人提出的气候红队（climate red team），都是尝试给予异议者以合法发表观点、呈现证据的权利。

令人遗憾的是，成立类似"科学法庭"这样的机构，目前看来困难重重。但是对于所谓气候科学共识，不仅相关的科学家，还有公众特别是决策者都需要保持某种"有条理的怀疑主义"。如此一来，IPCC科学共识的政治性为我国的气候科学家提出了紧迫的任务。幸运的是，对这一点，我国的气候科学家们已经有所觉醒，如葛全盛等人就曾提出："哥本哈根会议再次显示，发达国家通过把气候变化的科学认识转变为政治共识而在国际气候变化事务中占有更多的话语权，从而在影响未来国际政治和经济走向方面占据先机。中国气候变化基础科学研究在服务国家需求方面应以此为鉴，提出可能成为政治共识的科学议题。"①

---

① 葛全胜，方修琦，程邦波. 气候变化政治共识的确定性与科学认识的不确定性［J］. 气候变化研究进展，2010，6（2）：152-153.

第四章

气候变化争论的科学与政治（一）：
曲棍球杆曲线争议

2009 年 11 月 17 日，距离哥本哈根世界气候大会召开只剩下不到一个月的时间，对于所有与气候变化有关的个人和组织来说，这一天本不是一个特别的日子。自从 2007 年阿尔·戈尔和 IPCC 共获诺贝尔和平奖之后，全球变暖已经成为全世界关注的焦点，不仅经常成为各大媒体报道的头条新闻，更是各个国家各个阶层的人们日常关心、讨论的话题。IPCC 的声望如日中天，被全世界广泛视为提供气候变化知识的最权威机构，其光芒完全掩盖了那些对气候变化主流观点提出疑问和批评的人和组织。研究气候变化的科学家们得到了全世界的重视和尊敬，人为全球变暖的科学共识也得到空前强化。此外，更重要的是，时任美国总统奥巴马一改以前总统小布什消极应对气候变化的政策立场，大刀阔斧地制定了一系列新的气候变化政策，承诺加大减排力度，并于 2009 年 6 月通过了美国历史上第一个限制温室气体排放的《美国清洁能源和安全法案》。看起来一切顺利。然而，11 月 17 日这一天，有件事情悄悄地发生了，并在随后的几天内迅速产生了爆炸性的破坏作用。

根据《巴厘路线图》的规定，《联合国气候变化框架公约》缔约国于 2009 年年底在哥本哈根召开第 15 次缔约方大会，目标是通过一份《哥本哈根议定书》，以代替将于 2012 年到期的《京都议定书》，作为 2012 年之后国际温室气体控制和减排方案。许多人对这次会议寄予厚望，甚至称其为"拯救人类的最后一次机会"，使得这场大会吸引了全世界的高度关注。可是，11 月 17 日事件及其引发的激烈反应，给这次为期 12 天的气候大会笼罩了巨大的阴影。

这个事件就是著名的"气候门"事件。17 日那天，一名黑客将其从东英吉利大学（University of East Anglia）气候研究中心（Climatic Research Unit，以下简称 CRU）计算机系统中盗取的 1000 多封个人邮件和 3000 份文件中的一部分上传到了俄罗斯境内的一个服务器，并将链接上传到一个气候科学网站 RealClimate 之上。两天后，这些文件再次被上传到 ClimateAudit 网站上并迅速广泛传播开来。这些邮件和文件是过去 13 年来 CRU 数位主要气候学家之间以及与美国等国的数十位气候学家之间进行的日常工作交流，大约有 160M 的数据。黑客声称："我们感到，在当前状况下，气候科学如此重要，不应该保密。我们这里发布的是随机挑选的一些信函、代码和文件。希望它们能够帮助人们认识科学及其背后的人。"① 大部分研读过这些材料的人都会认为，这些材料提供了确凿的证据，证明一些气候学家共谋操纵数据，掩盖真相，以支持广泛传播的人为全球变暖的观点。CRU 是全世界最重要的气候研究机构之一，也是 IPCC 大气平均温度数据的首要提供者。这些邮件的曝光，对气候科学、IPCC 以及随后召开的哥本哈根世界气候大会产生了强烈的冲击。"气候门"事件，是当代气候科学界最重大的事件之一，一些人称之为"当代最恶劣的科学丑闻"②，甚至"世界历史上最大的科学丑闻"③。

　　气候门震惊了世界！因为这些邮件和文件的作者都是气候科学界大名鼎鼎的人物，其中几位是最近十几年来不遗余力地到处警告全球变暖的最活跃的人物，而且都在 IPCC 中曾经发挥或正在发挥着核心作用。气候门的主角之一菲利普·琼斯（Philip Jones）教授，是 CRU 的主任，直接掌握着 IPCC 使用的两个关键的数据库，其中，全球温度记录是 IPCC 和各国政府依赖的四个温度数据中最重要的。另外还有凯斯·布里法（Keith Briffa），CRU 的副主任、树木年轮分析专家；蒂姆·奥斯本（Tim Osborn），CRU 的气候建模专家；迈克·休尔姆，东英吉利大学环境学院丁达尔气候变化研究中心（Tyndall Centre for Climate Change Research）的主任。除了几位英国科学家之外，气候门真正的核心人物，是美国古气候学家、宾夕法尼亚大学地球系统科学中心主任迈克尔·曼恩（Mi-

---

① FIONA HARVEY. Climate Sceptics Claim Leaked Emails are Evidence of Collusion Among Scientists ［N/OL］. The Guardian（2009-11-20）［2023-06-04］.

② CHRISTOPHER BOOKER. Climate Change：This is the Worst Scientific Scandal of Our Generation ［N］. The Telegraph，2009-11-28.

③ Booker 说，他的同事 James Delingpole 创造了"Climategate"这个词。但据 James Delingpole 本人说，该词最早出现于著名的气候网站 Watts Up With That（https：//wattsupwiththat.com/），一位叫作 Bulldust 的网友在评论中使用了这个词。据笔者查证，这位名叫 Bulldust 的网友于 2009 年 11 月 19 日下午 3：52 分在发言中说："Hmmm how long before this is dubbed Climategate?"意思是：多长时间后这个事件会被称为气候门？这应该是第一次出现"Climategate"一词，可是没有多少人注意。James Delingpole 的气候门文章是 20 日出现的（DELINGPOLE JAMES. Climategate：the Final Nail in the Coffin of "Anthropogenic Global Warming"? ［N］. The Telegraph，2009-11-20.），但在短短几天时间里就被点击浏览了数百万次，从而使得"Climategate"一词广为传播，成为不到一个月就在 Google 上搜索超过 3000 万个结果的热词，远远高于"Global warming"一词。因此，Delingpole 一度被误认为是"Cliamtegate"一词的创造者。

chael Evan Mann），曲棍球杆曲线的作者。

虽然气候门事件震惊了世界，但这绝非孤立事件。了解气候变化争论的人都清楚，围绕着全球变暖，不仅有科学上的质疑声音，也有政治经济上的强大反对力量。从气候变化的主流观点来看，那些科学上的质疑者和政治上的反对者否认真理、歪曲事实，抓住一切机会对气候科学共识、IPCC 以及气候科学家进行攻击，以阻碍应对全球变暖；而气候变化怀疑者们和否定者们则认为 IPCC 腐败堕落，气候科学共识并非确证了的真理，有些气候科学家甚至操弄数据，败坏科学的声誉，鼓动世界浪费巨资去应对不可信的全球变暖。因此，气候科学争论一直伴随着科学上的质疑和政治上的斗争，让普通人困惑不已。实际上，至少从 IPCC 成立以来，全球变暖支持者和全球变暖质疑者之间的明争暗斗从来就没有停止过，这构成了我们讨论气候科学争论以及气候政治斗争的历史语境。所谓"气候门"与数年前发生的另一起著名的争议"曲棍球杆曲线"事件，就是紧密相关的。而"曲棍球杆曲线"事件的主角，就是前文提到的气候门主角之一的古气候学家迈克尔·曼恩。"曲棍球杆曲线"事件和"气候门"为我们深入认识和了解气候变化的科学争论以及政治斗争提供了典型案例。

一、摆脱中世纪暖期

在《难以忽视的真相》这部为阿尔·戈尔赢得诺贝尔和平奖的影片的 20 分 30 秒处，戈尔向观众展示了两条吻合度很高的曲线，分别是近一千年来地球大气的平均温度曲线和大气中二氧化碳含量曲线。那条温度曲线显示，自 1000 年开始到 2000 年，地球北半球平均气温先是逐步下降，直到 19 世纪末 20 世纪初，温度开始升高，然后在 20 世纪 100 年的时间里急剧上升。这条曲线，因状似曲棍球杆，被称为"曲棍球杆曲线"。

我们知道，以 IPCC 报告为代表的气候科学共识中核心的一条是：很可能是人的因素（工业温室气体排放）导致了过去 50 年来的气候变暖，也就是平均气温的升高。但温度到底升高了多少？这种升温的幅度、变率算不算正常？回答这些问题就需要了解过去气候的温度变化。历史上是否曾出现过类似的或更大幅度、更剧烈的增温？如果出现过，那么首先就可以断定，最近一个世纪的增温就不能说是异常的。而且，更重要的，历史时期二氧化碳浓度远低于现代，那时的剧烈增温就不是人类排放温室气体导致的，因此，现代气候科学共识中人为导致气候变暖的观点就会受到挑战。

在地球数十亿年的历史中，不断地发生着剧烈的气候变迁和极为明显的冷暖干湿的交替，有冰川广布的时期，也有温暖或炎热的时期。在新生代第四纪冰川时期中，也交替出现了数次比现在温度更低的间冰期和温度高于现在的间冰期。即便是进入历史时期（11000 年前）以后，地球表面的气温也经历了几次变动，出现了所谓小冰期和小间冰期。公元前 7000 年—前 4000 年的平均温度就比现在的平均温度高出大约 2 摄氏度。此外，在最近 1000 年历史中，也有幅度较大的温度变化。所谓曲棍球杆曲线，就与过去 1000 年的温度有关。

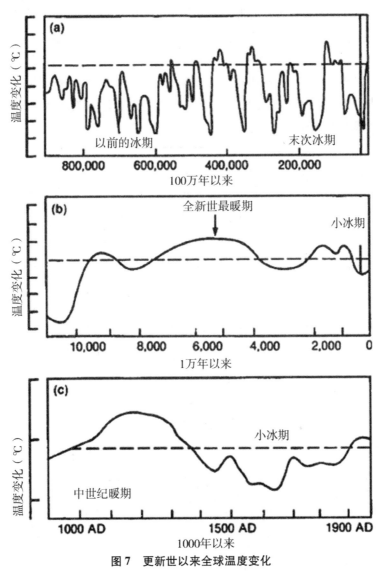

图 7　更新世以来全球温度变化

（a）100 万年以来；（b）1 万年以来；（c）1000 年以来虚线代表 20 世纪初的温度。

图 7 引自 IPCC 第一次评估报告。① （a）表示过去 100 万年以来的平均温度变化。（b）显示的是过去 10000 年以来的温度变化，可以看到，前 7000 年到前 4000 年的温度明显高于现在。（c）是过去 1000 年以来的温度变化曲线。可以看到，大约 1000 年到 1300 年，温度高于现代（指相对于 1960—1990 年平均温度而言），这个相对温暖的时期被称为中世纪暖期。然后 1400—1900 年，温度相对现代明显较低，这一段被称为小冰期（Little Ice Age，LIA）。

显然，从 IPCC 第一次报告的这几个温度曲线，尤其 FAR7.1 的温度来看，现代的暖化并不明显，现在的温暖程度甚至低于中世纪暖期。这样，IPCC 第一次报告的主要结论，认为"人类活动的排放大大增加了大气中温室气体的浓度，强化了温室效应，导致了地球表面温度额外的暖化"②，似乎就显得不那么有力。因为，既然中世纪气候比现代的温度更高，而那时人类并没有排放大量的温室气体，那么为什么最近几十年的增温要归因于温室气体呢？实际上，在 FAR 中，我们可以看到：

> 我们的结论是，尽管历史温度数据的数量和质量有限，证据一贯地指向过去的一个世纪真实发生了但是异常的暖化。最近一次冰期结束之后至少发生过一次更大规模的暖化，但并没有任何可以识别的温室气体增加。因为我们不理解这些过去的暖化事件的原因，所以现在还不可能把最近程度更小的暖化的某个部分归因于温室气体的增加。
> ……
> 在上一次冰期结束之后发生了自然气候变化。特别是小冰期驱动了气候变化，其变化程度与上个世纪的暖化相当。19 世纪以来暖化的一部分可能是小冰期停止的反映。我们看到的 1920—1940 年全球温度相当剧烈的变化很可能主要是源于自然因素。③

显然第一次评估报告决策者摘要的那个温室气体暖化地球的结论在科学上

---

① FOLLAND C K, KARL T R, VINNIKOV K Y. Observed Climate Variations and Change [R] // HOUGHTON J T, JENKINS G J, EPHRAUMS J J. Climate Change: The IPCC Scientific Assessment. Cambridge: Cambridge University Press, 1990: 202.

② IPCC. Executive Summary [R]. FAR, 1990: xii.

③ FOLLAND C K, KARL T R, VINNIKOV K Y. Observed Climate Variations and Change [R] // HOUGHTON J T, JENKINS G J, EPHRAUMS J J. Climate Change: The IPCC Scientific Assessment. Cambridge: Cambridge University Press, 1990: 199, 233.

的证据并不充分，并与第一工作组报告的结论相矛盾。① 只是这样一种矛盾很少有人注意，因此并不妨碍 IPCC 把 FAR 提交给 1990 年 10 月的联合国大会进行讨论。不过也许 IPCC 主席伯特·伯林心里明白，所以他对联合国随后召开的很多后继会议并不上心，认为除了需要进一步加强研究之外，"看不到联合国大会有什么必须做出决定的"②。之后，联合国要求 IPCC 为 1992 年联合国里约地球峰会签署的《联合国气候框架公约》（*Framework Convention on Climate Change*，FCCC）准备一份补充报告。这份补充报告的主要结论认为，"1990 年以来的科学研究没有影响我们对温室效应的基本科学理解，或者确认或者没有证明有必要改变第一次科学评估报告的主要结论"，继续坚持"如果 CO_2 浓度加倍，地球表面平均温度的敏感性会在升高 1.5~4.5 摄氏度的范围内"③。

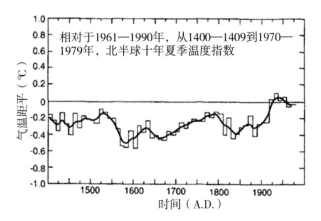

图8　北半球十年夏季（6 到 8 月）温度指数

（直到 20 世纪 70 年代），基于来自北美、欧洲和东亚的 16 种代理记录（树木年轮、冰芯、文献记录）。横线是 20 世纪 60 年代的温度。

　　1996 年出版的 IPCC 第二次评估报告有了一些变化。该报告用图 8（SAR10）代替了 FAR7.1（图 7）。该图只标示了 1400 年以来的温度变化，缺少了中世纪的温度。而且，与 FAR7.1 标示的 1400—1900 年的小冰期相比，这幅

---

① 显然，至少第一工作组报告的几位主要作者肯定是清楚的。但是，就笔者所知，他们中没有人站出来指出这一点。

② BERT BOLIN. A History of the Science and Politics of Climate Change：The Role of the Intergovernmental Panel on Climate Change［M］. Cambridge：Cambridge University Press，2007：69.

③ IPCC WORKING GROUP I. The 1992 IPCC Supplement：Scientific Assessment［R］. Cambridge：Cambridge University Press，1992：5.

图显得更加平坦。有趣的是，该报告称，"从代理气候指标中可获取的有限证据表明，20 世纪全球平均温度至少不低于 1400 年以来任何一个世纪。1400 年之前的数据因为过于稀少所以得不到对全球平均温度的可靠估计"。因此，"对于广为人知的中世纪暖期和小冰期，在地理学上要比以前认为的复杂得多"。此外，"20 世纪中期的表面温度看起来比至少过去 600 年以来的任何一个类似时期要更加温暖"，"至少在有些地区，20 世纪温度已经比过去数千年中任何一个世纪更加温暖"。

这里，特别值得注意的报告是极大地弱化甚至否定了 FAR 中关于中世纪暖期和小冰期的结论。如果中世纪暖期和小冰期不存在，那么，相对而言，20 世纪以后开始的升温就可能显得"异常"。而这种异常就可以被归因于人类（排放的温室气体），如 SAR 的决策者摘要所说，"工业时代以来（也就是说，大约 1750 年以来）温室气体浓度的增加导致了正辐射强迫，引起了地表的暖化和其他气候变化"①。

IPCC 第二次评估报告发表之后，关于中世纪暖期和小冰期以及人为导致 20 世纪以来的增暖等说法就引起了争论。美国科学家辛格认为，20 世纪初的升温是小冰期结束后进入间冰期的温度自然回升，非人类活动所致。辛格说："地球气候从来就不是稳定的，不是变冷就是变热——没有任何人类的干预。而且其变化常常是大而剧烈的，其剧烈程度远远超过气候模式预测的直到 2100 年的气候变化。"② 他还在《科学》杂志上发文，指出 IPCC 挑拣数据并忽略重要信息，"决策者摘要说过去增温了 0.3 到 0.6 摄氏度，但没有提到过去 50 年只有很少的增温，而这 50 年里排放了 80% 的二氧化碳"③。

虽然 IPCC 试图弱化甚至否定中世纪暖期和小冰期的存在，但有新的研究并不支持 IPCC 第二次评估报告的观点。比如，洛依德·凯格文（Lloyd D. Keigwin）在 IPCC 第二次评估报告发表之后在《科学》杂志上发文继续支持中世纪暖期和小冰期的观点。根据他的研究，400 年前，也就是小冰期时代的萨

---

① HOUGHTON J T, MEIRA FILHO L G, CALLANDER B A, et al. Climate Change 1995: The Science of Climate Change, Contribution of WGI to the Second Assessment Report of the Intergovernmental Panel on Climate Change [R]. Cambridge: Cambridge University Press, 1996: 26, 175, 179, 3.

② S F. SINGER. Human Contribution to Climate Change Remains Questionable [J]. EOS, Transactions American Geophysical Union, 1999, 80 (16): 183-187.

③ S F. SINGER. Climate Change and Consensus [J]. Science, 1996, 271 (5249): 581-582. 美国科学院主席西兹还根据 IPCC 政策性的决策者摘要篡改第一工作组的报告，详见前文"气候科学共识的起源与本质"。

加索海的表面温度比现在低 1 摄氏度，而 1000 年前，即中世纪暖期，萨加索海的表面温度比现在高 1 摄氏度。因此，至少一部分小冰期以来的暖化属于自然波动。① 我国也有科学家表达了与 IPCC 第二次报告不完全相同的观点，如任国玉先生虽然充分肯定了 IPCC 第二次评估报告"基本上反映了当前科学界的主流意见"，"其主要结论可以看作当前科学界对气候变化问题的最好认识"，但他同时指出，"许多独立的研究工作显示，在过去的 1000 多年内，北半球及全球温度发生了明显的变化。大部分古气候学者认为，从 10 世纪到 14 世纪，北半球或全球温度可能高于过去 1000 年的平均值，在古气候学上称为中世纪暖期；15 世纪到 19 世纪的全球平均温度则可能低于过去 1000 年的平均值，这段时间叫作小冰期。……根据全球 10 个地区古气候代用资料进行的初步估计表明，小冰期和中世纪暖期的全球平均温度，约分别比近 1000 年平均值低 0.55 摄氏度和高 0.45 摄氏度，变化幅度接近 1 摄氏度。……意味着 20 世纪的温暖程度可能不是史无前例的……IPCC 95 I 确在一定程度上忽视了气候的自然变化过程，并可能夸大了过去 100 年人类活动对气候的影响"②。

显然，关于中世纪暖期和小冰期，许多独立的科学研究并没有得出否定的结论。然而，在 IPCC 第二次报告发表之后，似乎越来越多的科学家致力于附和 IPCC SAR 的观点③，即中世纪暖期和小冰期并不存在，或者至少试图弱化这两个现象，并由此显示 20 世纪的暖化是"异常"的，而这种"异常"来自人为的因素。美国地理学家大卫·德明（David Deming）在参议院听证会上的证词中说，在他 1995 年关于钻孔温度的文章在《科学》上发表，报道了过去 100～150 年北美有大约 1 摄氏度的升温之后④，就有一位 NPR 的记者与他联系说，如果他愿意声明这一升温归因于人类活动就采访他，"我拒绝了，他就挂掉了电话"。德明还说，真正让他感到震惊的是一封来自一位气候变化领域著名科学家的邮

① KEIGWIN L D. The Little Ice Age and Medieval Warm Period in the Sargasso Sea ［J］. Science, 1996, 274 (5292): 1504-1508.

② 任国玉. 气候变化的历史记录和可能原因——IPCC 1995 第一工作组报告评述 ［J］. 气候与环境研究, 1997 (2): 81-95.

③ CRU 主任琼斯和 MBH98 的作者之一布拉德利从 1992 年开始质疑中世纪暖期和小冰期的存在。BRADLEY R S, P D JONES. When was the Little Ice Age ? ［C］// Proceedings of the International Symposium on the Little Ice Age Climate, 1992.

④ DEMING D. Climatic Warming in North America: Analysis of Borehole Temperatures ［J］. Science, 1995, 268 (5217): 1576-1577. 在这篇文章中，德明提出，根据他对钻孔温度的研究，北美在过去的 100～150 年有大约 1 摄氏度的升温，但是，"观测到的升温规模……仍然处于估计到的自然变率的范围之内……在人类活动和气候暖化之间的因果关系，目前尚不能得到清楚的证明"。

件，说"我们必须摆脱中世纪暖期（We have to get rid of the Medieval Warm Period）"①。

二、消失的中世纪暖期：曲棍球杆曲线

德明没有在听证会上点出那位要"摆脱中世纪暖期"的气候科学家的名字，但正如他在证词中所说，如果存在中世纪暖期，那么20世纪以来的升温就很难被认为是"异常"的，更缺乏科学根据将之归因于人类温室气体排放。

IPCC和气候科学家们的努力没有白费，在2001年发布的IPCC第三次评估报告中，中世纪暖期终于被"摆脱"掉了。该报告正文中第一次出现的图就是图9中的两幅图。② 其中，上图（TAR1a）是琼斯给出的器测时代以来的地表温度曲线。下图（TAR1b）是美国气候学家曼恩给出的过去1000年北半球的温度曲线，即著名的曲棍球杆曲线。

以这两个图表为基础，该报告称："从全球来看，20世纪90年代很可能是1861年以来仪器记录中最暖的10年，1998年很可能是这一时期最暖的一年。新的北半球代用资料分析说明，20世纪的增温可能是过去1000年所有世纪中最明显的，20世纪90年代可能是最暖的10年，而1998年是最暖的一年。"

曲棍球杆曲线显示，在过去的1000年中，北半球平均气温缓慢下降，直到1900年前后，这一段曲线类似曲棍球杆；从20世纪开始，温度突然上升，直到2000年，这一段曲线就像是曲棍球杆的顶部的弯头。中世纪暖期和小冰期在这个曲线上基本消失了。这样，至少从1000年的时间范围来看，20世纪以来的变暖就显得非常突然。不但20世纪是过去1000年中最暖的一个世纪，20世纪90年代和1998年也顺利成为过去1000年中最暖的10年和最暖的年份。这样，曲棍球杆曲线就为论证人为全球变暖提供了极为直观的证据，成为IPCC第三次评估报告的招牌（icon），并被反复引用。

---

① Statement of David Deming to U. S. Senate Committee on Environment and Public Works ［EB/OL］. (2006-12-06) ［2018-08］.

② HOUGHTON J T, Y DING, D J GRIGGS, et al. IPCC, 2001: Climate Change 2001: The Scientific Basis. Contribution of Working Group I to the Third Assessment Report of the Intergovernmental Panel on Climate Change ［R］. Cambridge University Press, 2001: 3.

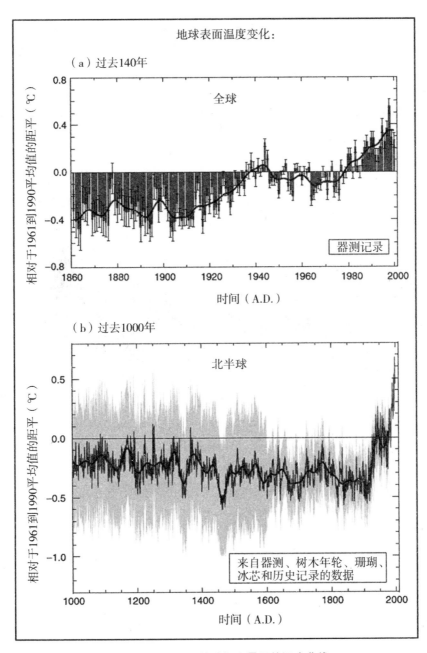

图9　TAR 中引用的琼斯和曼恩的温度曲线

曲棍球杆曲线的作者是美国气候学家迈克尔·曼恩。当某位著名气候学家发邮件给大卫·德明说要"摆脱中世纪暖期"时，曼恩正在耶鲁大学进行他的博士论文课题的研究。1998 年，他与马萨诸塞大学气候学教授莱蒙德·布拉德利（Raymond S. Bradley）和亚利桑那大学的麦凯姆·修斯（Malcolm K. Hughes）教授合作，利用统计学方法重建了过去 600 年的平均气温。他们的文章（MBH98）于 1998 年 4 月 23 日在《自然》杂志上发表，给出了过去 600 年北半球的平均温度曲线。① 这是曲棍球杆曲线的第一个版本（图 10）。可以看到，小冰期已经成功地消失了。MBH98 通过重构 1400 年以来的温度，凸显出 20 世纪以来的变暖是史无前例的，至少是 1400 年以来未曾遇到的。该文提出，温室气体浓度的增加要为此负责。

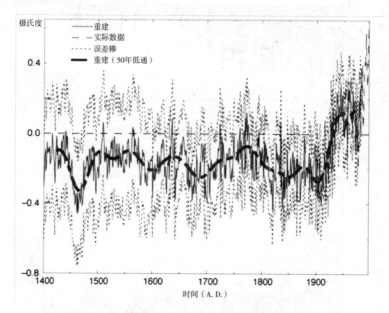

图 10　曼恩重建的 1400 年以来的温度曲线

显然，曼恩等人的结论与 IPCC 极力强调的（主流）观点非常符合。《自然》杂志在发表 MBH98 的同一期还专门刊发了气候学家赫格尔（Gabriele Hegerl）写的评论，高度称赞曼恩等人"原创性的和有前景的"重建过去气候的方法②。因为这篇文章，MBH 三人声名鹊起，特别是曼恩，成为气候科学界一颗耀眼的新星。1998 年 10 月 1—3 日维也纳召开的 IPCC 第 14 次会议上，这

---

① MANN M E, BRADLEY R S, HUGHES M K. Global-scale Temperature Patterns and Climate Forcing Over the Past Six Centuries [J]. Nature, 1998, 392 (6678): 779-787.
② GABRIELE HEGERL. Climate Change: the Past as Guide to the Future [J]. Nature, 1998, 392 (6678): 758-759.

位刚刚获得博士学位的青年气候科学家被挑选为主要作者。① 随后，曼恩、布拉德利和休斯三人又于 1999 年 3 月在《地球研究快报》 （GRL）上发表文章（MBH1999），应用 MBH98 的方法进一步重建了中世纪时期北半球的平均温度，从而给出了过去 1000 年北半球平均温度曲线（图 11），也就是完整的曲棍球杆曲线。② 文章的结论是："20 世纪 90 年代是至少过去 1000 年中最暖的 10 年，1998 年是最暖的年份。"③ 这也是 IPCC 2001 年第一工作组报告的主要结论。

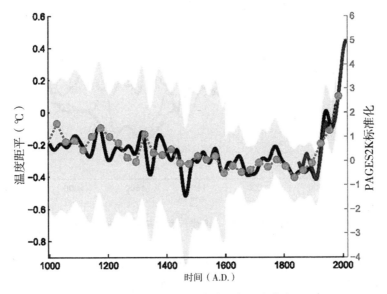

图 11　MBH1999 重建的千年温度曲线

困扰 IPCC 以及许多支持 AGW（人为全球变暖）观点的气候科学家的中世

---

① Report of the Fourteenth Session of the Intergovermental Panel on Climate Change ［R/OL］. (1998−10−01). 迈克尔·曼恩被选为第一工作组科学基础第二章 "观察到的气候变率和变化" 的八位主要作者之一。

② "曲棍球杆曲线" 这一名称来自美国国家海洋大气管理局地球物理流体动力学实验室（Geophysics Fluid Dynamics Laboratory，GFDL）主任 Jerry D. Mahlman。GFDL 邀请曼恩作报告，Mahlman 在看到曼恩展示的曲线之后觉得 20 世纪的升温曲线很像曲棍球杆的弯头，于是给这个曲线起了这个绰号。RICHARD MONASTERSKY. Climate Science on Trial： How a Single Scientific Graph Became the Focus of the Debate Over Global Warming ［N］. The Chronicle of Higher Education，2006−09−08.

③ MANN M E，BRADLER R S，HUGHES M K. Northern Hemisphere Temperatures During the Past Millennium： Inferences, Uncertainties, and Limitations ［J］. Geophysical Research Letters，1999，26（6）：759−762.

纪暖期终于消失了！① 如图 12 所示，细线是 IPCC 1990 年报告显示中世纪暖期和小冰期的曲线，中间中粗曲线就是曲棍球杆曲线。

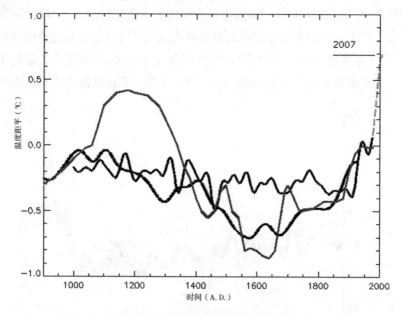

图 12　FAR 温度曲线（细线）和曲棍球杆曲线（中粗）

　　从 IPCC 的立场来看，曲棍球杆曲线绝对是一件漂亮的工作！在 900 年的时间里，地球平均气温只有很小的波动，到了 20 世纪，气温突然像曲棍球杆的弯头一样剧烈抬升，直观而惊人！IPCC 2001 年第一工作组报告《科学基础》不仅反复引用（5 次），而且将这幅曲线放到了决策者摘要中，成为 IPCC 2001 年报告的象征。2001 年 1 月，当第一工作组科学基础报告获得全体政府代表一致通过后，第一工作组主席约翰·霍顿爵士（Sir John T. Houghton）代表 IPCC 站在电视镜头前面向全世界宣告这一消息时，他背后海报上显示的就是一幅巨大的曲棍球杆曲线（图 13）。

---

①　1998 年 9 月，在 Mann 的文章发表后不久，CRU 主任琼斯致信给 Peck，说："文章背后隐藏的是一个我们几个（尤其是 Ray 和 Malcolm）鼓吹了数年的主题：LIA（小冰期）和 MWE（中世纪暖期）不是全球性的，与今天的温度没有什么不同。曼恩（Mann）的《自然》文章就是在重申这一点。Keith 和我一直在考虑为《全新世》（The Holocene）写一篇讨论文章，用一种带有挑衅性的措辞，来讨论几个古气候学家们应该处理的与检测问题以及在一定气候门邮件程度上与一般科学有关的问题，比如，应该继续使用像 LIA 和 MWE 这样的术语吗。"（气候门邮件，906042912. txt）

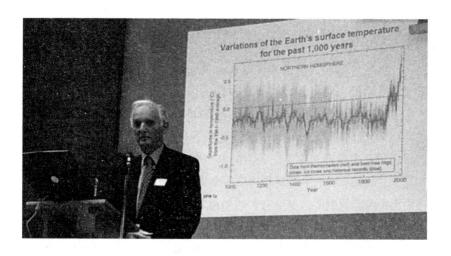

图13　IPCC 报告新闻发布会上的霍顿爵士及其背后的曲棍球杆曲线

三、曲棍球杆曲线假象：审计曼恩的"戏法"

曲棍球杆曲线成为 IPCC 的招牌，备受科学界注意，自然也成为质疑和批评的焦点。实际上，在 IPCC 2001 年报告刚刚发表之后，CRU 的琼斯和布里法就在私下里表达了异议，并不完全认可曼恩等人的重建方法和过程。从气候门泄露的邮件来看，除了布里法，还有数位科学家明确表示，曼恩等人及 IPCC 第三次评估报告有关中世纪暖期、小冰期以及 20 世纪 90 年代和 1998 年是千年来最暖的 10 年及年份等说法定会引起强烈的争议。除了小圈子里的私下交流之外，主流气候科学界也陆续发表了一些公开质疑的文章。① 2003 年，哈佛史密森中心两位天体物理学家维利·苏恩（Willie Soon）和萨利·巴柳纳斯（Sallie Baliunas）在《气候研究》（*Climate Research*）上发表了质疑文章，认为中世纪暖期是存在的。该文章发表之后，遭到琼斯、曼恩等 13 人联名投诉，认为此文在发表之前没有进行正常的同行评议程序。最后，《气候研究》的几位编

---

① 著名气候学家 Wallace S. Broecker 在 Science 上发文回应琼斯等人质疑中世纪暖期的观点，提出了全球性中世纪暖期和小冰期的证据，对曼恩的曲棍球杆曲线和 IPCC 报告的观点提出了批评。BROECKER W S. Was the Medieval Warm Period Global? [J]. Science, 2001, 291 (5508): 1497-1499. 曼恩和 Jones 等人没有回应。

辑辞职。① GFDL 主任、曲棍球杆曲线的命名者杰瑞·马赫尔曼（Jerry Mahlman）认为，IPCC 在决策者摘要中如此强调曲棍球杆曲线，是一个"巨大的错误"。他说，"那不是确凿的证据（smoking gun）"②。值得注意的是，我国气候学家葛全盛等人研究了中国历史时期的温度变化，再次确认至少在中国存在中世纪暖期，而且，中世纪暖期是过去 2000 年中最温暖的，1230—1250 年则是过去 2000 年最温暖的 30 年。虽然，葛全盛等人只确认了中国的中世纪暖期，但至少提供了北半球存在中世纪暖期的一个有力证据。③

不过，总的来看，这些质疑和挑战并未从根本上动摇曼恩等人以及 IPCC 2001 年报告中相关内容的地位，更少有人对曼恩等人的数据和方法提出疑问。真正站出来不懈挑战曲棍球杆曲线并产生广泛影响的是两位气候科学共同体之外的人物：加拿大的退休工程师史蒂夫·麦金泰尔（Steven McIntyre）和圭尔夫大学的经济学家罗斯·麦基特里克（Ross McKitrick）（以下两人并称时简称 MM）。

气候门泄露的邮件中有一封琼斯写给布拉德利、曼恩等人的邮件，这封邮件是气候门邮件中最具争议的邮件之一。邮件中说：

> ……我刚刚完成了迈克（迈克尔·曼恩——引者注）的《自然》

---

① 虽然该文章确实有一些问题，比如其中一些数据是降水量的数据，而不是温度数据，但其基本结论也得到了其他科学家的支持。比如，我国气候学家王绍武先生之前就曾进行过类似的分析，结论与 Soon 基本一致。郑景云，葛全胜，刘浩龙，等. "气候门"与20 世纪增暖的千年历史地位之争 [J]. 自然杂志，2013，35（1）：22-29. 这里真正值得注意的不是具体科学结论的探讨，而是曼恩等人对 Soon 和发表质疑文章的杂志的科学因素之外的指控和威胁。有人认为曼恩等人的行为是"宗教审查"。详细介绍请见：RICHARD MONASTERSKY. Storm Brews Over Global Warming [N]. Chronicle of Higher Education，2003-09-05；FRED PEARCE. Climate Change Emails between Scientists Reveal Flaws in Peer Review [N]. The Guardian，2010-02-02 以及 KINNE O. Climate Research：an Article Unleashed Worldwide Storms [J]. Climate Research，2003，24（3）：197-198. 评论说："这个系统出现裂缝已经有几年了。昨天，有 14 位不同领域的主要科学家联名致信一家期刊的编辑，强调他们对程序的不满。他们声称，一个科学小圈子正在利用同行评议阻止一些论文面世，以不让其他研究人员看到。人们会在 CRU 的（气候门）邮件中看到类似的模式，这些邮件无情地揭示了同行评议背后的景象，年初的一次偶然的烤肉聚会就导致了一家期刊的编辑成为温室怀疑者阵营中的一名嫌疑人。"我们在下文讨论气候门邮件时会更详细地介绍其中的过程。

② RICHARD MONASTERSKY. Climate Science on Trial：How a Single Scientific Graph Became the Focus of the Debate Over Global Warming [N]. The Chronicle of Higher Education，2006-09-08.

③ 葛全胜，郑景云，方修琦，等. 过去 2000 年中国东部冬半年温度变化 [J]. 第四纪研究，2002（2）：166-173.

戏法（Nature trick），在过去20年来（也就是1980年开始）的每一个系列以及凯斯的1961年之后的系列加入了真实温度，以掩盖下降（to hide the decline）。（气候门邮件，942777075.txt）

　　琼斯此处所说的"戏法"就是曼恩成功得到曲棍球杆曲线的关键方法，也是MM关注的焦点。

　　史蒂夫·麦金泰尔本是加拿大一名探矿师，工作中经常用到统计学。① 2002年，他在看到加拿大政府发放的全球变暖宣传页之后，对全球变暖现象产生了强烈的兴趣，并开始分析和讨论气候资料数据。② 这些宣传页的主要内容来自IPCC 2001年报告，最醒目的就是曼恩等人的曲棍球杆曲线。麦金泰尔后来找到了经济学家麦基特里克③，两人合作完成了挑战曲棍球杆曲线的系列著名论文。他们在第一篇论文《纠正曼恩等人（1998）的代理数据基础和北半球平均温度系列》（以下简称MM03）中指出，在MBH98中，为了估算1400—1900年的温度，使用的过去气候的代理数据集含有归类错误、不合理的截断或源数据推断、过时的数据、地理位置错误、重要成分的计算错误以及其他数量控制缺陷，总共9个具体的错误或缺陷。

　　在一一指出上述各种错误之后，MM使用MBH98的方法，和校正过的更新的源数据，重复构建了北半球1400—1980年的平均温度指数，发现15世纪早期的值超过了20世纪所有的值，呈现出明显的中世纪暖期的特征。由此表明，通过代理构建得到的"曲棍球杆曲线"主要来自拙劣的数据操作、过时数据和对主分量错误计算的结果。因此，MM03指出，由于MBH98存在的上述错误和缺陷，它计算得出的结果是不可靠的，不能据以比较当代温度和过去世纪的温度，

---

① 麦金泰尔说，在他的职业生涯中，由于能熟练地运用统计学，使得他常常能击败他的竞争对手。FRED PEARCE. The Climate Files [M]. London：Random House, 2010：14. 此外，值得一提的是，麦金泰尔还是壁球爱好者，曾获得世界大师赛的壁球双打金牌。

② 据Pearce的采访，麦金泰尔对气候变化的兴趣始自2002年。一天，加拿大政府印制的有关全球变暖的宣传页在他的住宅区发放。他注意到气候科学论文的不一致，这提醒他想起了Bre-X公司欺诈投资者的金矿丑闻。FRED PEARCE. The Climate Files [M]. London：Random House, 2010：14.

③ Ross McKitrick是圭尔夫大学经济学教授，是加拿大最有名也是最重要的保守主义智库弗雷泽研究所（Fraser Institute）的高级研究员。2002年，他出版 Taken by Storm：the Troubled Science，Policy and Politics of Global Warming（Toronto：Key Porter Books）一书。McKitrick被列为全球变暖怀疑者之一，反对京都议定书。在 Taken by Storm 一书中，他对曲棍球杆曲线进行了批评。他有良好的应用统计学的背景，这使得他可以与麦金泰尔一起合作研究古气候资料和数据以及评估气候模型。

也不能证明像"20 世纪后半叶的温度是史无前例的"以及"20 世纪 90 年代可能是最暖的十年"以及"1998 年是过去千年最暖的一年"这样的说法。从图 14 可以看出，当 MM 利用 MBH98 的方法和数据纠正了 MBH98 的种种错误进行重新计算之后，得出的 1400 年以来的温度曲线（粗黑线），与曲棍球杆曲线（细黑线）有了显著的不同。最明显的，就是中世纪暖期重现了出来。①

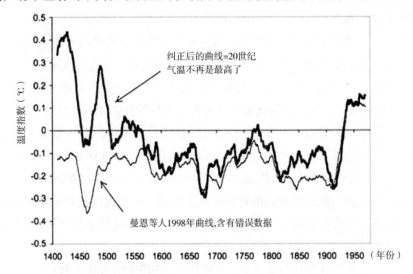

图 14　MM 基于正确方法重建的温度曲线（粗黑线）
与曼恩的曲棍球杆曲线（细黑线）的比较

　　MM03 直接否定了 MBH98 特别是得到了 IPCC 背书的曲棍球杆曲线以及由此得到的一些推论，对气候科学界尤其是 IPCC 和所谓曲棍球杆小组产生了重大的影响。实际上，在 MM03 发表之前，以曼恩为首的曲棍球杆小组曾协商如何对付前述苏恩和巴柳纳斯在《气候研究》（*Climate Research*）上发表的质疑曲棍球杆曲线的文章，这个可算是后来应对 MM03 的预演。气候门邮件中，有多封邮件显示曼恩与琼斯、布拉德利、布里法等人讨论并商量对策。他们商定并在美国地球物理联盟（AGU）的杂志上发表了以曼恩为首，包括 Ray Bradley、Malcolm Hughes、CRU 的 Keith Briffa、Philip Jones、Tim Osborn 等人在内的共 13 名气候科学家（这些名字大都是曲棍球杆小组的成员，也是气候门上千封邮件中的主角）联署的一篇通讯，声称："在同行评议的气候科学文献中，一直存在

①　MCINTYRE S, MCKITRICK R. Corrections to the Mann et. al.（1998）Proxy Data Base and Northern Hemispheric Average Temperature Series［J］. Energy & environment, 2003, 14（6）: 751-771.

着有关过去气候变化细节的健康讨论……但是 20 世纪后期半球尺度的暖化从长期（至少千年）来看是不正常的，而且要说明最近不正常的暖化，人类因素可能扮演重要的角色，这样一个结论，是一个有力的共识观点。"① 这篇文章的目的不言而喻，以科学共识的名义保护曲棍球杆曲线。

苏恩和巴柳纳斯的 CR 文章确实在科学上存在一些可以商榷的地方，难免被曲棍球杆小组攻击，但是 MM03 不存在类似问题。开始谁也不会想到，这两位外行人将给曲棍球杆曲线带来致命的打击！在 MM03 发表之后，曼恩在给琼斯、布里法、布拉德利等人的邮件中说，他打算发表回应，说 "MM 声称是对 MBH98 一文的审计（audit），但审计包括仔细的审查，使用同样的数据和程序。MM 并没有做这些事情。他们的分析值得注意的只是他们如何误用了 MBH98 的数据、方法和结论。"而且，文章作者以及发表该文章的杂志 "应该将这篇文章撤销并发表公开道歉"。（气候门邮件，1067522573. txt）

细想起来，曼恩的反应是非常奇怪的，因为 MM03 恰恰就是利用 MBH98 中的数据和方法进行了重建，发现并纠正了其中数据和方法上的错误。难道 MBH98 对数据和方法有所隐瞒吗？当然，曼恩的伙伴们并没有这么想。但是，曼恩狂傲的态度受到了蒂姆的批评，蒂姆建议曼恩或 MBH 另外两位成员谨慎给予回应。除了在一些网站和报纸上发表一些声明之外，曼恩起草、多人签名了一份题为 "Critical flaws in a recent criticism of the Mann et al. ［1998］" 的文章提交给《气候研究》（*Climatic Research*）杂志（注意，这是施耐德主编的杂志，并非发表苏恩和巴柳纳斯两人论文的 *Climate Research*），全面反驳 MM03 的质疑。但这篇文章没有通过评审因而并未发表。与此同时，曼恩和琼斯联名发表了一篇长文，评估过去一到两千年的气候变化，指出曲棍球杆曲线得到了其他科学家的独立确认，并认为 MM03 得到的 15 世纪异常变暖是由错误导致的，其重建没有通过交叉检验。"他们的结果因此可以被视为假的（spurious）。"②

既然曼恩反复申明 MM03 使用了错误的数据和计算程序（MM03 的数据是曼恩的助手在曼恩的指示下通过邮件发给麦金泰尔的），于是，麦金泰尔就多次写邮件给曼恩，索要曼恩所说的真实数据和计算程序。比如，麦金泰尔在一封邮件中说：

---

① MANN M, AMMAN C, BRADLEY R, et al. On Past Temperatures and Anomalous late-20th-Century Warmth ［J］. Eos, Transactions American Geophysical Union, 2003, 84（27）: 256.

② JONES P D, MANN M E. Climate Over Past Millennia ［J］. Reviews of Geophysics, 2004, 42（2）.

你宣称我们使用了错误的数据和错误的计算方法。我们愿意根据MBH98中使用的真实数据和方法来调整我们的结果。因此，如果你乐意把你真实使用的读取数据（你在评论中最近提到的那159个数据系列）并构建Nature（1998）（MBH98）中展示的温度指数的计算机程序拷贝给我们，或者通过Email，或者通过公共FTP，或者贴在网站上，我们将由衷地感谢！①

但是，在麦金泰尔多次索求之下，曼恩一直不愿意提供完整的真实数据和他使用的计算机程序，最后干脆明确拒绝再回应这样的要求。② 在MM03中，MM利用MBH98提供的数据和程序，在纠正了MBH的错误之后，得出不同的曲线，但是，完全按照MBH98的数据、计算程序和方法，MM无论如何都无法得到曲棍球杆曲线。问题是，只有复制出了曲棍球杆曲线，你才能知道问题的根本所在。在曼恩拒绝提供完整的真实数据和计算机程序的情况下，麦金泰尔只好自力更生，耐心在曼恩的多个数据库中慢慢搜寻，陆续找到了曼恩使用的真实数据和程序，最终发现了他的一些技巧。几个月之后，MM终于成功地复制出曲棍球杆曲线。这意味着，MM彻底弄清楚了曼恩是通过什么办法得出曲棍球杆曲线的。

于是，MM决定向发表了MBH98的《自然》（Nature）杂志投稿，回应外界尤其是曼恩的评论。2004年1月14日，MM将文章提交给《自然》杂志。按照通常惯例，当杂志收到这样的批评文章，会把批评文章转给被批评者，对批评进行回应，并将批评和回应同时发表。但是，经过半年多的邮件往来以及多次修改之后，《自然》最终拒绝发表MM的评论文章③，却破例让曼恩单方面发表一个简单的勘误声明，含混地承认了MM两人发现的MBH98中的一些数据方面的错误（不承认程序和方法有问题！），而且，"这些错误都是一些枝节问题，不

---

① MCINTYRE S，MCKITRICK R. Email to Michael Mann［A/OL］.（2003-11-11）［2019-03］.
② 曼恩回复说："我太忙了，没空一而再再而三地回答你同样的问题，所以，这是最后一次给你邮件。" MANN M. Email to McIntyre and McKitrick（2）［A/OL］.（2003-11-12）［2019-03］.
③ 最初两个审稿人给出了肯定的评价，认为MM发现了MBH98的一些错误，值得严肃对待。ROSALIND COTTER. Decision on 2004-01-14277［A/OL］（2004-03-09）［2019-03］. 但Jones作为第3名审稿人，给出了否定的意见，让人费解的是，作为世界知名的气候学专家，CRU主任Jones在评审意见中称"文中的技术问题很难理解"，并以此作为理由之一不建议Nature发表该文章。起初，Nature从字数上给MM提出了极其苛刻的要求，让他们把字数限制在800字以内。后来又以各种理由，拒绝了MM的文章。详情可见McIntyre的气候审计网站，他把跟Nature杂志编辑来往的邮件都贴在了自己的网站上。

影响文章的任何一条结论"①。

对《自然》杂志的做法，MM 提出强烈抗议。客观地说，作为全世界最有影响力的科学杂志，《自然》杂志如此做法是让人震惊的，不仅违背了公认的同行评议程序，而且公然偏袒曼恩，违背了基本的科学规范和学术伦理。因为，MM 已经证明，MBH98 的错误绝非只是枝节方面的错误，对这一点，《自然》杂志是很清楚的。经历了《自然》杂志事件之后，MM 决定把给《自然》杂志的投稿扩充并投给《地理研究快报》（*Geophysical Research Letters*，GRL），为揭露曼恩的错误、质疑他的数据和方法提供更充分的证据。新论文于 2004 年 10 月完成并投给了 GRL。GRL 特意避开了曼恩担任审稿人，因此文章顺利发表。

在 GRL 文章（以下简称 MM05GRL）中，MM 指出，MBH98 之所以能得到曲棍球杆形状的曲线，是因为他们在对树轮资料进行主成分分析之前，使用了一种不寻常的数据变换，强烈地影响了主成分分析的结果。而这种数据变换，MBH98 并没有在文中指明。把他们的数据变换方法应用到任何一种连续红噪（red noise），几乎总是会得到一种曲棍球杆形状的主成分和第一本征值的高估。图 15 上栏就是把 MBH98 中使用的数据转换方法运用于连续的没有趋势的红噪得到的曲棍球杆曲线，下栏是 MBH98 的重建北半球温度指数的曲线。可以看到，两幅图惊人的相似。

经过数据分析，MM 进一步发现，MBH98/99 实际上只选择了一种狐尾松（bristlecone pine）作为关键的北美温度的 PC1，并由此产生了曲棍球杆曲线。图 16 的上栏是 MM 利用 MBH98 的方法对 PC1 进行数据转换后得到的曲线，下栏是使用正常的方法（不对数据进行非正常转换）进行重新计算得到的曲线。可以看到，曲棍球杆的弯头消失了！

神秘的曲棍球杆曲线终于显示出了真面目！原来，北美 15 个地点的狐尾松贡献了 93% 的变化，其中，怀俄明州羊山的狐尾松被赋予了梅伯里斯劳狐尾松的 390 倍的权重！也就是说，曲棍球杆的弯头基本上是羊山狐尾松产生的结果！所谓北半球的平均温度实际上是被来自加州的这几棵有问题的狐尾松代表了！MM 指出，这样的结果是完全不可信的，没有任何统计学上的意义。②

---

① MANN M E，BRADLEY R S，HUGHES M K. Correction：Corrigendum：Global-scale Temperature Patterns and Climate Forcing Over the Past Six Centuries［J］. Nature，2004，430（6995）：105.

② MCINTYRE S，MCKITRICK R. Hockey Sticks，Principal Components，and Spurious Significance［J］. Geophysical Research Letters，2005，32（3）. 这些狐尾松样本并不适合作为温度代理，下一章会有进一步的介绍。

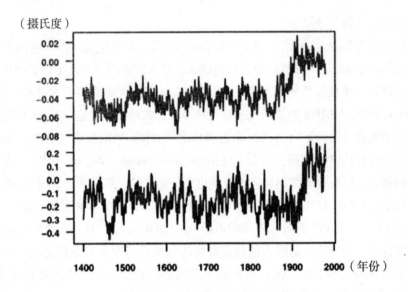

图 15   MM 使用曼恩方法处理任意红噪得到的曲线（上栏）
与曼恩曲棍球杆曲线（下栏）的比较

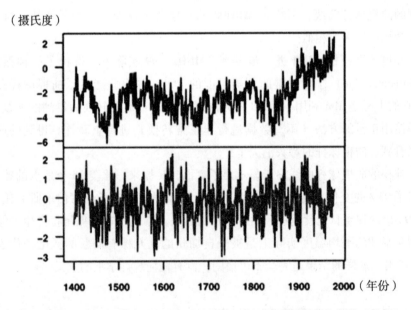

图 16   MM 运用 MBH98/99 方法对 PC1 进行非正常转换得到的曲线（上栏）
和使用正常方法重新计算得到的曲线（下栏）

四、曲棍球杆曲线调查：美国科学院小组 vs 韦格曼小组

在 MM05GRL 发表之后，GRL 又陆续发表了斯托奇和佐里塔（Storch & Zorita），阿曼和沃尔（Ammann & Wahl），以及胡伯斯（P. Hubers）等人的评论文章，但都没有一一回应 MM05GRL 的真正挑战，对 MM 质疑的一些关键问题大都避而不谈。与此同时，MM 对曲棍球杆曲线的揭露震动了科学界，并迅速引起了各大媒体的注意。早在 2003 年 MM03 发表的第二天，美国发行量最大的报纸《今日美国》就报道说："《能源与环境》杂志最新发表了一篇论文提出了一个让人不安的关于气候变化的科学观点。如果它经得起审查，那么科学共同体近年来对全球变暖的理解应当需要一次彻底的检讨。"① 在 MM05 发表之后，一位长期对气候变化问题感兴趣的杰出的物理学家、加州大学伯克利分校的教授理查德·穆勒（Ricard Muller）在《MIT 技术评论》（*MIT Technology Review*）上发表文章，题目是"全球变暖炸弹——把人类活动与气候变化联系起来的一些基本证据原来是拙劣的数学制品"。穆勒在文中称：

> 麦金泰尔和麦基特里克获得了曼恩使用的一小段程序，发现了严重的问题。不止这段程序不做正常的 PCA，而且它还掩盖了只能被认为是错误的数据标准化方式。
>
> 接下来就是真正让人震惊的事情了。这个不正常的标准化程序会强化任何具有曲棍球杆形状的数据，同时压制其他不具有这一形状的数据。为了演示这一效果，麦金泰尔和麦基特里克产生了一些无意义的实验数据，平均来看，没有任何趋势。这种产生随机数据的方法被称为蒙特卡洛分析，以著名的赌场命名，它被广泛地运用于测试程序的统计分析。当麦金泰尔和麦基特里克把这些随机数据输入曼恩的程序后，产生了一个曲棍球杆曲线。
>
> 这一发现像一颗炸弹击中了我，我怀疑其他人也会有类似的感觉。突然之间，曲棍球杆曲线，全球变暖共同体的形象代表（poster-

---

① SHULTZ N. Researchers Question Key Global-warming Study [N]. USA Today, 2003-10-28.

child），原来不过是一个拙劣的数学制品。怎么会发生这样的事？①

《华尔街日报》也刊登长文报道了MM05GRL的发现。其中，尤为重要的是这一段文字：

> 麦金泰尔先生认为②有许多错误，但是他的审计很有局限性，因为他仍不知道曼恩博士使用了什么样的计算机程序产生了那个曲线。曼恩博士拒绝公布它。他说："把算法给他们就是屈服于这些人的恐吓战术（intimidation tactics）。"③

数日之后，《华尔街日报》发表了一篇长篇社论，再次详细评说有关曲棍球杆曲线的科学争议。文章称："这本应该产生一个健康的科学争论。然而，相反的是，曼恩先生拒绝披露导致其结论的数学算法从而试图停止这一讨论。尽管如此，曼恩先生被迫撤回了他最初使用的一些数据，从那以后对他的数学方法的质疑也开始了。"④《科学政策》杂志上也发表文章报道："曼恩抵制或直接拒绝提供数据以及统计分析和代码的细节。所以，这就是我对曼恩博士以及其他关切同行评议的人们说过的：拿出你的数据、方法和代码，脸上带点笑容。"⑤

麦金泰尔和曲棍球杆曲线成了舆论的焦点，引起了国会议员乔·巴顿（Joe Barton）的注意。巴顿是来自得克萨斯州的共和党众议员，2004—2007年担任众议院能源与商业委员会主席，以怀疑全球变暖理论著称。他在看到《华尔街日报》2005年2月14日安东尼奥·雷加尔多（Antonio Regalado）的文章之后，便与能源委员会下设的监督和调查小组委员会（Subcommittee on Oversight and Investigations）主席艾德·怀特菲尔德（Ed Whitfield）联名致信MBH三人并抄送IPCC主席拉金德拉·帕乔里（Rajendra K. Pachauri）和NSF主席阿尔登·贝

---

① R. MULLER. Global Warming Bombshell [J]. MIT Technology Review, 2004 (10). 穆勒后来和自己的女儿一起创立了Berkeley Earth Surface Temperature（BEST）计划，目的在于对全球变暖进行独立的研究和评估。

② 译者：指曼恩的工作中。

③ ANTONIO REGALADO. In Climate Debate, the "Hockey Stick" Leads to a Face-off [N]. The Wall Street Journal, 2005-02-14.

④ HOCKEY STICK ON ICE [N]. The Wall Street Journal, 2005-02-18.

⑤ VRANES K. Open Season on Hockey and Peer Review [J]. Science Policy, 2005 (2).

蒙特（Arden Bement），要求 MBH 提供研究的细节和资金的来源。①

巴顿的信不仅强烈震动了科学界，也搅动了华盛顿的政治圈。民主党资深议员瓦克斯曼（Henry A. Waxman）写信给巴顿，谴责他"威吓和骚扰气候变化专家"，众议院科学委员会主席舍伍德·波尔特（Sherwood L. Boehlert）甚至要求巴顿取消他的"非法的"全球变暖审查。② 但是，巴顿不为所动，仍然坚持要成立调查组展开调查。阻挠无果之后，波尔特和美国科学院主席拉尔夫·西塞隆（Ralph Ciccerone）又致信巴顿，说能源和商业委员会处理科学问题不很恰当，应该由科学委员会主导并委托美国科学院的国家研究理事会（National Research Council）进行调查，巴顿再一次拒绝。③ 于是，波尔特和西塞隆决定联合起来，由波尔特的众议院科学委员会委托 NAS 的研究理事会也成立一个调查组，其真实目的是对抗巴顿能源委员会的调查组，与之同时展开调查，以抵消后者可能产生的影响。结果证明，波尔特和西塞隆采取的这个策略极为机智和成功，他们的调查不但与巴顿的能源委员会的调查形成了对峙，也的确在事实上最大限度地抵消了后者所能产生的冲击和影响。

为了在曲棍球杆曲线争议调查上取得先机，2006 年 2 月底，美国科学院（NAS）国家研究理事会（NRC）率先宣布成立了以古气候学家杰拉德·诺斯（Gerald North）为首的调查小组④，成员包括贝蒂·奥托-布莱斯博（Bette Otto-Bliesber）、道格拉斯·尼奇卡（Douglas Nychka）、卡尔·特瑞肯（Karl Turekian）、罗伯特·E. 迪金森（Robert E. Dickinson）、库尔特·科菲（Kurt Coffey）等 12 位科学家。尽管波尔特的科学委员会要求 NRC 的调查小组成员要保持所谓平衡

① 巴顿在信中解释说，能源和商业委员会很关注《华尔街日报》有关曲棍球杆曲线的文章，其中讲到曲棍球杆曲线无法复制，也很关心 IPCC 报告的独立性问题（因为曼恩是 IPCC 报告一章的主要作者，这一章评估了他自己的工作），以及数据和代码共享的问题。随后列出了需要提供的材料和回答的问题、个人简历、资助信息，以及特别是 MM03 和 MM05 提出的一些问题，比如，如何回应别人的数据分享要求、MM 指出的那些错误有没有影响文章的结论，比如，羊山狐尾松的问题、统计验证的问题，等等。这封信的更详细内容请参见 ANDREW MONTFORD. The Hockey Stick Illusion［M］. London：Stacey International，2010：87.

② BROWN P . Republicans Accused of Witch-hunt Against Climate Change Scientists［N］. The Guardian，2005-08-30.

③ JULITE EILPERIN. GOP Chairmen Face off on Global Warming［N］. Washington Post，2005-07-18.

④ 最初委员会成员有 11 人，只有一位有统计学背景，但与曲棍球杆小组有合作关系，所以麦金泰尔要求再增加一位统计学家，后来委员会就补充了统计学家 Peter Bloomfield。奇怪的是，这位 Peter Bloomfield 也曾是曲棍球杆小组成员之一 Keith Briffa 的多篇论文的合作者。这样，NRC 小组 12 人中仅有的两位统计学家都是曲棍球杆小组的合作者。

（balance），但事实上，NRC 小组中至少有 6 名成员与曼恩或其他曲棍球杆小组成员有各种各样的关系。其中，贝蒂·奥托-布莱斯博是 AR4 的作者，是曼恩的学生卡斯帕·阿曼（Caspar Amman）的论文合作者和他在 UCAR① 的直接领导；道格拉斯·尼奇卡也是 UCAR 的成员，不但与阿曼合作过，也与曼恩合作过；卡尔·特瑞肯，罗伯特·E. 迪金森，以及诺斯本人也都是 UCAR 的成员。

麦金泰尔对 NRC 调查小组的人员构成表达了强烈的抗议，并提出 NRC 小组应该包括一位研究科研不端行为的专家，但没有被 NRC 接受。② 调查小组宣布，将于 3 月初举行为期两天的听证会，发言人包括几位冰盖、钻孔和冰芯专家，还有质疑曲棍球杆曲线的气候学家冯·斯托奇，以及两位曲棍球杆小组外围成员加布里埃莱·C. 海格尔（Gabriele C. Hegerl）和罗珊·德阿里戈（Rosanne D'Arrigo）。斯托奇和麦金泰尔发言被安排在第一天的最后，而曼恩则被安排在第二天进行陈述，这样就避开了同斯托奇和麦金泰尔之间的直接对质。显然，出席听证会的人员和顺序是经过精心挑选和安排的。

巴顿随后也成立了一个三人调查小组，组长是杰出的统计学家、乔治·梅森大学教授爱德华·韦格曼（Edward Wegman），其他两位统计学家分别是来自莱斯大学的大卫·W. 斯科特（David W. Scott）和约翰·霍普金斯大学的雅思明·H. 赛德（Yasmin H. Said）。与 NRC 调查小组多数成员与曼恩等人有直接或间接合作关系不同，韦格曼小组的三位成员此前都与气候科学没有任何关联③，且没有发表过有关全球变暖的观点，他们的目的是审查 MBH98 中的统计学

① University Corporation for Atmospheric Research（UCAR），美国大学大气研究联盟，其前身是 1958 年在 NAS 气象委员会基础上成立的美国大学大气研究委员会（University Corporation for Atmospheric Research），1959 年变更为现名，并于同年创立美国国家大气研究中心，不仅是重要的科学研究机构，也是美国政府形成有关议案的重要科学咨询部门。周小刚，罗云峰. 美国 NCAR 的发展及其新动向［J］. 地球科学进展，2004（6）：1045-1051.

② ANDREW MONTFORD. The Hockey Stick Illusion［M］. London：Stacey International，2010：90. 按照正常的程序，调查小组成员和调查对象之间应该保持中立，避免利益相关，但 NRC 这个调查组中的多名成员与曼恩及其他曲棍球杆小组成员有合作关系和同事关系，不可能做到真正客观中立的调查。所以，麦金泰尔才强烈抗议。

③ 但是，在被任命为能源委员会调查小组组长之后，韦格曼与该委员会议员、反对全球变暖理论的 Peter Spence 接触过，这被全球变暖支持者认为韦格曼不是独立调查人。Steve McIntyre and Ross McKitrick，part 2：The story behind the Barton-Whitfield investigation and the Wegman Panel［EB/OL］.（2010-02-08）［2019-03］. 这些人的指责毫无道理。既然受到能源委员会委托进行调查，那么与负责这个调查小组的议员进行接触属于工作范围内的事情，不应该作为怀疑其独立性的理由。另外，这些人从未提出对 NRC 调查小组独立性的怀疑，虽然该组多数成员都不能说是独立的。

问题。

2006 年 3 月 2 日，星期四，NRC 调查小组的听证会在 NAS 总部举行。听证会的部分内容被纳入后来出版的报告，但一些关键内容被忽略了。① 这场听证会，有几个反常值得注意，也许有助于我们认识 NRC 调查小组、此次听证会以及随后的报告。第一，几位专家陈述之后，最后两位依次是斯托奇和麦金泰尔。当斯托奇在陈述的 PPT 中列出波尔特指定质询的几个问题时，听证会小组成员当即陷入了短暂的混乱。NRC 小组各位成员竟然对这些问题一无所知，纷纷询问小组主席诺斯。显然，诸位成员事先没有被告知波尔特指定的需要质询的问题。而且，除了斯托奇和麦金泰尔，所有其他专家都没有直接回答波尔特所提的问题。这是很不正常的。② 第二，面对大家的疑问，诺斯解释说，调查小组的任务被科学院更改了，"以保护气候科学的现状，避免引起混乱"③。第三，在为期两天的听证会期间，曼恩仅仅在自己做陈述的时候出现在听证会现场，不仅缺席了听证会的第一天，第二天他第一个做完陈述之后就再次消失了。调查小组也没有就曼恩的陈述进行质询和调查。显然，曼恩此举可以逃避当面质询。④

6 月 22 日，NRC 调查小组公布了调查报告，即诺斯报告（North Report）。在摘要中，报告说：

> 这些重建（使用各种代理资料来重建地球表面的温度序列）特别是如下问题是本报告的核心问题：
>
> （1）描述并评估科学界对过去 1000~2000 年地球表面温度记录的重建。
>
> （2）概括过去 1000~2000 年温度记录的科学信息。
>
> （3）描述主要的不确定性的范围及其意义。

---

① 笔者查询了很多著作和网站，包括曼恩、麦金泰尔等人的著作和网络文章，以及其他研究曲棍球杆曲线争议的著作，都没有提到这场听证会有完整的记录。只有麦金泰尔在他的气候审计网站上贴出了与会诸专家的报告，但没有对现场问答的详细完整的记录。

② MCINTYRE S. Von Storch at NAS［C/OL］.（2006-03-04）［2019-03］. 也可参见：AN-DREW MONTFORD. The Hockey Stick Illusion［M］. London：Stacey International，2010：92.

③ 由于没有现场记录，这些信息无法得到直接证实。但是，后来出版的诺斯报告印证了这一点。另外，麦金泰尔在自己的网站上回应网友对这个问题的关注时也说，"这个事不能批评诺斯"。更多信息可参见：JOHN A. An observer's view of the NAS Panel presentations［EB/OL］.（2006-03-04）［2019-03］.

④ JOHN A. An observer's view of the NAS Panel presentations［EB/OL］.（2006-03-04）［2019-03］.

（4）描述这些工作的主要方法及问题。

（5）说明关于古气候温度记录的争论对关于全球气候变化科学知识来说有多么核心的意义。

（6）确认使用代理记录的变量。

（7）描述被用于重建前工业化时期表面温度记录的代理记录。

（8）评估结合多代理资料进行表面温度重建时使用的方法。

（9）讨论如何从代理资料可靠地外推地理区域。

（10）评估这类重建总体上的精确度和准确性。①

前面提到，当斯托奇在听证会上列出众议院科学委员会请求他报告的问题时，小组成员均表惊讶。这是因为，正如调查小组主席诺斯在 3 月 2 日听证会上解释的，调查小组的任务被科学院更改了。在众议院科学委员会主席波尔特写给美国科学院主席西塞隆的信中，明确列出了委托调查的问题。这封信不长，现完整翻译如下。

亲爱的西塞隆博士：

我写信给你是请求你选出一个平衡的科学家小组，就古气候记录的当前科学共识以及特别是迈克尔·曼恩、雷蒙德·布拉德利和麦考姆·休斯几位博士的工作（所谓"曲棍球杆"论点），为国会提供指导。

这个小组应该在相对不久之后发布一份清楚简洁的报告，回答如下问题：

（1）关于过去 1000~2000 年的温度记录，当前的科学共识是什么？主要的不确定性是什么？这些不确定性重要到什么程度？

（2）对曼恩、布拉德利和休斯几位博士得到的结论，当前的科学共识是什么？对他们工作有哪些重要的批评？这些批评重要到什么程度？重现其工作所需要的信息能得到吗？有其他科学家能够重现其工作吗？

（3）对整个的关于全球气候变化的科学共识（比如，此前科学院发布的报告）来说，有关古气候温度记录的争论重要吗？对温度记录

---

① GERALD R NORTH, FRANCO BIONDI, PETER BLOOMFIELD, et al. Surface Temperature Reconstructions for the Last 2,000 Years [R]. Washington D C: National Academies Press, 2006: 5-6. 另外，报告 135 页的附录 A "Statement of Task" 描述了该调查委员会的任务，与摘要中所列任务基本相同。

的科学共识来说，曼恩、布拉德利和休斯几位博士的工作重要吗？

这一小组工作的模式，应该与您于 2001 年应布什总统要求主持的调查全球气候变化科学状况组成的那个杰出的小组一样。

对国会来说，在如此重要的问题上，得到主要科学家的指导，是非常重要的。我们期待着您的回复。

诚实的

舍伍德·波尔特主席①

我们比较一下诺斯报告讨论的问题和波尔特要求报告的问题，会发现波尔特关心的核心问题，是评估迈克尔·曼恩等三人的曲棍球杆曲线，包括其方法、可重复性以及对他们的批评、信息资料的公开或共享等问题，但在科学院的报告中，这些问题几乎全部被避开了。这一点，从 NRC 调查小组的名称 "Surface Temperature Reconstructions for the Past 1，000~2，000 Years" 就可以看到，完全避开了调查的重点。实际上，波尔特提出的那些问题才是曲棍球杆曲线争议的核心，也是能源委员会主席巴顿和科学委员会主席波尔特各自调查的主题。为什么科学院要更改调查小组的任务？如果听证会目击者所说的，诺斯说科学院更改任务是为了"维护科学的现状，避免引起混乱"，那么要维护什么现状？为什么要维护这个现状？为什么在没有充分调查的情况下，就担心会引起混乱？会引起什么样的混乱？科学的发展本来就是不断地发现问题、改正错误并提出新观点、新证据、新现象而进步的，而作为世界最杰出科学机构之一的美国国家科学院竟然担心对曲棍球杆曲线的争论会引起混乱，着实让人无法理解。

从一开始 NRC 小组成员的挑选，到小组听证会上出现的各种怪现象，麦金泰尔和麦基特里克对最后的这个报告早已心中有数。麦金泰尔回到加拿大之后，又和麦基特里克一起把自己在会议上的陈述和他对其他专家的评论写成书面报告寄给了 NRC 调查小组。既然调查因争议而起，首先就应该看看争议双方的观

---

① 这封信本来贴在美国科学院的网站上，后来不知何故被移除。而且，更奇怪的是，美国科学院的网站上列出了各分支委员会历年的调查报告，但大气气候委员会不知何故没有将这一次调查报告公布。此外，在曼恩详细回顾曲棍球杆争议的自传著作（MANN M E. The Hockey Stick and the Climate Wars ［M］. New York：Columbia University Press，2012.）中，对这封信也是避而不提。目前（2017 年 11 月 12 日）可在如下网站查到这封信的 PDF 版：https：//deepclimate. files. wordpress. com/2010/07/boehlert_ 2005. pdf。对这次调查来说，这封信的重要性不言而喻。NAS 或 NRC 更改调查任务，这应该是一个事件，对气候科学和政治来说具有重要的意义。但迄今没有得到足够的重视。

点和立场。在听证会的证词中，MM 开宗明义，直陈要害：

> 我们重申，调查小组需要对我们提交的证据进行彻底的、不偏不倚的审查，我们正是基于这个假定才准备我们提交的证据。
>
> 我们来到这里，不是讨论中世纪暖期，也不是提出一个气候历史的替代解释，而是报告我们对 20 世纪气候变化是千年中史无前例的这样一个主张背后的多重代理证据的质量、牢靠性和统计学意义进行的评估。因此我们将主要集中讨论波尔特众议员提出的问题。
>
> ……
>
> 对于这些问题，我们的回答是：
>
> （b）关于曼恩等人［1998，1999］（MBH98/99），我们最重要的反驳①是：
>
> 该研究使用的"新"统计学方法被证明不过是"采掘"（mine）曲棍球杆形状的系列。这些方法在一些重要的细节上被误报并且/或者是不准确地描述了，而且，它们的统计学属性，作者们不是不懂就是没有报道。
>
> 他们的重建没能通过据他们说在文中使用的一项重要的验证测试。他们没有报道这一失败，而且，不论在原文还是 IPCC 报告中，统计学技巧都被误报了。
>
> 已知不合适的温度代理资料，被赋予了主导性的地位，与此相关，往好的说，这是误导性的信息，往坏的方面说，这实际上是扣除了不利的结果。
>
> 置信区间的计算方法导致了不真实的狭窄的置信区间。
>
> （c）不。重复其工作的每一步都被设置了障碍。基本资料很难确认和获取。论文中没有准确描述方法，计算机代码一直被隐瞒，直到国会开始调查仍然如此。
>
> （d）不。一些作者（Amman 和 Walh）声称重复了 MBH 的结论。与他们的报告相反，他们没有确认 MBH 关于统计学技巧和可靠性的主张，也没有处理 BMH 的相关方面。他们对 MBH 的仿真几乎与我们的一致。区别在于对结果的定性，而不是计算本身。实际上，他们的代

---

① 参见 MM03、MM05a、MM05b、MM05c、2005d 以及 www.climateaudit.org.

码事实上确认了我们关于 MBH 统计验证的主张。①

　　MM 指出的 MBH98/99 以及曼恩等人的问题是非常清晰的，综合起来说，就是：MM 质询的不是中世纪暖期存在与否，20 世纪是不是过去千年最暖的世纪，也不是想弄清气候变化的历史，他们的问题是：曼恩等人的数据和方法有问题，不能支持他们提出的论点，且涉嫌操纵和隐瞒数据和代码。然而，调查小组听证会及其最后的报告打起了太极，避重就轻，甚至转移话题。诺斯报告说："之所以产生争议，是因为很多人把这一结果（曲棍球杆曲线）解读为人类是最近气候变化原因的证据，而另外一些人对其使用的数据和方法进行了批评。按照国会的要求，国家研究理事会组成了本委员会，以描述和评估重建过去大致 2000 年表面温度的科学工作以及这些工作对我们理解全球气候变化的意义。"② 这样的措辞是很奇怪的。争议的起因和国会的要求，是 MBH98/99 的数据和方法受到了批评，那么就首先应该明确调查那些批评是否属实并给出明确的结论；其次（如果有必要的话）才是去评估过去 2000 年的温度重建。

　　尽管诺斯报告被广泛认为是充分肯定了 MBH 的工作，这也是曼恩本人反复强调的，但是，仔细检索该报告，我们还是能够发现，该报告并不支持曲棍球杆曲线，而是有许多隐晦暧昧的说法。

　　在摘要给出的结论中，该报告认为，"大尺度的表面温度重建产生了一个大体一致的过去一千年的温度趋势，包括在公元 1000 年前后相对温暖的状况（被有些人称为中世纪暖期）以及公元 1700 年前后一个相对较冷的时期（或者小冰期）。大约 1500—1850 年小冰期的存在和程度得到了多种证据的支持，包括冰芯、树轮、钻孔温度、冰川长度记录，以及历史文献。中世纪区域温暖的证据可以在多种多样但有限的记录中发现，包括冰芯、树轮、海洋沉积，以及来自欧洲和亚洲的历史资料。"图 17 是诺斯报告给出的六个不同研究团队重建的温度曲线。可以看到，在千年尺度的三条曲线中，英伯格等人的曲线（Moberg et al., 2005）和埃斯珀等人的曲线（Esper et al., 2002）都表现出明显的中世纪暖期和随后的小冰期，而曼恩和琼斯的曲线（Mann and Jones, 2003），就像曼

①　McIntyre S, McKitrick R. Presentation to the National Academy of Sciences Expert Panel, "Surface Temperature Reconstructions for the Past 1,000~2,000 Years."［C］//Submission to NAS Panel on Millennial Paleoclimate Reconstructions. Washington DC，2006.

②　GERALD R NORTH, FRANCO BIONDI, PRTRR BLOOMFIELD, et al. Surface Temperature Reconstructions for the Last 2,000 Years ［R］. Washington D C：National Academies Press. 2006：5.

恩的曲棍球杆曲线，没有中世纪暖期和小冰期。虽然没有明说，但这无疑否定了 MBH98 和曲棍球杆曲线。

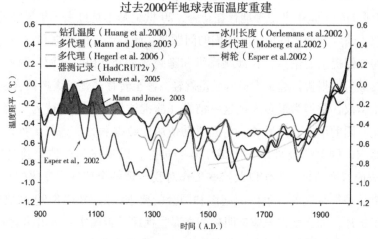

图 17　诺斯报告给出的六个不同研究团队重建的温度曲线

　　尽管如此，报告仍然坚持认为这些重建的结果是"大体一致"的，并且特别强调了"曼恩等人（1998，1999）的基本结论认为 20 世纪晚期北半球的暖化至少在过去 1000 年里是史无前例的。这一结论后来得到了一系列证据的支持。……基于曼恩等人在原文中提出的分析以及新的支持性的证据，本委员会认为，北半球在 20 世纪最后的几十年比过去千年中任何一段时间都更温暖，是有道理的"。

　　这里，诺斯报告转移了视线。MM 质疑的不是过去几十年是否是过去一千年最暖的，而是迈克尔·曼恩重建 20 世纪温度的资料和方法，并不支持这一结论，也就是曼恩等人利用有问题的狐尾松系列，有意使用可疑的方法，得出了所谓千年温度曲线，其中存在严重的缺陷、偏见甚至欺骗。对于这一点，诺斯报告没有明确回答。

　　不过，可以看到，该报告隐晦地提到了资料质量问题。摘要里说道："如果能把几十年前收集的代理资料进行更新，将更有助于与器测记录进行可靠的校准。改善出版物使用资料的获得通道，也能增强大尺度表面温度重建的信度，不论是在科学共同体内部还是在外部。新的分析方法或更谨慎地运用现有方法有助于避免基于多重代理重建地球表面温度现有的局限性。"这几句话似乎是对 MM 批评的隐晦回应。

　　此外，对于 MM 批评的曼恩隐瞒数据和代码的行为，报告 24 页回应说：

"本委员会认识到，研究资料获取是一个复杂的、因学科不同而不同的问题，而且，因为必须考虑到知识产权的问题，获取计算机模式和方法尤其困难。我们的观点是，对于发表了的数据资料，所有的研究都能公开充分获得并从中受益，并且对分析方法的清楚说明是强制性的。"虽然没有直接点名曼恩。但毫无疑问，这是在回应 MM 在 NRC 小组听证会上对曼恩的指控。

在第四章"树轮"，报告谈到了狐尾松的问题："现代时期树木年轮的宽度增加可能是由二氧化碳浓度而非温度驱动的……应该避免使用这种'带状树皮'（狐尾松）的样品。"而曼恩等人的结论主要依靠的就是这种狐尾松样品。曼恩知道这些资料有问题吗？当 MBH98 的数据资料最终被迫公开之后，麦金泰尔在曼恩的 ftp 服务器里发现了一个目录，其中有一套题为"直到 1400-删过的"（BACK TO 1400-CENSORED）的资料。这套资料里包含了 MBH98 使用的 212 个系列，但有 20 个系列被删除了，这 20 个系列里，有 19 个系列是狐尾松系列，另外一个系列也是不合适的。为什么单单删除了这 20 个有问题的系列？显然，合理的推断是：迈克尔·曼恩知道这些资料的缺陷，在使用之后就进行了删除。这表明，曼恩是有意识地利用这些有问题的系列来构建曲棍球杆曲线。

在第 9 章统计学方法问题上，诺斯报告同样玩起了太极。一方面，报告承认 MM 确实可以从随机产生的无趋势的杂乱红噪信号中，得到曲棍球杆曲线的图形。诺斯报告演示了"采掘""曲棍球杆曲线"的过程。另一方面，报告没有调查为何曼恩不愿意公开其计算机代码，是否他也计算过关键的 15 世纪重建的 R2 统计验证。

诺斯在序言中写道："科学是一个考察观点的过程——提出假说，然后展开研究进行探索。其他科学家也就这个问题展开工作，提出支持的或否定的证据，并且，每一个假说可能会维持到下一轮，演变为其他观点，也可能被证明是错误的并得到反驳。就曲棍球杆曲线来说，在过去几年中，这一科学过程一直在进行，有很多科学家在检验和争议其结论。原文的批评者认为统计方法是有缺陷的，数据的选择是有偏见的，并且使用的数据和程序不分享给他人以验证这一工作。本报告提供了审查表面温度重建的能力和局限性及其在提高我们理解气候上扮演的角色。"诺斯在报告的新闻发布会上声称"没有发现操纵数据"，但是，结合前面的介绍和分析，我们可以说，诺斯的说法是不诚实的。根据 MM 的发现和经历，MBH98/99 也就是曲棍球杆曲线的方法缺陷和数据偏见并非出自科学发展水平和科学方法本身的局限性，也不是曼恩等人无意的疏忽。MM 批评的核心，是曼恩等人有意采取了有缺陷的方法和带有强烈偏见的数据。他们没有在论文中报告真实情况，在面对批评时，又找各种托词和借口掩盖数据和计算方法。这根本不是诺斯所说的科学发展的正常过程。

由于篇幅的关系，我们无法对诺斯报告进行全面的介绍与分析。总之，该报告总体上表现出一种相当暧昧的态度，所以公布之后，不同立场的媒体表现出不同的反应。最初发表曲棍球杆曲线的《自然》杂志随即进行了报道，声称"科学院肯定了曲棍球杆曲线"，"但批评了这一有争议的气候结论的使用方式"。文章称，"这可能是科学中最被政治化的曲线"，得到了"科学院的根本上的支持"①。而《华盛顿时报》报道的则是"NAS确认了中世纪暖期和小冰期"②。也许，只有《华尔街日报》真正理解了诺斯报告的骑墙态度，认为"小组没有解决争议"③。

在诺斯报告公布后不久，巴顿能源委员会的韦格曼小组的调查报告于2006年7月14日公布，即著名的韦格曼报告（Wegman Report）。相比诺斯报告，韦格曼报告在关键问题上毫不含糊。

在讨论韦格曼报告之前，我们需要明确该报告主要的目的和任务。用韦格曼等人的话说：

> 我们要在这里指出，我们是统计学家/数学家，被请来就在MBH98/99中发现的方法问题发表评论。在这个报告中，我们集中回答的是这个问题，而不是回答全球变暖与否的问题。

显然这是我们理解这次争议、这次国会调查以及后来听证会的关键。该报告调查研究的不是全球是否变暖，而是曼恩等人文章中的数据、方法可靠与否以及是否支持其结论。因此，报告集中分析的是MBH98/99的方法问题以及MM的批评。报告明确指出，在MBH98/99中，数据没有按照正确的方式进行中心化（centred），也就是MM指出的，在零均值化的时候，应该减去整个温度系列的均值，但MBH98/99减去的是1902—1995年器测温度的均值。"这就放大了特定代理资料的变化，并选择性地挑拣了那些偏离中心的代理作为温度的重建。" MBH98/99这

① BRUMFIEL G. Academy Affirms Hockey-stick Graph［J］. Nature, 2006, 441（7097）：1032–1033. 文章称："NAS还确认了一些统计学问题。但是，来自北卡州立大学罗利分校的统计学家Peter Bloomfield说，这些错误对整个结果的影响相对较小。……参与这一工作，我不会感到不安。"

② Breaking the "Hockey Stick"［N］. Washington Times, 2006-06-26.

③ A. REGALADO. Panel Study Fails to Settle Debate on Past Climates［N］. The Wall Street Journal, 2006-06-23. 引自 MONTFORD A W. The Hockey Stick Illusion：Climategate and the Corruption of Science［M］. London：Stacey International, 2010：97.

样做的净结果，就是"产生了一个曲棍球杆形状的曲线"。作为专业统计学家，韦格曼等人指出，一个统计学的常识就是，"要恰当地进行主成分分析，均值的中心化是一个关键因素"。报告指出，"因为缺乏完整的数据和计算机代码记录"，调查小组"没有能够重现他们的研究"，"但成功地得到了 MM 类似的结果"，这就支持了 MM 对 MBH98 方法的批评。

此外，报告指出，曼恩等人的论文本身是以相当让人费解的方式写作的，让读者很难辨析这些重建实际使用的方法及其不确定性。像"中等的确定性"（moderate certainty）这类的措辞让读者无从判断此类结论的分量。尽管论文确实附有补充材料的网站链接，但读者们要靠自己的能力去从大量的原始资料中搜寻并拼接数据和方法。考虑到这些结论被认为有全球性的影响，这一点特别让人不安，尽管如此，也只有很少几个人能真正理解他们。因此，无怪乎曼恩等人声称麦金泰尔和麦基特里克误解了他们的工作。此外，"我们访问了迈克尔·曼恩在弗吉尼亚大学的网站，下载了资料。不幸的是，我们没有发现足够的材料来重建 MBH98 的曲线"。

正如韦格曼报告所说，科学研究不可能不犯错误，科学实际上就是在不断犯错误后进行改正而进步的。当然，更多的研究以及其中的错误大部分情况下并不引人注目。但是，曼恩的情况显然不是这样。如果 MBH98/99 只是普通的论文，那么，其错误很快就会随着该论文一起被忘记，因此不会那么重要。但是，事实表明，曲棍球杆曲线迎合了国际关注的政治议程，因此极大地增强了论文的曝光度。尤其是全球变暖及其潜在负面后果是整个国际社会广泛关注的焦点，而"曲棍球杆曲线"戏剧性地展示了全球变暖，因此为 IPCC 和许多政府所采用，成为宣传全球变暖的招牌。令人尴尬的是，这个曲线却是建立在错误的基础之上。这当然需要认真严肃地对待和纠正！

在审查并重复了 MM03/05 的工作之后，韦格曼等人还增加了一个新的例子，来表明曼恩等人的算法问题。韦格曼等人创造了 69 个伪代理，将 IPCC 1990 年报告的温度曲线（图 18 中的光滑曲线）数字化之后作为第 70 种代理加入。图 18 密集部分是经过正常的标准化和算法之后得到的主成分曲线。但如果按照曼恩的方法进行均值化和算法处理，就会得到图 19 的曲线。这表明，使用类似曼恩（MBH98）的算法，光滑曲线就占据了决定性的地位。这意味着，你不仅可以制造出曲棍球杆曲线，实际上可以制造出任何自己想要的曲线。

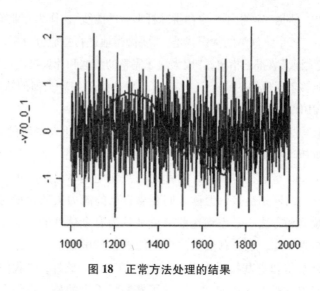

图 18 正常方法处理的结果

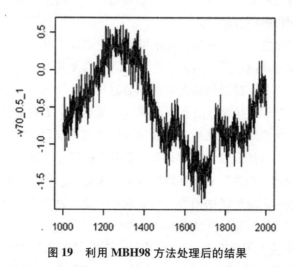

图 19 利用 MBH98 方法处理后的结果

还有一点很重要，韦格曼报告还指出并批评了古气候共同体的封闭状态。一方面，这个群体严重依赖统计学方法，但他们看起来与统计学界很少有联系。报告称："我们注意到，没有任何证据表明曼恩博士或任一古气候学领域的其他作者曾与主流统计学家有过显著的互动。"另一方面，这个人数不多的群体自身相互之间联系紧密，同时又各自形成几个小圈子。报告对以曼恩为代表的从事温度重建研究的群体进行了社会网络分析，发现至少 42 位作者与曼恩博士有直接的合作。报告进一步扩展分析了包括曼恩在内的温度重建领域的 72 位主要作者的网络，发现了以曲棍球杆小组为代表的几个明显的小圈子（clique）。网络示意图显示，曼恩与多数小圈子都有合作，并且是其中的一员。曼恩所在小圈子位于顶部。

此外，韦格曼报告还分析了这些作者使用资料的社会网络，发现许多资料被不止一次地使用。这就难怪许多论文会得出类似的结果。上述社会网络分析表明，在古气候研究领域，作者们通过论文合作、联合署名等方式紧密联系在一起。他们甚至多次使用共同的资料，因此所谓"独立研究"，或"同行评议"，并非表面上显示的那样独立。此外，韦格曼特别指出，这个古气候学群体的封闭性突出表现在他们拒不承认 MM05 的可靠性，将之贬为"外行"的偏见，甚至以 MBH98/99 的结论为基准，发表文章来予以支持。

在经过对 MBH98/99 的资料、算法和结论以及 MM 的批评审查之后，韦格曼报告最终给出了明确的结论：

总之，我们发现 MBH98 和 MBH99 有点含混和不彻底，而 MM03/05a/05b 的批评是有根据和让人信服的。

五、对质国会山：曲棍球杆曲线的科学与政治

2006 年 7 月 17 日，美国众议院能源与商业委员会附属监督与调查委员会主席、共和党议员怀特菲尔德主持召开了题为"围绕'曲棍球杆'温度研究的问题：对气候变化评估的意义"听证会。由于迈克尔·曼恩以度假为由拒绝参加 17 日的听证会，委员会只好又安排了 7 月 29 日的第二场听证会。这两场听证会，相关各方围绕着曲棍球杆曲线展开了激烈的交锋，充分展现了气候科学与政治之间的复杂关系。

我们知道，美国共和党和民主党在应对气候变化问题上一直有明确的分歧。总体而言，民主党一直主张积极应对全球变暖，而共和党则整体上持反对的态度（当然也有例外，比如，起初反对这次调查无果后即委托 NAS 另行成立调查组的众议院科学委员会主席、共和党议员波尔特）。不论是克林顿政府还是奥巴马政府，都曾积极推进应对气候变化的政策进程，但小布什政府和特朗普政府显然要消极得多。这次，率先发起对曲棍球杆曲线调查的众议院能源委员会主席乔·巴顿以及监督与调查委员会主席艾德·怀特菲尔德就是分别来自得克萨斯和肯塔基的共和党议员。调查委员会由 8 名共和党议员和 7 名民主党议员组成，都参加了 17 日和 29 日的听证会。

　　这次听证会，最值得关注和研究的，是各位议员如何看待这次调查以及他们对科学与政治关系的认识。听证会的几位民主党议员全部反对举行这次听证会。比如，曾写信反对巴顿调查曼恩论文的瓦克斯曼再次提出激烈的反对意见，认为举办这次听证会的调查委员会"正在做全球变暖否定者希望我们做的事情，忽略了所有重要的事情"，"付出了荒唐的努力去诋毁一个科学家和他在8年前发表的研究"。虽然诺斯报告和韦格曼报告在一些关键问题上的结论是一致的，他仍然认为这次调查是"可疑的"，诺斯报告总体上支持曼恩的发现，因此，这场听证"不是为了发现真理"，而是"编织疑惑并传播不可靠的信息"。

　　来自华盛顿的因斯利（Jay Inslee）认为这样的听证会不过是"猎鹬"恶作剧（snipe hunts①），"如果国会净搞一些猎鹬恶作剧，讨论一些诸如一个针尖上能站几个统计学家这样的问题，而不是去研究应对全球变暖的能源政策，那么我们美国即使有充分能力也无法应对全球变暖"。他把那些质疑全球变暖且主张消极应对的人类比为以前曾为烟草工业辩护并质疑烟草对人体有害的人。他说，人类排放的二氧化碳在增加，气候在变暖，冰川在消退，海洋在酸化，"全世界的科学共同体已经以相当高的信度达成共识，认为二氧化碳浓度已经到了灾难性的史无前例的程度并驱动了气候暖化"，"国会的人才不是去研究如何应对这些问题，而是对一项个别研究中的统计学结论吹毛求疵"。因此，他对这场听证会感到"不安"。

　　至于曼恩等人的错误，在各位民主党议员看来或者微不足道，或者不过是科学进程中在所难免。比如，斯图帕克（Bart Stupak）认为，调查委员会调查曼恩等人七八年前的工作是不恰当的，因为气候重建的工作本来就不是精确的科学，且曼恩当时的资料有限。而且，曼恩本人后来改进了他的方法，并且已经取得了进步。调查委员会更应该调查政府对科学家比如NASA气候学家詹姆斯·汉森的过度干涉。他认为，"国会决定科学争议是很不合适的。"

　　珍·沙科夫斯基（Jan Schakowsky）的态度与其他民主党议员一样，认为这场听证会不过是"浪费时间"，不去努力解决全球变暖这一真正的问题，而是"努力诋毁（discredit）"曼恩等人的一篇文章。作为一名祖母，她"关心的是她的孙子也许永远不会看到或了解野生北极熊以及珊瑚礁正在消失"，因此，她恳请她的对立双方的同事们"去寻找解决方案"，"而不是诋毁大量证据中微不足道的一小部分"。

　　对于上述观点，乔·巴顿等共和党议员进行了反驳。巴顿以质疑全球变暖

---

　　① snipe hunt是北美的一种恶作剧（玩笑），受害者被愚弄去捕猎一种想象的猎物。

和IPCC闻名，但他的证词和发言并没有表现出所谓诋毁甚至攻击性的态度，而是显得相当稳重和理性。巴顿说："国会的工作是做出影响人们真实生活的决策。而科学为许多政策问题提供了答案，我们需要信任科学。我确实信任它，并且，当它是透明的、可以质疑并愿意解释的时候，我最信任它。当研究是秘密、自动地攻击性地防卫而且不断自我强化时，人们就很容易不信任它了。"①因此，巴顿对诺斯报告表达了不满。他指出，诺斯报告尽管认为曼恩的工作是不可靠的，但采取了骑墙的立场，称其结论是"有道理的"（plausible），而韦格曼报告直截了当地说它是错的。如果曼恩的结论是对的，但你并不能从其文中的统计学验证那个结论，那么，"他和他的同事有义不容辞的责任，回来把数学改正，把数据纠正。这就是科学"。巴顿申明，"好的科学和好的公共决策要求科学工作经得起独立和不偏不倚的审查"，但是，"IPCC评估全球温度历史的那些作者并不是独立和不偏不倚的，他们就是曲棍球杆曲线的作者自己"。巴顿认为，"好科学建立在健康的怀疑主义之上，好的科学家不会躲避质疑，他们欢迎质疑。提出疑问以确立科学研究的可靠性，正是我们今天的目的"，"横竖都对②的科学可以产生任何想要的答案，但这不是做出涉值数十亿美元的决策的做法"。

参加听证会的其他几位共和党议员表达了类似的观点，特别是来自田纳西州的玛莎·布莱克本（Marsha Blackburn）女士直言曲棍球杆曲线可能涉及更严重的问题。根据曼恩对待批评者的态度，其论文中存在的问题及其工作无法证实和复制的事实，她指出："对科学来说，一位科学家获得和分析数据的能力以及用于构建理论的方法是至关重要的。数百年来，对于验证理论的科学方法，社会给予了最高的重视。这种方法的基础，就是重复并证实一位科学家的工作。如果某项工作不能得到独立专家的重复和证实，那么，这一工作的结论就变成一种投机，也许会有人说，它应该被划分为彻底的科学欺诈行为。"③

与巴顿一样，布莱克本也认为，作为决策基础的科学论断一定要可靠。她

---

① Hon Joe Barton. Questions Surrounding the "Hockey Stick" Temperature Studies：Implications for Climate Change Assessments ［C］//House Hearing Before The Subcommittee on Oversight and Investigations, 109 Congress, second session. 2006, 109-128.

② 巴顿的原文为"正面我赢，反面你输"的科学（Heads-I-win, Tails-you-lose science），指无论抛硬币什么结果（正面或反面），都是我赢，也就是不论怎么说我都是正确的。巴顿在这里批评曼恩以及诺斯等人对曲棍球杆曲线的强词夺理的辩护。

③ Hon Joe Barton. Questions Surrounding the "Hockey Stick" Temperature Studies：Implications for Climate Change Assessments ［C］//House Hearing Before The Subcommittee on Oversight and Investigations, 109 Congress, second session. 2006, Serial No. 109-128.

说："气候受到很多相互作用的因素的影响。当一篇科学论文得到一个与气候有关的结论时，它的结果必须是能被重复的，并且要显示直接的因果关系而不只是相关性。如果这些步骤不能做到，那么做出某个因素如何改变气候的结论性陈述就是无根据的，不是真正的科学。"

共和党议员斯特恩对曼恩以度假为由拒绝参加听证会表示强烈不满。他指出："其他人都缩短了自己的假期来参加听证会，即便是诺斯博士也是这样。现在正是我们绝大多数人度假的时候，我理解这一点。但据斯普帕克说，曼恩甚至不打算参加 27 日的听证会。"他对曼恩的行为感到极其不满，并反对几位民主党议员所说的这次听证会是非法的说法。他说："我们让他（曼恩）想要的人作为证人。我们请他来参加这场听证会，我们也请他参加 27 日的听证会。但他不来。他请了个律师来告诉我们他为什么不来。我的天哪，他要是真想解决这个问题，就会缩短假期，不管别人说什么都会来这里，为了科学，他应该愿意举行一个听证会公开讨论这个问题。所以，我认为这是一个合法的听证会。其次，我们已经给了曼恩两次机会，但他的律师说他不会参加。"

诺斯在其调查报告中采取了骑墙的态度，对一些关键问题不是避而不谈，就是回答得模棱两可。但在听证会上，作证需要宣誓，如果撒谎会受到法律的制裁，因此，诺斯在听证会上的措辞相对于他的报告有了一些微妙的变化。他说，在深入研究了曼恩等人的论文之后，他的调查小组得出了几条结论，包括 20 世纪有 1 摄氏度的升温、中世纪暖期和小冰期是存在的，等等，基本上重复了报告的内容。他说他不得不承认，他们也调查了曼恩等人论文的统计学问题，所得结论与韦格曼报告的"一致"。怀特菲尔德要求他从自身职业出发来评价韦格曼小组对曼恩等人的调查报告，诺斯说：

> 好的，我认为在很多问题上我们是一致的。……现在看来，我们不会像曼恩等人文章所采取的方式那么做。我们不会那么做。我并不认为其中存在什么欺诈或任何类似的东西，但我认为韦格曼小组所做的分析确实是对的——有些是我们委员会中的统计学家检查过的，并且我不认为我们有任何明确不同意韦格曼报告的地方。我要提示一点，这些批评不意味着 MBH 的主张是错误的。它们仅仅意味着 MBH 不能自圆其说。

这里有一句话非常重要，那就是诺斯说他们"没有任何不同意韦格曼报告的地方"。但虽然如此，诺斯硬说这并不意味着 MBH98/99 中的结论是错误的。

这是不是意味着，只要有一个正确的结论，你可以随便使用什么数据和方法？如果使用的数据和方法有问题的话，又怎么能说结论是对的呢？

接下来：

> 怀特菲尔德：那么，诺斯博士，你同意韦格曼博士的分析还是不同意？
>
> 诺斯：我同意。我认为他是正确的。然而，你知道，我们在这里要小心，不要把孩子和洗澡水一起倒掉。
>
> 巴顿：那现在科学共同体的大多数成员的共识认为中世纪暖期不存在吗？
>
> 诺斯：不，我认为有很好的证据证明这个中世纪暖期的确是存在的。
>
> 巴顿：诺斯博士，你对韦格曼报告中有关 MBH 方法的结论有争议吗？
>
> 诺斯：没有。我们并非不同意他们的批评。实际上，我们的报告里说了几乎同样的事情。但是，这不等于他们的主张是错误的。
>
> 诺斯小组的统计学家布鲁姆菲尔德也说道：我们委员会审议了曼恩及其同事们使用的方法，我们感到他们的选择是不恰当的。对他的工作，我们的质疑与韦格曼博士记录的一样。

在 27 日（曼恩也在场）听证会上，瓦尔登再次问诺斯如何评价 MM，诺斯再次承认 MM 做了"诚实的、漂亮的工作"：

> 瓦尔登：他们（引者按：指 MM）的数据或结论能被重复吗？
>
> 诺斯：好的，他们做了一项关键的研究，就像韦格曼报告，我认为他们做了一份诚实的工作，那是一份漂亮的工作。

显然，诺斯和布鲁姆菲尔德在听证会上明确承认，麦金泰尔和韦格曼是正确的，他们指出的曼恩论文中的错误是存在的，且有很好的证据证明曲棍球杆曲线中消失的中世纪暖期是存在的。但是，对于这些错误，他们采取了各种方式来回避或掩饰。比如，诺斯就说，不能把"孩子和洗澡水一起倒掉"，暗示虽然其方法错误，但其结论是对的，不能否认。另外一位气候学家克罗利或者吞吞吐吐，躲闪其词，不正面回应这些问题，或者干脆以自己不是统计学家为由拒绝回答。① 而民主党议员们的策略则是对这些错误视而不见，把争论引向全球变暖的结论，这正是 NAS 调查小组和诺斯报告采用的策略。民主党委员不向韦格曼和麦金泰尔一方追问曼恩的错误，而是追问其他不相干的问题和全球变暖的问题。比如：

> 因斯利：你能不能说出热力学三定律以及二氧化碳捕获热量的原理？
>
> 韦格曼：不能，而且这与我们调查的内容无关。
>
> 因斯利：你对曼恩博士的批评，以任何方式暗示减少向大气中排放二氧化碳不是一个好主意吗？
>
> 韦格曼：我的专业不涉及全球变暖，并且关于这个问题我没有任何立场。
>
> 因斯利：你有任何理由认为所有这些科学院会因为你的批评改变他们的结论吗？
>
> 韦格曼：当然不会。
>
> 因斯利：为什么不会？
>
> 韦格曼：因为我的报告是关于一个很明确的问题，这个问题是要求我们调查的，而且我们也很明确地回答了这个问题。
>
> 沙科夫斯基质询韦格曼：你认为你的报告以任何方式不同意全球变暖是人为的这一观点吗？
>
> 韦格曼：不。

或者，他们以科学进步为由，追问韦格曼一方是否考虑到曼恩后来的工作。比如：

> 沙科夫斯基：你在报告中考虑到曼恩博士后来改进的工作了吗？

---

① 为曼恩辩护的克罗利（T. Crowley）博士（这是曼恩指定的证人专家）说："不，我不认为他（曼恩）实际上写了那个程序——我不认为他的程序——如果那是个程序错误的话，那不过像是一个编码错误之类的东西。好的，我认为有一个方法错误。这两者有一些不同，你知道的，既然你要编程……你可能编辑一个可能是错误的方法。所以，我不认为那是一个编程（错误）。我认为那是一个方法错误。那是一个方法错误。"怀特菲尔德追问克罗利，《华尔街日报》报道的曼恩等人的方法可以从随机无趋势数据中制造一个曲棍球杆曲线，这个陈述是否是真的，作为气候学教授的克罗利回答说，他不是统计学专家，所以不能评价。

韦格曼：我阅读过他后来的论文。我没有被要求研究他后来的工作。我认为，正如科学不断表明的，事情确实在进步，但是我已经在以前表示过了，曼恩博士和他同事的整个不幸，我的攻击根本不是一个攻击。它不过是试图摆明我认为的事实陈述。但不幸的是，曼恩不是继续前进并且说，天啊，我犯了一个错误，这里有了更好的方法，而是在他的 realclimate. org 网站上不断为自己辩护。

沙科夫斯基：我的理解是这些是战斗，是一种学术政治或科学政治，等等，但你认为所有的都应该不被信任吗？

韦格曼：我并不认为每一件事都要被否定，我认为，没有使用这种错误方法的，也就是主成分分析的错误方法，任何没有使用这些的事情，我不发表评论。

对于曼恩等人拒不承认错误的行为，沙科夫斯基将其视为一种"学术政治"或"科学政治"，而无视科学本是追求真理的活动。沙科夫斯基以"学术政治"来为曼恩的错误及其行为辩护，同时，因斯利则指控韦格曼等人批评曼恩是出自政治目的：

因斯利：如果你在牛顿发表的《原理》中发现一个统计学错误，你会提出拒斥引力理论吗？

韦格曼：我不会提出任何建议，因为那不是要求我调查的问题，也不是我来这里的原因。

因斯利：不，我希望你确保自己搞清楚现实。我给予你所有我能给的真诚。你来这里的目的不是你想的那样，好吧。你来这里的原因是要试图赢得一场争论，你与这个国家的某些工业利益集团站在一起，它们害怕这个国家有一个新能源政策，而你来这里的原因是试图创造疑惑，让人们无法判断，这个国家是用新技术走向清洁能源的未来，还是继续沉溺于化石燃料。这就是你来这里的目的。

又比如：

沙科夫斯基：既然你认为不是在就全球变暖做出一个结论，那么，韦格曼博士，你难道不为你今天对我们这些政策制定者所说话的后果感到一点不安吗？我认为，这些政策制定者既不是统计学家也不是气

151

候学家，他们可能受到影响说我们不需要做任何事情？你不为之感到丝毫不安吗？

韦格曼：我希望我们的政策制定者明白，当某个人说有些人使用了错误的方法的时候，并不意味着某些事实不是真的。我也希望你能在看我的证词的时候，认识到，如果这一工作有些错误，作为政策工具，它就应该被舍弃，这就是我想说的。

沙科夫斯基：我能够理解为什么你对在学术上反复诋毁曼恩感兴趣，但是我很担心的是，这正被用来诋毁如下观念，即我们国家以及所有工业化和发展中国家应该做些什么以应对全球变暖，这也是为什么我要问你问题。

沙科夫斯基一方面以"政治斗争"为名为曼恩辩护，同时又以政治斗争为名来谴责、诬陷韦格曼等人的科学批评，这是明显的双重标准。也就是说，曼恩拒不承认错误是"学术政治"，没有什么问题，但韦格曼等人批评曼恩的错误具有政治目的，则是不可饶恕的。在 27 日听证会上，民主党委员鲍德温女士说：

我要重申，我们在这里讨论的是全球变暖，我再次提醒大家我们的焦点已经偏离了目标。……错误的逻辑并不能让我们更进一步地理解科学真理，所以，让我们停止将科学政治化吧。

鲍德温的评论让人啼笑皆非。本来召开此次听证会的目的就是讨论曼恩等人的数据、方法错误和不可重复问题，但被她视为"偏离了目标"，是将"科学政治化"。曼恩等人涉嫌欺诈且拒不承认错误可在"政治斗争"的名义下得到原谅，而麦金泰尔等人批评曼恩的错误就是将科学政治化因而要受到谴责。那么，什么叫将科学政治化？是谁将科学政治化？是麦金泰尔、韦格曼，还是曼恩、诺斯？是巴顿、怀特菲尔德，还是沙科夫斯基、瓦克斯曼？

巴顿坚持认为政策制定要建立在可靠的科学基础之上，而不是诸如曼恩等人有问题的研究之上，这种主张本身是合理的，但决策本身的争论属于政治领域，不属于科学领域。所以，正确的做法是让科学家来调查这个问题的来龙去脉，弄清真相，然后提交给政治家，作为决策的参考或依据。正如斯托奇所说，科学唯一的目标是提供真理，这个真理不服务于任何政治议程，否则科学就丧失了独立性和客观性。巴顿也认识到，"科学真理也许让人不安，也许政治上不正确"，但必须是"真理"。其次，至少就这场争论而言，麦金泰尔以及韦格曼等科学家以及巴顿等数位共和党议员表现出相对更理性、更客观的态度，他们公开的目的是澄清曲棍球杆曲线的科学可靠性，既没有自行做出政策上的建议或引申，也没有对有关专家做出任何政治上的指责和胁迫。相比之下，几位民主党议员则极力回避关键问题，把争论引向政治，试图用政治正确压制和干涉对曲棍球杆曲线的科学批评。让我们再看看沙科夫斯基在27日听证会上的慷慨陈词：

> 我们知道什么？我们知道格陵兰正在融化。我们知道我们的一些地区可能被水淹没。我们知道人类在这个星球上的生活可能不是可持续的。干旱、更多的风暴、洪水，所有这些，更无法跟我的小孙子说北极熊在水中挣扎，不同种类的树无法生存下去。看看杂志吧，古老的《国家地理》，看一看北半球树木的变化。这正在发生。所以，为什么不把时间花在该做的事情上——与之斗争。……我为之感到沮丧而且忧虑，因为我们在浪费时间没有去做一些建设性的事情。

这些都与曲棍球杆曲线挑拣数据和故意使用错误方法没有关系。在她眼中，但凡承认并支持全球变暖就是政治正确的，只要政治正确，挑拣数据、误用方法都没问题，但任何涉嫌争论和批评全球变暖的，都是要在政治上和道义上予以谴责的。这就是他们对麦金泰尔和韦格曼抱有敌意的理由，更是他们质疑和反对这场听证会的理由。

然而，如巴顿所说，不能用政治正确的名义来歪曲真理，更不能因为某些科学命题政治上正确就神圣得不能讨论和批评。巴顿说：

> 我的看法是，许多人都跳上了全球变暖的花车，问题可能很严重，这没有问题，有一些像您（诺斯）这样的杰出人士相信人类排放是其原因，这也没问题。对这一点我没有任何问题。我的意思是，你在你的证词里指出了科学应该干什么。我的问题是，所有人看起来都自动地认为这是既定的，我们甚至不能争论它的可能性，我们也不能争论它的原因，我认为这是错误的。这就是我们举行这次听证会的原因。

当然作为政客，沙科夫斯基、鲍德温和斯特恩斯等人的态度并不让人意外，真正让人意外而且不可接受的是曼恩等所谓科学家对待批评的态度。他们利用全球变暖的政治正确作为自己的护身符，制造迎合政治倾向的伪科学产品，敌视并拒绝任何质疑和批评。

前面我们已经看到了诺斯调查小组的矛盾态度，我们再看看 27 日听证会上另外一位气候学家是如何评价 MM 和韦格曼等人的批评的。来自皮尤全球气候研究中心的研究人员曼恩的学生、路易斯维尔大学的助理教授古礼奇（Jay Gulledge）所做的证词。作为一名气候科学家，他在自己的长篇发言中不仅不承认曼恩有任何错误，而且一再攻击麦金泰尔、韦格曼等人的工作毫无意义，其态度之傲慢和自大更甚于曼恩。且看他的部分陈词：

> 如果各位从我的证词中没有得到其他什么东西，那么明白以下三点就行了：
>
> 1. 人类影响气候的显著证据是很有力的，即使没有曼恩等人的曲棍球杆曲线，也不会受到任何削弱。
>
> 2. 关于中世纪暖期（MWP）的争论在过去 25 年里是一直在变化的。曼恩的曲棍球杆曲线表现了有关观点随时间的变化。
>
> 3. 麦金泰尔和麦基特里特克的批评，经过美国科学院和韦格曼报告以及数个严谨的独立研究小组审核之后，就结论和 IPCC 2001 年评估而言，其对曼恩 1998 论文的影响为零。

他彻底否定了麦金泰尔和韦格曼等人对曼恩的所有批评，不仅对曼恩的错误视而不见，反而盛赞 MBH98 "代表了气候变化科学的突破性进展"，而韦格曼报告 "没有认识到曼恩博士的目的是增进我们对气候变化物理机制的认识"。[①] 此外，在巴顿追问曼恩存在不存在中世纪暖期但曼恩顾左右而言他的时候，古礼奇插话说，"有一些研究说中世纪时中国是冷的"。这是很可疑的说法。因为包括竺可桢、葛全盛在内的多位中国气候学家一再证明那时的中国不仅不冷，而且明显处于暖期。令人遗憾的是，对于古礼奇的这一说法，巴顿等人没有追问古礼奇 "说中国是冷的" 那些研究发表在何处。

在古礼奇陈词之后，在布莱克本的追问下，韦格曼再次陈述了曼恩的问题及其调查的结果：

> 布莱克本：韦格曼博士，你在证词里说，曼恩博士的数据非常含

---

① Prepared Statement of Dr. Jay Gulledge ［C］. Pew Center on Global Climate Change，2006.

糊，不完备，并且杂乱无章，我希望你能详细说明一下。

韦格曼：好的，我想到两件事。首先，当我最初读他的论文时，大概读了十遍，才能真正理解他究竟想说什么。……我们在他的 FTP 网站上基本上下载了所有的东西，并努力汇拢起来，尝试并理解那些东西想要干什么。但那些材料显得很神秘。我们看着他写的 Fortran 代码，非常难以理解，用 Fortran 代码你读入数据，但你根本不清楚数据在哪里，以及你怎么才能读入数据并将其编码，所以，这些都使得尝试和重复他做的任何事变得非常困难。最终，我相信是 2004 年，他发表了一份勘误，证明了他在 1998 年的论文里使用的数据根本就没有在论文里提到，而他在论文里提到的其他材料实际上没有在论文里使用。所以，不论是他存档的数据还是他写的论文都不明晰，我发现很难搞清楚。

下面，让我们再看看曼恩在听证会上以及会后是如何对待 MM 和韦格曼的批评的。① 对于 MM 系列论文、韦格曼报告和共和党议员们提出的 MBH98/99 中的方法问题、数据问题、可重复性问题以及同行评议和独立验证的问题，曼恩一如既往，继续他在 RealClimate. org 网站上表明的态度，回应说：

> 这个委员会不看我整个的工作以及关于这个问题的更广泛的科学研究。它只是集中于我和我的同事最早发表的关于此一问题的文章。我和同事在研究这个问题并发表的时候，我当时不过是一名研究生。……今天，我知道的是，在那篇文章发表十年后的现在，我和同事们是否会以同样的方式进行研究，答案很明确，就是不。古气候重建在过去的十年间已经取得了巨大的进步。……这一点非常重要，因为所有对我们工作批评的焦点在于我们使用的统计学方法。我和同事们后来再也没有用过这个方法。……这一方法再也没有在我们后来的研究中出现过，但都显示出同样的曲棍球杆结果。……我的批评者也没有认识到，即使他们的

---

① 在多位议员的抱怨下，原本不打算参加听证会的曼恩最后不得不参加了 7 月 27 日因为他拒绝参加 19 日听证会而安排的第二场听证会。第二次听证会按照少数党（民主党）的要求又增加了几位专家证人，包括两位气候学家和美国科学院院长拉尔夫·西塞隆。在 27 日听证会上，民主党议员们一如上次，再次否定听证会的合法性，斯图帕克指责"这场听证会允许这些批评者攻击全球变暖科学"，沙科夫斯基觉得这场听证会"真的让人失望"。共和党委员继续强调科学中质疑和自由讨论的必要性，巴顿说："真理就是真理，真理也许让人不安，真理也许政治不正确，但真理就是真理。"

批评是对的，但对文章的结论没有任何影响。……最后，我的批评者忽略了这样一个事实，那就是其他科学家使用了韦格曼赞同的 PCA 均值化方法得出了与我的论文最初报道的相同的结果。①

显然，曼恩仍然没有任何承认错误的意图，只是他说最初的方法已经不再使用了。他没有明确回答 MM、韦格曼报告指出的甚至诺斯报告都承认的MBH98/99 挑拣使用有缺陷的数据、方法错误、置信度等问题。至于最关键的可重复性问题，他声称科学同行已经独立使用韦格曼支持的方法同样得到了曲棍球杆曲线（Wahl & Ammann 2006），这实际上也是谎言。曼恩所谓科学同行，即沃尔和阿曼，前者是他的合作者，后者是他的学生，两人不仅不能算是独立的验证者，而且，他们也使用了同样有缺陷的数据，其方法也是 MM 发现的制造曲棍球杆曲线的类似方法。②

看看曼恩面对批评的方式，再看看古礼奇的傲慢证词，我们不能不感到，这不是面对科学批评的正确态度，更不是做科学的恰当方式。他们拒不认错的态度从某种程度上使得听证会上的一些政客们可以对批评者采取更有攻击性的质询或批评：

> 瓦克斯曼：你（气候学家克里斯蒂博士）站出来并攻击曼恩博士这样一位有学问的受人尊敬的气候学家，我认为你和韦格曼博士试图诽谤他的好名声。

甚至不恰当地质疑批评者的资质：

> 沙科夫斯基：你有资格判断地球是否以前所未有的速率变暖吗？
> 麦金泰尔：就我发表的东西而言，我的统计学和数学技能是足够的。我们的发现与主成分分析有关……
> 沙科夫斯基：但你有资格评论地球是否以史无前例的速度变暖吗？
> 麦金泰尔：好吧。你问的是人们是否知道。我只好说我不知道。

---

① Prepared Statement of Dr. Michael E. Mann［C］. House Hearing Before the Subcommittee on Oversight and Investigations, 109 Congress, second session, 2006.

② Prepared Statement of Stephen Mcintyre［C］. Toronto, Ontario, Canada. 2006. 此外，曼恩没有坦白的是，Ammann 的两篇论文，其中一篇已经被拒，另外一篇尚不知能否发表。

对于沙科夫斯基如此无礼和咄咄逼人的逼问，巴顿直截了当地表达了不满：

> 这些评论者至少要比主席台上的人更有资格。我不会去评论其他什么人的资格，但是，在一个民主社会中，任何人有任何一种观点，都有资格表达他的观点，其中有些人可能有点文凭，显得比其他人更有资格，但是，我并不认为要满足一个标准，比如一个博士学位，才能作证。

科学难免犯各种错误，发现并纠正错误正是科学进步最基本的过程。如果是无心之错，当自己的错误被别人指出时，为了获得真理，一般科学家的态度是虚心接受并感谢那些指出其错误的人。如果不仅拒绝承认错误，且将这种批评视为别有用心甚至是政治迫害，显然不是从事科学研究应有的态度，而且容易让人怀疑其犯错误是故意的，也就是麦金泰尔等人虽没明说但暗示的涉嫌科学欺诈。至于个别民主党委员甚至反过来指责批评者"诽谤"，那就更让人惊讶了。麦金泰尔在听证会上简要描述了自己的遭遇：

> 巴顿：麦金泰尔先生，我要问您一些问题。既然您有胆量批评曼恩博士，那这个共同体是如何对待您的？人们有没有拍着您的后背并邀请您参加他们的圣诞晚会，说你说得对，就该这么做，我们真的感谢，还是他们表现得很冷淡，并且问你究竟想干什么？
>
> 麦金泰尔：我想说冷淡还是夸大了他们的友善。我想说的是我受到了辱骂而且……
>
> 巴顿：所以你为了科学真理而提出的怀疑没有受到热烈的欢迎。这样说合适吗？
>
> 麦金泰尔：我想的是，只有艰苦的战斗。

对于曼恩、古礼奇等人的态度，韦格曼在随后的发言中表达了深深的失望。他说："曼恩博士的 RealClimate.org 说麦金泰尔和麦基特里克的批评都是不足信的。[①] UCAR 根据阿曼的文章发布公告说他们（MM）的主张没有任何道

---

① 实际上，不仅曼恩等人持有这样的态度。声望卓著的气候科学家、著名的《全球变暖》一书的作者、IPCC 第一工作组主席约翰·霍顿爵士，也在 2003 年参议院的另一场与曲棍球杆曲线有关的听证会上宣称 MM 的结论"基本都是错误的"。

理。……只要结论是对的，方法错误不重要，对于这样的主张，我感到非常困惑。错误的方法+正确的结论，这完全是坏科学。"

并不反对气候变暖的著名气候学家斯托奇也多次表达了失望和不满。7月19日听证会上，在指出曼恩等人的问题之后，他进一步对曼恩等人做科学的方式以及沙科夫斯基等人的态度提出了批评：

> 我认为，主要的问题不在于统计学的问题，而是与气候变化研究的社会实践有关。
>
> 科学杂志没能确保关键研究的可重复性。方法没有得到适当的描述，他们的数据不能得到。这一混乱现象归因于《自然》和《科学》杂志的运作方式，它们对吸引眼球的结论情有独钟。此外，IPCC过程中专家评估他们自己的工作也真的不好。
>
> 这就是说，可以从中得出结论，气候变化科学深受护门员（gate-keeper）行为以及公众喜欢引人注目的结论之害。气候变化科学应该为利益相关者提供广泛的选择，而不是限制其范围以服务于特定的用途。①
>
> 我对来自伊利诺伊的那位女士的发言深感失望，她说你是否对自己所说的对政策制定有消极影响而感到不安。我的意思是，这真的——我的意思是，我在某种程度上感到震惊。我的意思是，我们真的应该在我们说的对政策制定有用的时候才采纳吗？这就是你指望从科学获得的东西吗？如果我们给出证据，首先要想一想它是否对某些事情有用，我认为，我们不应该这样做，或者，如果我们这样做了，那你就不应该听我们的。

我们已经看到，除了曼恩等人拒绝承认和接受批评之外，曲棍球杆曲线事件还暴露出韦格曼和斯托奇等人指出的小圈子化、倾向性以及"护门"（gate-keeping）现象，这些现象不仅让麦金泰尔和韦格曼这样的圈外人感到无奈，也让斯托奇这样的同行深感失望。在听证会上，斯托奇和麦金泰尔都直指气候科学中的同行勾连现象，这些人数不多的气候科学家们形成了小圈子，他们对外像护门员，排斥甚至打击不同于他们的观点，对内则相互评论和引证。诚信科

---

① Prepared Statement of Dr. Hans Von Storch［C］. House Hearing before the Subcommittee on Oversight and Investigations, 109 Congress, second session, 2006: 109-128.

学所要求的独立评审和重复检验不存在了。这一点虽然引起了巴顿等共和党议员的关注，但与会的数位民主党议员则视而不见。在麦金泰尔作证之后，巴顿指出，《自然》杂志当初很快就接受了曼恩等人的文章，根本没有进行任何独立的科学的统计学审查或重复。而且，如麦金泰尔指出的，其他得出与曼恩类似结论的所谓独立研究，不但使用了同样的数据，而且都属于那个狭小的互证互引的学术小圈子。此外，IPCC 主要作者们虽然有充分的时间，但他们也只是进行一些文献评论，并没有真正地独立检验那些文献的结论，面对这些现象，巴顿叹道："这让我们这些需要做出决策的可怜的门外汉如何相信这些互相挠痒的所谓的科学共同体？"

麦金泰尔在证词中指出了一个重要的问题，是 MBH98 得以在《自然》上发表以及诺斯报告暴露出来的一个重要问题，那就是：气候科学界，不仅包括《自然》这样的科学杂志，也包括了 IPCC 和诺斯报告这样的评估机构或委员会，所谓的同行评议并不对科学论文或报告的内容和结论进行审计（audit），也就是我们通常意义上所说的检验或重复，而只对科学文献进行所谓的评审（review）①。麦金泰尔和韦格曼等人在检验和重复曼恩论文的时候发现了论文中存在的问题，如果只进行文献评审是不可能发现这些错误的。因此，用评审代替检验，实际上不能构成真正意义上的科学评估，有很大的局限性。像 IPCC 和 NAS 报告，以及诺斯报告，也都只进行文献评审，而不是独立的检验或重复。这样根本无法保证评审结果的可靠性。这样就可以理解，麦金泰尔和韦格曼小组都证实了曼恩论文在统计学上是不可信的，但《自然》杂志没能发现。NAS 诺斯小组虽然承认了 MBH98/99 的数据和统计学问题，但对于他们列举的其他重建研究，也只是文献评论，并没有进行独立的检验。诺斯虽然提到曼恩论文应该避免使用有问题的狐尾松代理，但他们没有重复计算并评估使用狐尾松代理造成的结果。他们没有像麦金泰尔一样尝试对这些研究进行重复或审计。因此，这些研究都存在可重复性问题，严格来说不能作为真正的科学证据。

听证会很快就结束了，但围绕着曲棍球杆曲线的战争只是暂时平息。听证会虽然证明了曲棍球杆曲线是有问题的，但委员会没有也不可能判定曼恩涉嫌欺诈和造假（麦金泰尔曾向美国科学院建议调查小组中应该有一位研究学术不端行为的专家，但这一建议被 NAS 忽略了）。由于曲棍球杆曲线与全球变暖有关，虽然批评者一再澄清曲棍球杆曲线的错误本身并不在一般意义上否定全球变暖，但曼恩等人以及支持全球变暖的政客则竭力把争论引向全球变暖这一极

---

① Prepared Statement of Stephen Mcintyre［C］. Toronto, Ontario, Canada, 2006.

具政治性的论题，把麦金泰尔、韦格曼针对曲棍球杆曲线的批评视为是对全球变暖的批评。因为，在政治正确的裹挟下，支持和肯定全球变暖是政治正确的，而任何试图涉嫌怀疑或否定全球变暖的言论则是政治不正确的，不是为能源利益集团代言，就是在科学的伪装下对气候变化科学进行恶意攻击（反科学）。那些涉嫌批评全球变暖的科学家，大多被冠以"怀疑者"或"否定者"甚至"反对派"的名号，成为道德上甚至政治上受攻击的对象。

韦格曼教授在受托调查曲棍球杆曲线之前，与气候科学界没有任何瓜葛，他本人亦无任何有关全球变暖的立场。作为一名职业统计学家，他只调查曲棍球杆曲线的统计学问题。然而，尽管他一再申明韦格曼报告只调查 MBH98 的方法及其是否支持其结论的问题，并不在一般意义上涉及全球变暖假说的真假，但该报告被认为是"不加批判地重复了麦金泰尔和麦基克里克的陈腐和乏味的主张"，因此被视为对气候变化科学的"赤裸裸的攻击"①。这使他很快就成为曼恩支持者的打击目标。

在 7 月 19 日听证会几天之后，曲棍球杆小组的一名成员、斯坦福大学退休实验物理学教授大卫·里特森（David Ritson）写邮件给韦格曼要求他公布其调查曼恩等人论文的算法，并根据曼恩及其学生的观点认为韦格曼报告中存在一些关键性的错误，希望韦格曼给出答复。由于韦格曼正在全力准备第二次听证会，一直没有查看邮箱，自然没有回复（其间麦金泰尔也曾致信韦格曼，同样没有得到回复）。在第二次听证会之后不久，曼恩就在自己的 RealClimate 网站上贴出了一篇短评，声称：

> 这场听证会，虽然表面上关注的是曼恩和合作者的研究，实际上更值得注意的是与会的科学家在关键问题上的（接近）全体达成的一致观点，比如面对气候变化的重要性，而且大多数在场的国会议员明显接受了这些观点。
>
> 迈克尔·曼恩参加了第二场听证会（2006 年 7 月 27 日）……他贴出了对五个问题的回应，以及支持性文件。其中，最有趣的是斯坦福退休教授里特森的一封信和几封邮件，他确认韦格曼报告中有几处明显的计算错误，但奇怪的是没能从韦格曼教授及其合作者那里获得任何回应。我们希望，韦格曼博士及其合作者能尽快表现出践行他们在

① MANN M E. "A Tale of Two Reports", Barton Bites Back [M] // The Hockey Stick and the Climate Wars. New York：Columbia University Press，2012：11.

报告中倡导的"开放性"原则……①

　　曼恩的无耻让人惊讶！他只字不提韦格曼和诺斯两个调查小组以及斯托奇等人在听证会上一致认为的其方法和数据存在的问题。更值得注意的是，无论是评论还是听证会，从来没有人批评韦格曼报告和 MM03/05 有什么统计学的计算错误。既然里特森已经确认韦格曼报告中存在几处明显的计算错误，是哪些错误呢？

　　为了确定里特森确认了哪些错误，我查阅了曼恩在文中贴出的支持性文件链接，没有发现他所说的里特森的材料，只有曼恩本人的回应，其中声言，里特森发现"韦格曼的报告可能有缺陷"，"多次去信询问"被韦格曼忽视，而且，那些计算错误是"如此基本，肯定会在一个标准的同行评议中被发现"，这说明"韦格曼的报告没有经历严格的同行评议过程"。② 曼恩在听证会之后发表如此言论让人费解，因为在 27 日的听证会上，韦格曼一一列举了对其报告进行评审的十几位统计学家的名字。此外，为什么支持曼恩的诺斯调查小组（其中包括两位统计学家）以及其他数位曼恩的同事包括曼恩本人没有在听证会上指出这些错误呢？更奇怪的是，里特森在之前两次遭到 GRL 拒绝发表的评论 MM05 的文章里为什么不提这些"统计学错误"？后来，对于里特森索要算法的要求，麦金泰尔建议他找曼恩，说因为他们获得曲棍球杆曲线的方法就是曼恩采用的方法。里特森不再重新提出这一要求。③

　　对于韦格曼来说，里特森只能算一个小"骚扰"。真正的麻烦还在后面。在气候门事件爆发后，围绕曲棍球杆曲线，再次展开了激烈的战斗。韦格曼报告完全肯定、支持麦金泰尔和麦基特里克，尤其是报告中有关以曼恩为核心的社会网络分析，再次成为气候变暖派攻击的目标。2009 年 12 月 17 日，加拿大境内的一个匿名的气候博客发表了一篇长文，称韦格曼报告为"反对派学问"（Contrarian scholarship④），是"反对派的试金石"，并对韦格曼报告提出了剽窃的指控。文中写道：

---

① Follow up to the "Hockeystick" Hearings ［EB/OL］. (2006-08-31)［2019-03］.

② Responses of Dr. Michael Mann to Questions Propounded by The Committee on Energy and Commerce Subcommittee on Oversight and Investigations ［A/OL］.［2019-03］.

③ ANDREW MONTFORD. The Hockey Stick Illusion ［M］. London：Stacey International, 2010：103. 但是，里特森在几年后声称他的要求没有得到回应，表明他并没有放弃。

④ Contrarian scholarship：Revisiting the Wegman Report ［EB/OL］. (2009-12-17)［2019-03］. 唱反调者（contrarian），或唱反调的，指采取一个相反的立场，但只是"为了反对而反对"，尤其是反对主流或大多数人。在气候科学争论中，通常与"skeptic""denier"一起被用来描述那些怀疑、反对或否定气候变化科学共识或全球变暖的人。

让人惊讶的是，韦格曼报告中的好多关于代理的段落出现在一位唱反调者唐纳德·拉普（Donald Rapp）的一本怀疑论课本中。其中至少有一段谈树木年轮代理的文字，与著名古气候学家雷蒙德·布拉德利的经典教科书中的一段文字很接近，但有一处原文中没有的修改。此外，韦格曼报告中关于社会网络的部分好像含有来自维基百科和一本社会学教科书的没有注明的材料。

……

很自然的，我以为这是一个明显的剽窃案例。

……

早就该让这些"狂热势力"接受被他们攻击的受害者的审查了。

2010 年 9 月 26 日，一位退休的计算机工程师约翰·马沙（John Mashey）在 Deep Climate 博客上公布了一份长达 250 页的调查报告①，指控韦格曼报告"91 页中的 35 页大都剽窃自教科书，但常常窜入一些错误、偏见和改变了的含义"。这个报告在 Deep Climate 博客上发表之后引起轩然大波，《今日美国》随即进行了报道。② 次年，《科学》杂志发表了对马沙的专访③，将这一事件推向高潮。在各方压力之下，韦格曼所在的乔治梅森大学不得不展开调查，最终于 2012 年 2 月 22 日公布了调查结果，认定韦格曼报告"没有任何科学不端行为"，"只有不少段落对另外一本著作的内容进行了改写"。④

---

① JOHN MASHEY. Strange Scholarship in the Wegman Report（SSWR）：A Facade for the Climate Anti-Science PR Campaign ［EB/OL］.（2010-09-26）［2019-03］.

② DAN VERGANO. Experts Claim 2006 Climate Report Plagiarized ［N］. USA Today, 2010-11-23.

③ E. KINTISCH. Computer Scientist Goes on Offensive to Defend Climate Scientists ［J］. Science, 2011, 332（6035）：1250-1251. 值得注意的是，Mashey 声称他要把所有的退休时间用来研究全球变暖否定者，将他们称为"气候反科学"（climate anti-science）.

④ 在 Deep Climate 和 John Mashey 等人的一再举报下，乔治梅森大学当时成立了两个调查组，分别调查韦格曼署名的一篇统计学论文和韦格曼报告，最终另外一个小组认定那篇韦格曼署名的统计学论文有剽窃的不端行为，韦格曼作为课题组负责人有失察之责。详细报道见 DAN VERGANO. University Reprimands Climate Science Critic for Plagiarism ［N］. USA TODAY, 2012-02-29. 有趣的是，DeepClimate 博主展开了对韦格曼及其学生 Said 所发表论文的长期而广泛的调查，并不断在该博客上提出指控，但后来没引起什么注意。我的看法是，不管是支持还是反对全球变暖，都要遵守基本的科学研究规范。不论是挑拣、捏造数据，还是抄袭、剽窃，都是主观故意，如果查实，属于科学不端行为，应该追究相应的责任。

另外一个小插曲则由著名气候学家冯·斯托奇引起。2007年4月，《自然》杂志开通了在线气候变化论坛 climatefeedback①，邀请斯托奇在论坛上发文。5月3日，该论坛发表了斯托奇的一篇重磅博文，对曲棍球杆曲线的科学争论进行了回顾性评论，但马上就引起了强烈争议。他在博文中写道：

在2004年10月，我们很幸运地在《科学》上发表了我们对重建过去1000年温度的曲棍球杆曲线的批评。现在，已经过去两年半的时间了，有必要回顾一下从此以后发生了什么。

这篇文章2004年的发表是一个非凡的事件②，因为曲棍球杆曲线已经被抬高成为IPCC第三次评估报告的招牌。这个曲线虽然获得这样的支持但缺少有关曲棍球杆曲线背后方法的健康讨论。此前几年，由于一些有影响力的科学家有效的护门行为，提出批评的论文经历了很艰难的甚至无法通过评审的过程。在一段时间内，这个问题被构想为支持人为全球变暖的主流科学家与一群质疑曲棍球杆曲线的怀疑者之间的斗争。如此构想，真正的问题，也就是曲棍球杆杆身的"摆动"以及护门行为对有效科学质疑的压制被忽略了。

希望科学社会学将在后来研究气候科学这一不幸的阶段，但是我们可以得出结论说，科学本身的确纠正了不成熟的主张。我们现在看到了对问题的健康和广泛的讨论。③

文章中斯托奇还谈到了他们和曼恩等人都对评论做出了回应，提到了Burger（2005）和Moberg（2005）的文章，以及NAS 2006年报告和IPCC 2007年报告，证明进行了"健康和广泛的讨论"并产生了积极的影响，而曲棍球杆曲线也最终被拉下神坛。最后，斯托奇表达了对"他们所获得的成就感到满意"。

斯托奇的这篇文章是很让人不解的。首先，所谓"健康和广泛的讨论"其实并不存在。他完全回避了曼恩和琼斯等人对MM和苏恩和巴柳纳斯的冷

---

① 网址：http：//blogs. nature. com/climatefeedback/。论坛第一篇文章发表于4月26日。2012年7月13日起，该论坛宣布不再更新。

② VON STORCH H, ZORITA E, JONES J M, et al. Reconstructing Past Climate from Noisy Data［J］. Science, 2004, 306 (5696)：679-682.

③ HANS VON STOCH , EDUARDO ZORITA. The Decay of the Hockey Stick ［EB/OL］.［2019-03］.

漠、压制甚至打击，更没有提到国会山的对峙以及曲棍球杆小组成员和许多全球变暖支持者对韦格曼报告的傲慢和敌对的态度。其次，斯托奇在谈论曲棍球杆曲线争论时，只提到自己的"非凡的"文章，却只字不提麦金泰尔和麦基特里克两人的贡献。众所周知，对曲棍球杆曲线最有力、最有效的质疑来自MM03/05的数篇文章，这一点连曲棍球杆小组都不否认，却被斯托奇完全无视，把功劳全部据为己有，这种做法，按照我们中国人的说法，属于"摘桃子"行为。所以，他的博文出来之后，文下很快就有许多留言，全部表达了质疑和不满。

在众人的抗议和批评下，斯托奇数日后做了澄清，称："我们之所以不提斯蒂夫·麦金泰尔的工作，是有意识这样做的，因为我们确实不认为麦金泰尔在同行评议的杂志上发表了实质性的工作，对有关MBH统计学优劣的争论做出了贡献。"（11 May 2007 08：18 BST）而且，"我们发表过一个回应——承认他们在原则上有一点是可靠的，但他们的批评就曲棍球杆曲线来说并不重要"。如其随后的跟帖所说，斯托奇的这一解释就更让人感到"震惊"了。

一直沉默的麦金泰尔看到斯托奇这样的解释之后，感到无法接受。经过博客管理员的同意后，麦金泰尔发表了自己的回应：

> 冯·斯托奇和佐里塔在其关于曲棍球杆曲线共识变化的概述中，开始没有提到我们的工作，后来因为受到批评，他们又把我们的贡献贬低为微乎其微的、基本上不相干的。
>
> 我们可以自豪地说，美国科学院对我们的贡献采取了很不同的而且是更加赞赏的观点，甚至称我们复兴了基础方法问题的研究，① ……
>
> 我们还感到高兴的是，我们的一些看法，特别是关于统计检验和非鲁棒性的看法，吸引了一些学术兴趣（比如来自Burger），我们本来没有打算开发方法革新或告诉古气候学家如何做他们的工作。
>
> ……
>
> 冯·斯托奇和佐里塔的评论没有驳倒我们的研究，正如我们曾经解释的。
>
> 冯·斯托奇和佐里塔批评我们所谓只发表了一篇同行评议的研究；

---

① GERALD R NORTH, FRANCO BIONDI, PRTER BLOOMFIELD, et al. Surface Temperature Reconstructions for the Last 2,000 Years [R]. Washington D C：National Academies Press, 2006：110.

然而，IPCC AR4 引用了我们 5 篇同行评议的研究，其中一篇讨论了他们所说的狐尾松代理问题。①

斯托奇和佐里塔没有给出进一步的回应，但他们的观点成为迈克尔·曼恩贬低、否定麦金泰尔和麦基特里克工作的主要依据之一。曼恩说道，关于麦金泰尔批评的 MBH98 的主成分分析的统计学错误，"冯·斯托奇回应说'效果很微弱……事实上它无关紧要'。被认为是我们批评者的受人尊敬的气候科学家如此否定巴顿、韦格曼和麦金泰尔的批评，是意味深长的。"②

斯托奇等人的文章主要集中于批评 MBH98/99 采用的统计学方法本身，并不涉及统计学方法的具体运用是否错误。该文没有利用任何古温度代理资料和器测温度资料，完全是一个模拟研究，基于对过去太阳辐射强迫变化、火山喷发以及近来人为温室气体和气溶胶导致气候变化的估计。但是，MM 是对 BMH98/99 的重复，并发现涉嫌故意使用错误统计学方法以获得某种想要的结果。因此，两者的批评完全不在一个轨道上。而且，作为最杰出的气候统计学家，斯托奇对 MBH98/99 的统计学错误视而不见甚至将其贬低为"无关紧要"的，确实有些"意味深长"。

小结

2005 年 2 月 18 日，《卫报》发表了一篇文章，对类似曼恩、施耐德等人各种打着政治正确旗帜的科学研究人员提出了委婉的批评。③ 文章的许多观点，浅显而准确，发人深省，非常有助于我们认识有关曲棍球杆曲线乃至气候变化讨论的认识。现摘译如下：

在科学中，就像在生活中很多时候一样，人们相信会得到你买的东西。根据民意测验，人们不相信那些为工业工作的科学家，因为他们只关心利润，或者那些为政府工作的科学家，因为他们试图掩盖真相。那些为 NGO 工作的科学家得到了高得多的尊敬。因为他们努力挽

---

① 麦金泰尔的回应很快就得到了 Burger 的支持，并对斯托奇和佐里塔的说法提出了疑问。
② MANN M E. "A Tale of Two Reports", the Heat is on ［M］. // The Hockey Stick and the Climate Wars. New York：Columbia University Press, 2012：11.
③ DICK TAVERNE. Careless Science Costs Lives ［N］. The Guardian, 2005-02-18.

救地球，人们很容易相信他们说的一定是真的。2000 年上院发布的一份报告《科学与社会》，同意动机很重要。它认为科学和科学家不是价值中立的，因此，如果科学家"公开地宣称影响他们工作的价值观"就会得到更多的信任。

它听起来很有道理，但绝大多数情况下是错误的。科学家有最好的动机却可能产生坏科学，正如价值观相当可疑的科学家可以产生好科学。第一种情况的一个明显例子是蕾切尔·卡逊（Rachel Carson），她即便不是现代环境运动的守护神，也至少是现代环境运动之母。她的书《寂静的春天》对不顾后果地喷洒杀虫剂特别是 DDT 所导致的环境破坏做了让人警醒的说明。然而，卡逊还声称，DDT 导致了癌症和肝损伤，这一主张并无证据，但促使全世界范围内极为有效地禁止了 DDT 的使用。这被证明是灾难性的。她的动机是纯洁的；但科学是错误的。DDT 是人类发明的迄今最有效的防止昆虫传播疾病的农药，根据美国国家科学院和世界卫生组织的计算，在 20 年内挽救了 5000 万人免于死于疟疾。尽管没有证据表明 DDT 对人体有害，一些非政府组织仍然基于那个理由要求在全世界范围内禁止使用 DDT。马虎的科学是以生命为代价的。被当代反资本主义者们妖魔化的首要恶棍发展出了抗生素、疫苗，根除了许多像天花和小儿麻痹症这样的疾病，为糖尿病患者开发了基因修饰的胰岛素，等等。事实是，自利可以像博爱一样给公众带来福祉。

动机并非不重要，无私的动机正确地受到了较之自私更多的尊重。有大量大公司不端行为的例子，我们应当审视他们的主张，并提出有效的监管，限制权力的滥用，确保他们产品的安全性。同样的，我们也不应该不加批判地接受那些在理想主义动机下行动的人。那些拥有保护我们环境的高尚动机的 NGO 组织常常变得对证据很不在意，并且夸大风险，以吸引注意力（和资金）。尽管每一个主要的科学院都得出结论说基因修饰的谷物至少与传统食物一样安全，但这并不能阻止绿色和平组织重申有关"弗兰肯食物"（Frankenfoods，指基因改造食物）危险的主张。斯蒂芬·施耐德，一位气候学家，公开为歪曲证据辩护："因为我们不仅是科学家，同时还是人……我们需要……抓获公众的想象力……所以我们必须提供一些惊悚的情景，做出简化的引人注目的断言并且少提任何我们的疑问。"

但是，最终，动机无关科学的有效性。一位科学家是希望去帮助人类，还是谋求新的资金、赢得诺贝尔奖奖金，或提高他公司的利润，这都不重要。一个科学家是为孟山都工作，还是为绿色和平工作，这也不重要。一个科学家的结论不会因为他公开了他的价值观或承认了打老婆或信仰上帝或支持一个兵工厂而得到更多的信任。重要的是，他的工作经受了同行评议，他的发现可以重复。如果做到了，那就是好科学。如果没有，那就不是。科学本身是价值中立的。科学中有客观真理。现在我们可以认为地球绕着太阳转是事实，达尔文主义解释了物种的进化。看一眼科学史就会明白科学家的价值观为什么是不重要的。牛顿热衷于炼金术并不否定他发现的引力定律。引用罗格斯大学福克斯教授的话说："孟德尔是一个白种欧洲修道士和他关于豌豆的发现有什么关系？即便孟德尔是一位讲西班牙语的同性恋无神论者，那些发现仍然是有效的。"

是的。曼恩等人不应该，因为宣称为了保护地球而证明全球变暖就得到免受质疑的特权，MM 也不应该因为被认为是代表能源工业利益集团就遭到未经审查的否定。科学之所以是科学，就是因为要经受包括同行在内的质疑和批判，要能重复研究得到的结论。如果做不到，那就是坏科学，不管你的动机有多么的高尚！

在结束对曲棍球杆曲线以及有关争论的讨论的最后，我们引用一篇文献，来看看 MBH98 和琼斯等人重建的温度和科学界其他温度重建的对比，也许有助于我们对曲棍球杆曲线丑闻做出更好的判断。

图 20① 第一栏显示，科学界绝大多数千年温度重建显示出明显的中世纪暖期和小冰期的温度波动，但迈克尔·曼恩和琼斯的多重代理资料重建曲线（明显平坦）将 MWP 和 LIA 彻底抹去了，因而显得非常另类。第四栏显示的是曼恩等人 1999 年的曲线（MBH 曲线）与其他重建温度的对比及其不确定性范围，可以看出，MBH99 同样显得非常突兀，其不确定性范围远远超出了低频代理资料的平均不确定性的水平。

---

① MOBERG A, SONECHKIN D M, HOLMGREN K, et al. Highly Variable Northern Hemisphere Temperatures Reconstructed from Low-and High-resolution Proxy Data ［J］. Nature，2005，433（7026）：613-617.

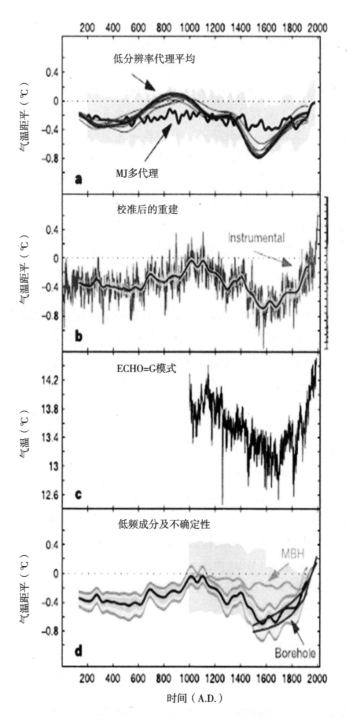

图20 低分辨率到高分辨率代理资料重建的北半球温度

第五章

气候变化争论的科学与政治（二）：
气候门邮件

曲棍球杆曲线听证会结束了，但曲棍球杆曲线的争论并没有平息。麦金泰尔因审计和揭露曲棍球杆曲线获得广泛赞誉，后来成为 IPCC 第四次评估报告的评审人。曼恩也度过了曲棍球杆曲线事件造成的职业危机，如愿获得了宾夕法尼亚大学副教授的永久职位。麦金泰尔在他的 ClimateAudit 网站上继续对气候科学进行"审计"，而曼恩则以 RealClimate 为主要阵地，来对抗麦金泰尔等全球变暖怀疑者。在此后的两三年中，虽然斗争没有停止，但总的来说，没有什么惊人的事情发生。然而，2009 年 11 月气候门邮件的泄露，瞬间打破了表面上的平衡，再一次将曼恩以及其他与曲棍球杆曲线有关的几位气候科学家、IPCC 乃至整个气候科学的信誉推向风口浪尖，成为全世界广泛关注的焦点。

气候门共涉及 1000 多份电子邮件和 3000 多份文件，其中包括一些源代码，牵扯数十位专家，其中的主角有两位：迈克尔·曼恩、菲利普·琼斯。不少材料涉及曲棍球杆曲线争议、对科学期刊同行评议的操纵，以及对科学批评的打击等几方面的内容。我们在前文看到，冯·斯托奇对曼恩等人的"护门员"行为表达了失望和不满。气候门邮件提供了曼恩等人试图操纵科学杂志、干涉同行评议过程、压制不同观点、打击批评者的直接证据，为我们更充分、透彻地认识全球变暖争议中科学与政治的复杂关系，提供了绝好的一手材料。

关于气候门，现在已经出版了数本著作和一些研究性论文，似乎没有再进行专门研究的必要。但是，我认为，对于如此重要而复杂的事件，每一位不同的研究者都可以从自己的角度提出分析，为我们最终获得真相做出各自的贡献，因此，也许本书的梳理和解读会有一点价值。特别是，我在反复通读了全部邮件和文件之后，对相关科学领域的实践及其与政治的关系有了更深刻的体会和认识。由于气候门邮件涉及太多的人和太复杂的问题，加上时间和篇幅所限，本书只能处理和讨论几方面的问题，希望能把气候门文件中涉及的科学与政治的关系尽可能客观、清晰地呈现出来。

一、全球变暖护门员：气候门团伙如何打击异议与批评

1998 年 6 月 17 日，CRU 主任琼斯收到了来自迈克尔·曼恩的一封邮件，其中写道：

> 亲爱的菲尔：
>
> 当然，我会很高兴成为其中的一员。我认为，我们之间（我，和你/蒂姆/凯斯）进行一些直接合作的机会已经成熟了……
>
> 简言之，我喜欢这个想法。让我加入，让我知道你需要从我这里得到什么。（气候门邮件，898099393.txt）

这时，MBH98 已经在《自然》上发表，曲棍球杆曲线引起了全世界气候科学界的高度关注，而论文第一作者曼恩也俨然成为气候学界最耀眼的明星。从曼恩的回复推断，很可能是琼斯邀请曼恩和 CRU 合作。可以说，从这封邮件开始，曼恩不但改变了 CRU 的文化，并在相当大的程度上深刻影响了整个古气候学温度重建领域的社会实践。其中最关键的一点，就是曼恩的到来，催生了斯托奇以及韦格曼报告所批评的气候温度重建领域的"护门人"小群体。

"护门人"小群体的形成源于曼恩等人应对外界的怀疑和批评。我们知道，古气候重建所使用的资料和数据存在许多不确定性，因此从事气候模拟的科学家们对气候重建一直心存疑问，这引起了琼斯等人的不满。为此，在回复琼斯的一封邮件中，曼恩提出古气候重建的同行们需要团结起来应对外部的怀疑：

> 模拟团体的领导者们很可能一直怀疑古气候重建，正如我们怀疑他们的硫酸盐气溶胶参数化、通量修正（或更让人担心的是有些情况下没有修正）以及对如此重要的热带太平洋海—气相互作用的处理一样……
>
> 我强烈相信古气候团体需要形成一个统一的阵线，……并且设计一些策略，使我们所有人能够在致力于改进重建的时候避免相互倾轧。（17 Sep 1998，气候门邮件，906042912.txt）

数日后，曼恩再次在邮件中强调需要联合起来以面对模拟团体中一些成员

的质疑：

> 正如我们中很多人都知道的，模拟团体中确实存在至少一位关键成员最近发表了对代理资料的价值过于负面的说法……这就带来了凯斯·布里法所警告的强烈反对的危险，这迫使我们这一方需要制定一个团体性战略。（气候门邮件，907686380. txt）

曼恩的观点主要是两点：一是对外结成统一战线；二是对内要避免相互批评。很难从科学的角度去评价这样的科学家团伙化。如果科学家们联合起来共同面对质疑，从事实和理性出发捍卫自己的资料和研究方法的价值，这没有什么不合适的。然而，如果以战斗者的姿态去面对甚至压制和拒绝接受内部和外部的各种异议和批评，就成了"护门人"，有悖科学的开放本性。

科学的基本精神和根本动力是怀疑和批评，但"护门人"却无法容忍怀疑和批评。不久，因为 UEA 的布里法和蒂姆·奥斯本两人在《科学》上发表的文章对曼恩等人的曲棍球杆曲线有所批评，引起了曼恩的强烈不满，多次在邮件中抱怨、指责布里法和蒂姆，甚至相当狂妄地说道：

> 如果《科学》发表这样一些有误导性的东西将是它的耻辱。（气候门邮件，924030302. txt）

曼恩的激烈反应引起 MBH98/99 合作者之一的雷·布拉德利的强烈不满。布拉德利私下里致信布里法，明确表示自己要和曼恩切割：

> 我想把我自己与迈克尔·曼恩的观点切割开来。我发现这些想法十分荒唐。我与 UEA 小组合作了超过 20 年的时间，对他们的工作有崇高的敬意。当然，我并不同意他们写的所有东西，并且我们常常诚恳地讨论他们的观点与我的观点的不同，但这就是生活。实际上，我也知道他们内部有广泛的不同观点，因此说他们是"UEA 小组"，好似他们以同一步调走路，这看起来很怪异。
>
> 至于认为"对我们来说，无事好与坏事"……就好像古气候界都能接受我们是所有这一切的护门人（gatekeeper）一样，这种想法自大得让人吃惊。不管我们同意不同意一篇单独的文章，《科学》都在前进……（气候门邮件，924532891. txt）

　　这是布拉德利对曼恩的一封要求阅后删除邮件的回复。由于原邮件被删，我们无从知晓邮件的具体内容。但布拉德利对曼恩表现出来的"护门人"言行表示强烈不满，并声明与之切割。说来令人唏嘘，最早指出并批评气候科学中"护门人"现象的，居然是 MBH 其中的一位。但是，这时的布拉德利很难预见，这种"护门人"现象会愈演愈烈，而他的合作者曼恩就是这些护门人中最激进的一个，其他多位同行，特别是 UEA（主要是 CRU）的几位科学家，甚至布拉德利本人，都在曼恩的影响下，也逐渐成为这样的"护门人"。

　　不久后，曼恩致信 CRU 主任琼斯，向他解释《科学》事件，其中说道：

> 　　相信我当然和你们站在一起，我们为一个共同的目标努力。这就是那些看起来像是各个击破的评论（去年是你的，今年是布里法和蒂姆的）让我沮丧的原因。去年，那些怀疑者很高兴地把你的评论当成质疑我们结论的理由！实际上，你的文章被多次引用（主要是在网上，不是发表的）来攻击我们的工作。这就是问题所在。我是以我们所有人共同参与、共同努力的名义来表达我对最新这篇评论（引者注：指布里法和蒂姆两人在《科学》上发表的文章）的行文和细节的关切——这样就可以避免那种情况。
> 　　……
> 　　我相信，对于我们现在所做的这一切，历史将给予恰当的名誉！
> （6 May 1999，气候门邮件，926010576. txt）

　　不知曼恩为何写出最后那句让人颇感突兀惊异的话，也不知曼恩认为他所做的哪一切能获得历史给予的"恰当名誉"。如果指的是他一再提出并强调的"形成统一的阵线"来对抗来自各方的批评者和反对者，如果这样一种行动实际上已经蜕变为布拉德利所批评的"护门人"行为，不知历史该如何评价。按照曼恩的说法，他们不仅要一致对外，而且内部之间也要避免"相互倾轧"。这实际上意味着，不仅外部的批评要坚决反击，内部的异议更是不可接受。其结果就是要求群体成员要以"同一个步调走路"，以免被"各个击破"。正是这一认识使得曼恩对琼斯和布里法等人的公开批评无法忍受。显然，琼斯最初还不太理解曼恩为何对这些正常的科学批评有如此激烈的反应。琼斯回复曼恩说：

> 　　我刚刚外出两个星期回来，并与凯斯和蒂姆进行了讨论，从你的

邮件来看，你对我们 CRU 所有人都很恼火。我有点不明白为什么。从邮件中看，很清楚与凯斯和蒂姆《科学》文章中的几个用语有关。……我没有看到布拉德利提到的那封被删除的邮件，但根据我的工作方式，这不应该是你反应的方式，也就是在《科学》那里爆粗口骂我们。……过去，我们之间有过不同观点——雷、麦克尔姆、凯斯和我，但我们都说了出来而且都过去了。我们从未在一家杂志面前相互谩骂对方。

……

我怀疑，你很不高兴我们在你的《自然》文章（重建到 1400 年）后几个月就发表了重建过去 1000 年温度曲线的文章。……现在第二篇《科学》文章又提出了对过去 2000 年温度的尝试性重建。……（气候门邮件，926026654. txt）

然而，经过一个多小时的冷静之后，琼斯的态度有所缓和，立即又写了一封邮件来宽慰曼恩：

我必须承认我很少考虑到网络。生活在这里比在美国要容易一些——但是，我将忽视所谓的怀疑者，直到他们进入同行评议的竞技场。我知道你在美国更困难，特别是你到了一个新地方可能就更难了。我想，这表明我们正在做的是重要的事情。怀疑者们正在打一场赢不了的战争。（气候门邮件，926031061. txt）

这些话看起来不像是在进行理性的科学争论，更像是残酷的生存竞争。这封邮件成为转折点，此后，CRU 主任琼斯基本上认可了曼恩设想的"统一战线"。他们内部不应当相互批评，当面对同行以及怀疑者的攻击时，他们要尽力一致对外。可以说，从此之后，曼恩和 CRU 的"统一战线"，也就是所谓的"护门人"团伙开始形成。再后来，在一封写给黄绍鹏等人的邮件中，琼斯就表达了对曼恩所说的被对手"各个击破"的担忧。琼斯说：

我知道你以极大的谨慎来对待这些选择，但这是吹毛求疵的怀疑，并且会被一些怀疑者利用来分化我们对过去整个千年温度变化的研究。（3 March 2000，气候门邮件，952106664. txt）

在他们看来，同行之间的任何争议和批评都可能"被一些怀疑者利用"，因此，要予以坚决反击或消除。

很快，这一群体就有了斗争的对象。2001 年 2 月，美国气候学家布勒克在《科学》上发表文章质疑曼恩的曲棍球杆曲线和琼斯等人试图消解中世纪暖期和小冰期的努力。随后，琼斯和曼恩就开始组织反击。一方面，他们致信《科学》编辑，抗议《科学》发表的布勒克的文章充满错误和误解，要求回应的机会；同时，他们组织布拉德利、蒂姆、克罗利等人合作文章，并试图串联更多的同行签名支持。① 本来，如果把布勒克的文章视为正常的科学批评，并进行恰当的回应，尚处于正当科学讨论的范围。但如果视为别有用心的攻击，那就很容易反应过度，变成布拉德利批评的"护门人"行为了。

曼恩断言，布勒克的文章，可能被利用来"诋毁我们和琼斯等人的工作，是非常危险的"。对此，爱德华·库克（Edward Cook）认为曼恩等人的反应"有些过度防御性了"，他回应说：

> 我当然不想（布勒克的）这一工作被视为对你们以前工作的攻击。不幸的是，这一全球变化主题争论双方过于政治化了，很难客观中立地讨论其中的科学问题。（2 May 2001，气候门邮件，988831541.txt）

库克这里委婉地提醒曼恩不要把这个话题过于政治化。但曼恩不为所动，并努力说服库克在他们的联名文章上署名，认为库克"可以从我们在这个邮件列表中召集的这些很有才干的群体对于你和埃斯珀所作所为达成的共识中获益"。这甚至带有一丝施压甚至胁迫的意味，但库克不为之所动，拒绝了曼恩的要求，并回应说：

> 当然，我认识这一"有才干的群体"中的任何人，并尊敬他们的观点和科学声誉。对于你也是一样的。但，这并不能说我们就不能有

① Mann to Phil Jones, Mon, 26 Feb 2001，气候门邮件，983196231.txt；Tom Crowley re Mann, Mon, 26 Feb 2001，气候门邮件，983204299.txt；Phil Jones to M. Hughes, Mon, 26 Feb 2001，气候门邮件，983207072.txt. Phil Jones to Julia Uppenbrink（Science editor），Julia Uppenbrink re Phil Jones, 27 Feb 2001，气候门邮件，983286849.txt；Thomas L. Delworth re Michael E. Mann，气候门邮件，983452785.txt、983566497.txt 等。最初，曼恩曾建议不要回应 Broecker，担心"与 Broecker 的言辞之争会被怀疑者利用"。但他后来很快同意了琼斯等人的想法，决定予以回应。

不同观点。毕竟，**共识科学可以推进科学，同样也可以阻碍科学。**（黑体为引者所加）

曼恩邀请库克加入他们的群体，实际上有更多的考虑。因为作为树木年轮学专家的库克也正在进行一项独立的重建北半球平均温度历史的工作。

在这几天的往来邮件中，有一封不起眼的邮件没有引起人们的注意，但我以为非常重要，很能代表曼恩所说的"统一战线"的态度。这是该群体的一位重要成员汤姆·J.克罗利（Tom J. Crowley）写给库克的，其中说道：

> 最近我听到一个谣言，说你参与了一个对北半球平均温度的非曲棍球杆曲线重建。听到这个消息我感到很好奇——这些结果是不是说所谓的中世纪暖期可能比20世纪早期更暖？

克罗利是曲棍球杆小组中的核心成员之一，他这封邮件显然是试探库克的观点，但库克在回复中不置可否。但回避不会有什么效果，因为曼恩是他的审稿人。接下来，曼恩将矛头又指向了库克。小圈子的内部争议不断，小圈子之外的同行批评也是纷至沓来。布勒克的文章刚刚出现，随之库克和埃斯珀合作了一篇文章，又提供了一个新的千年温度曲线，呈现出明显的小冰期和与20世纪一样温暖的中世纪暖期，并特别和曼恩的曲棍球杆曲线做了对照，显示出曼恩的曲线低估了中世纪暖期，特别是小冰期。[①] 这使得曼恩大为光火，并就库克的文章开始了无休止的批评，让库克不胜其烦：

> 很抱歉听起来有点暴躁。我一直在处理一大堆来自迈克尔·曼恩、汤姆·克罗利和马尔科姆·休斯的问题、评论和批评。其中有一些是有用的，很多很无聊或离题万里。因为涉及职业政治和敏感性，我从不愿意卷入这一不切实际的游戏，去试图重建又一个高大上的北半球平均温度。（气候门邮件，1000154718.txt）

但曼恩并不善罢甘休，继续致信给库克施压并威胁：

---

① ESPER J, COOK E R, SCHWEINGRUBER F H. Low-frequency Signals in Long Tree-ring Chronologies for Reconstructing Past Temperature Variability [J]. Science, 2002, 295 (5563): 2250-2253.

　　我挑剔你，同样也（实际上更）挑剔几位审稿人。看起来他们没有抓住几个真正的基本问题。我希望你和你的合作者不要认为是针对你们个人的。……我被迫要有点批判性，因为你的结论中的一些缺陷需要被指出来，否则它们就会被别有用心者所利用。你必须认识到这一点，那些审稿人也必须认识到这一点。我感到非常失望，真的非常失望。我与凯斯、菲尔、蒂姆、雷和马尔考姆分享了我的评论。我正忍着不写信给《科学》，尽管我的判断是应该写一封……（气候门邮件，1016746746. txt）

同时，曼恩又致信两位评论人和审稿人，凯斯和蒂姆①，以及琼斯、布拉德利等人，抗议凯斯和蒂姆在评审过程中没有坚持他们曾答应过曼恩的看法：

　　很明显你们允许你们自己被引用那些与你们告诉过我的不一样的说法。你们三个（指作者库克、审稿和评论人凯斯·布里法和蒂姆）应该更明白一些。……依我来看，你们破坏了我们过去曾有的真诚的讨论。……这篇文章永远不应该在《科学》上发表……我不明白同行评审程序为何在这里变得如此失败。（气候门邮件，1016818778. txt）

对于曼恩的歇斯底里，库克回复说：

　　我认为，说这篇文章不应该发表有点太过分了……我并不认为这篇文章像你说的那样有致命的缺点。我还应该告诉你，我收到许多全球变化领域内受人敬重的科学家的邮件，他们并不同意你的观点。（气候门邮件，1016831188. txt）

荒诞的是，对曼恩的激烈态度，布拉德利再次表达了强烈厌恶，并群发邮件声明和曼恩切割：

　　我刚刚翻阅了所有曼恩回复《科学》论文和几封评论的邮件。我希望自己与曼恩的评论或至少与他的那种口吻切割开来。我并不认为

---

① BRIFFA K R, OSBORN T J. Blowing Hot and Cold［J］. Science, 2002, 295（5563）: 2227-2228.

我自己有权威来决定《科学》应该发表什么东西……（气候门邮件，1016896740.txt）

对于曼恩无休止的抱怨和歇斯底里的批评，凯斯·布里法也忍无可忍，在邮件中详细回复了曼恩的批评之后，布里法说：

> 最后，我们得说，我们并没有感到在和媒体交流或写科学论文的时候，要受到那些怀疑者们会针对我们的结论说什么或做什么的束缚。我们只能努力做到最好并诚实地处理问题。有些"怀疑者"有他们自己的不诚实的计划——我们并不怀疑这一点。如果你相信我，或者蒂姆有任何其他目的，而不是诚恳地对待气候科学争论中的不确定性，那么，我同样对你感到失望。（气候门邮件，1018045075.txt）

但是曼恩并没有认识到自己的问题，更没有丝毫悔改，继续威胁爱德华·库克：

> 我最初的反应不过表现出来一些失望。我会说服自己不要让这个名单上的其他人看到我写给《科学》的信件，因为我担心违反了禁止令（我知道一些例子，这样做后导致《科学》撤回了一篇原本要发表的文章）。所以，我感谢自己没有这样做……如果不是你的加入，我会很高兴把它发给每一个人，因为那不在《科学》的考虑范围内（事情发展成这样很不幸，就我本人来说）。（气候门邮件，1018539404.txt）

并继续指责和威胁布里法：

> 我认为你很草率，这一草率将付出真正的代价……至于你关于IPCC的观点是否公正，我留给大家来评断。但就我个人而言，它们是不公平的，因为它们让 IPCC 受到与其报告中所说的不相符的批评。其他 IPCC 作者联系我表达了相同的看法，也许 IPCC 作者们要联合起来给出一个正式回应。我不知道。（气候门邮件，1018629153.txt）

曼恩的逻辑是：因为 IPCC 2001 报告采纳了 MBH99，所以批评 MBH99 就等于批评 IPCC。批评 MBH99 就是批评整个气候重建领域，就是破坏这个领域的声誉，这可能会使整个学科蒙受损失。曼恩说：

> 凯斯和蒂姆，坦白地说，我相信对 IPCC 是不公正的，先不考虑对 MBH 来说是不是公正的。不幸的是，埃斯珀等人构陷 MBH99 低估了整个北半球的年平均温度，……我相信这样认为既是草率的也是不诚实的。这一草率恰好符合了怀疑者的利益，这个事实是十分不幸的。……但是，当我们科学研究共同体的领导者以及研究资金管理者们警告我们他们相信我们领域的信誉被破坏时，我认为，就是有些人应该严肃反思这件事的时候了。

库克回应说：

> 我得承认，当我看到关于 MWP 的结果被认为是"危险的"的时候，我有点愤怒！因为，我认为，这样说是不公平的。　（气候门邮件，1037241376. txt）

有趣的是，对于曼恩、蒂姆和布里法、库克之间关于过去千年温度重建的乱战，一个相对的局外人，忍不住站了出来，树木生物学家（狐尾松专家）罗纳德·M. 兰纳（Ronald M. Lanner）致信曼恩、库克等人，对这场他称为"大争论"（the great controversy）的纠纷进行了评论。这封邮件非常重要，透彻地指出了争议的深层原因，那就是所谓的温度重建领域，在基本原理和方法上存在严重缺陷：

> 我发现一些年轮学家固执地认为树木年轮受到气候的影响。它们没有。它们受到的是形成层活动的影响。形成层活动受到树木行为内在因素的影响，主要是树冠荷尔蒙和营养流量的影响。而这些因素又受到气候因素的影响。因此，气候因素和年轮特征之间的关系不是那么直接的。

通过上述邮件可以看出，曼恩试图组成"统一阵线"，以对付来自各方的质疑与批评。但是，对于这样一个极其复杂、刚刚起步且充满了很大程度不确定性的领域来说，科学家们有不同的观点实属科学发展的必然现象。因此，不要说外界存在质疑，就是这个"统一阵线"内部，都无法消除各种异见。然而，虽然对内他们无法"步调一致"，但在应对外来质疑和批评时，他们却往往能相当高效地组织起来。2003 年 3 月，苏恩和巴柳纳斯发表文章，提出了不同于曲棍球杆小组的观点。

苏恩和巴柳纳斯的文章是曲棍球杆小组联合起来一致对外的开始。他们商量如何对付这两个外来入侵者。他们不仅要直接打击那些发表不同观点的科学家，还要打击那些发表这些不同观点的杂志。那些持异议的科学家被冠以"怀疑者""否定者"以及"反对派"等名号，而那些发表这些异议观点的杂志也不能幸免，科学信誉会受到怀疑。不久，在曼恩、琼斯的组织和带领下，十多位气候学家联合起来，向发表苏恩和巴柳纳斯文章的 CR 杂志施压，试图直接干预甚至控制该杂志的审稿过程，最后干预无果、数名编辑辞职抗议，这就是苏恩和巴柳纳斯事件或《气候研究》事件。

二、影响和操控杂志：《气候研究》事件始末

科学家们试图影响学术期刊的审稿程序并非一个罕见现象。在 2004 年 3 月，就有来自干细胞研究不同领域的 14 位科学家发表了一封公开信，强烈抗议一些学术刊物受到一些小团伙的把持阻止其他持有不同观点的科学家发表文章。我们在曼恩、琼斯以及布里法等人组成的小团伙这里看到了同样的、严重得多的现象。2004 年 3 月 31 日，琼斯致信曼恩，说：

> 刚刚拒绝了两篇论文（一篇是 JGR，一篇是 GRL），作者说 CRU 错误地计算了西伯利亚的数据。两篇文章都与城市有关，很有希望成功（拒稿）。如果两篇中任何一篇能发表我将会很惊讶，但是你永远无法搞清楚 GRL 会怎么样。（气候门邮件，1080742144.txt）

琼斯没有明说他拒绝这两篇稿子的具体原因，但直接原因很可能是因为它们"说 CRU 错误地计算了西伯利亚的数据"。我们知道，CRU 的全球表面温度数据是 IPCC 依赖的四大数据之一，而 CRU 主任琼斯则是这套数据的直接负责人。对于 20 世纪全球暖化研究来说，西伯利亚的几个气象站的数据有很重要的作用。根据 CRU 的计算结果，西伯利亚在过去的一个世纪中有惊人的高达 2 摄氏度的变暖。然而，散落在西伯利亚广袤平原上、彼此距离相当遥远的这几个气象站的数据可靠吗？似乎很少有科学家进行认真的分析和研究。但是，被琼

斯拒稿的两篇文章似乎对 CRU 的增温 2 摄氏度的结果提出了疑问。据《卫报》长期报道跟踪气候科学研究的记者弗雷德·皮尔斯的调查，其中一篇文章来自瑞典的天体物理学家拉尔斯·卡梅尔（Lars Kamel）。卡梅尔分析了位于西伯利亚南部的几个气象站的数据，发现真实的变暖比琼斯声称的 2 摄氏度要低得多，其原因很可能是琼斯几乎没有考虑到城市热岛效应。然而，如此重要的发现最终没能发表。①

　　当然，曼恩、琼斯等人这个小团伙试图操控学术杂志的最有名的案例是苏恩和巴柳纳斯事件或《气候研究》事件。2003 年 3 月 11 日，迈克尔·曼恩给琼斯以及曲棍球杆曲线小组各成员群发了一封邮件。这封邮件不但吹响了向苏恩和巴柳纳斯进攻的号角，其矛头还直指发表他们论文的《气候研究》杂志及其编辑。曼恩说：

> 　　苏恩和巴柳纳斯的文章怎么都不可能通过一个"合法"的同行评议过程。那就只有一个可能性——《气候研究》的同行评议过程被编辑委员会的一小撮怀疑者控制了。并且不仅仅是德·费尔塔斯（Chris de Freitas），不幸的是，我想这个群体中还有我自己系里的几位同事……
>
> 　　怀疑者像是在《气候研究》中策划了一场"政变"（它开始时是一个中等杂志，现在成了一个带有明显"目的"的中等杂志）。大伙也许想查一下编辑和评审编辑……实际上，我和迈克·麦克拉肯（Mike McCracken）讨论过这篇文章，我告诉迈克，我们唯一的选择就是忽视它，因为他们已经得到了他们想要的——一篇经过同行评议发表的文章。现在，我们对此做不了什么，我们最不想做的就是让这篇文章引起人们的注意……
>
> 　　很清楚，怀疑者们成功策划了一个政变，……我的猜想是，冯·斯托奇也与他们站在一起（坦率地说，他是一个怪人，我不确定他本人是不是怀疑者），……他们已经发表了几篇帕特里克·迈克尔斯（Patrick Michaels）的文章，以及苏恩和巴柳纳斯的文章。在声誉良好的杂志中，这些文章不可能发表。所以，总是批评怀疑者们没有在同行评议的杂志上发表文章有一个危险。显然，他们找到了解决办法——占领一个杂志！

---

① FRED PEARCE. Emails Reveal Strenuous Efforts by Climate Scientists to "Censor" Their Critics [N].The Guardian，2010-02-09. 据皮尔斯说，琼斯拒绝对此事进行回应。

那么，我们还能对此做什么？我想，我们必须停止把《气候研究》视为一个合法的同行评议杂志。也许我们应该鼓励我们的同行不再向《气候研究》投稿，或引用这个杂志的文章。

……（气候门邮件，1047388489.txt）

琼斯回复说：

我昨晚浏览了一下这篇文章，感到很震惊！我把艾德、派克、凯斯也添加到了这个邮件的名单里。……这篇文章讲 1300—1900 年的小冰期以及 XXX XXXX XXXX 的中世纪暖期，好像没有讨论冷/暖时期的同期性问题。甚至 20 世纪的温暖期只有在 10%～12% 网格的范围内才有局部的重要性。写到这里，我更相信我们应该做一些事情——即便仅仅是为了一劳永逸地申明我们关于 LIA 和 MWP 的观点。我想，怀疑者会利用这篇文章，如果不挑战将会使古气候学退回到多年前的水平。我将给这个杂志发 Email 告诉他们，如果不开除那个令人讨厌的编辑，我不会再跟他们有任何联系。CRU 的一个同事是编委会的，但处理这篇文章的是冯·斯托奇指定的一个编辑。

……负责这篇文章的是一个有名的怀疑者。他过去编辑通过了迈克尔斯和格雷的几篇文章。我已经与冯·斯托奇讲了，但没有什么效果。（气候门邮件，1047390562.txt）

萨利·巴柳纳斯和威利·苏恩是哈佛-史密森学会天体物理中心的天体物理学家，主要研究太阳辐射以及全球变化，其中巴柳纳斯曾担任过威尔逊山天文台的执行主任。实际上，这不是苏恩和巴柳纳斯第一次提出不同于 BMH 或曲棍球杆小组的观点。早在 1995 年，巴柳纳斯就曾在马歇尔研究所发表文章质疑 IPCC 第二次评估报告关于全球变暖的观点。[①] BMH 发表之后，两人就在《气候研究》（CR）上发表文章，提出了对曲棍球杆曲线的疑问和批评。苏恩和巴柳纳斯的这篇文章再次证明 LIA 和 MWP 的存在，批评了琼斯一直力推的观点和曼恩的曲棍球杆曲线。[②]

---

① SALLIE BALIUNAS. Are Human Activities Causing Global Warming? [J]. The Marshall Institute, 1995 (1).

② SOON W, BALIUNAS S. Proxy Climatic and Environmental Changes of the Past 1000 Years [J]. Climate Research, 2003, 23 (2): 89-110.

为了反击苏恩和巴柳纳斯的文章，琼斯提议联名合作一篇文章，理由是如果他们所有人或更多的人署名将会显得很有分量。经过多次邮件往来的谋划之后，决定选择在地球物理学会的新闻通讯《厄俄斯》（Eos）上发表他们的联合回应。他们之所以选定《厄俄斯》，除了短平快、读者面广之外，更重要的，如曼恩在邮件中所说：

> 两个都不错，特别是《厄俄斯》要更好。因为我们有埃伦·M-T（Ellen M-T）和凯斯·阿尔弗森（Keith Alverson）两位编委会成员，所以我想我们的文章可能更容易被接受。
>
> 如果大家都愿意参与，我很高兴联系他们俩看看《厄俄斯》有没有兴趣发表，或者我也很高兴请汤姆或菲尔牵头……（气候门邮件，1047484387. txt）

从邮件抄送人员列表看，针对苏恩和巴柳纳斯的论文，曼恩和琼斯最后联合了汤姆·维格利（Tom Wigley）、琼斯、休尔姆、布里法、詹姆斯·汉森、丹尼·哈维（Danny Harvey）、本·桑特（Ben Senter）、汤姆·克罗利、雷·布拉德利（Ray Bradley）等31个人。维格利曾在邮件中对此类抱团署名行为进行了激烈的抨击，认为此类行为的实质就是试图将个人观点打扮成科学共识，这些人则是科学真理的代言人或守护者。维格利的批评可谓一针见血。比如，这次，这些科学家抱团就是打着保卫科学、捍卫真理的旗号。萨林格尔（Salinger）在邮件中说：

> 忽略坏科学的结果是最终强化了坏科学在公众心目中的表面上的"真理"，如果没有得到改正的话。同样重要的是，《气候研究》发表的坏科学被"怀疑者"说客所利用来"证明"没有必要关注气候变化。鉴于IPCC已经很清楚地指出有足够理由关注气候变化，那么，难道气候科学没有部分责任来保证只有让人满意的同行评议文章出现在科学出版物上吗？以及驳斥那些未经充分评审但通过同行评议程序的错误文章？……没有理由忽视坏科学。它不会自行走开，我们越是忽略它，它在公众和UNFCC谈判者的心目中就会产生越大的影响。如果科学不能伸张科学的纯洁性，谁能？（气候门邮件，1051230500. txt）

他们俨然成了审判官，宣判了苏恩和巴柳纳斯论文为"坏科学"，《气候研究》杂志自然成了坏杂志。然而问题是，什么是坏科学？好科学？所谓"让人满意的同行评议程序"是让谁满意？做出这样的判断很容易涉及个人的主观判断。但对这些问题，他们似乎大都觉得没有讨论的必要。不过，他们当中也有个别人显得比较客观理性，如维格利再次提醒大家，之前曾有雷格斯/戴维斯（Legates/Davis）的论文，属于他眼中的"垃圾科学"，对他的一项工作进行了不恰当的批评，然而：

> 我们的回应只是一个反驳，力图澄清几个检测有关的问题。我们努力证明雷格斯/戴维斯的论文是一个坏科学例子（更坦率地讲，不是一知半解的无知就是有意的歪曲）。……在决定如何反驳的时候，会涉及一些个人判断。纠正坏科学是第一考虑。回应不公平的针对个人的批评是次要考虑。第三是那些有意识形态或政治目的的人对结论可能进行的歪曲。根据这一考虑，我建议应该由那些具有相关专业知识的人来回应苏恩和巴柳纳斯的论文。（气候门邮件，1051156418. txt）

简言之，证明对方是坏科学，只要证据就足够了，无须多少人联合起来。因此，真如维格利所言，首先应该指出、证明所谓"坏科学"的错误，在此基础之上再回应其针对个人的攻击和其背后的意识形态或政治目的（如果有的话）。这完全不取决于人数的多少，而是取决于你的论据可靠与否，所以维格利合理地建议由具有相关专业背景的人予以回应。如果过度反应，甚至动辄从阴谋论的角度来处理任何科学上的不同观点和批评，非但不能促进科学发展，还会使争论蜕化变质成披着科学外衣的意识形态或政治斗争。如果真正能根据维格利所提的上述这几个原则来回应不同观点和批评，就是好的科学和科学讨论。

然而，让人大跌眼镜的是，正是这位在群发邮件中表现得客观理性的维格利，转头在私下里发给蒂姆·卡特、琼斯和休尔姆三个人（这三个人都是他在CRU的同事）的邮件中却建议：

> 我认为我们可以聚集一大帮有声望的科学家来集体签署这样一份信件——50+个人。
>
> 注意，这封邮件我只抄送了休尔姆和琼斯。迈克所说迫使几位编委辞职恐怕效果甚微——必须还要开除冯·斯托奇，否则漏洞依旧存在，还会有雷格斯、鲍令、林尊、迈克尔斯和辛格这样的人。我听说出版人对冯·斯托奇不太满意，我们可以利用这个机会移除这个障碍。

（气候门邮件，1051190249. txt）

汤姆·维格利是琼斯之前的 CRU 的主任，这样一位具有卓越声誉的科学家，在群发邮件中扬言要遵守科学争论的底线，然而私下里却推动更凶狠的阴谋，如此表里不一，着实让人瞠目。对于发表了不同观点的学术杂志，他们的直接反应是串联、组织同行以科学共同体的名义抗议、施压甚至诋毁①，更恶劣的是进一步攻击、压制甚至迫害那些负责的编辑。这一次，除了直接负责巴柳纳斯和苏恩论文的编辑德·费尔塔斯之外，他们攻击的矛头更是直指《气候研究》的代理主编冯·斯托奇，一位著名的气候学家。因为被曲棍球杆小组列入可能的怀疑者名单，斯托奇成了他们致力清除的障碍。这既不是好科学，也不是坏科学，这完全属于政治，他们现在想做的，恰恰是曼恩所说的"政变"！②

然而，在《气候研究》的文章发表之后不久，苏恩和巴柳纳斯又和几位气候科学家合作在《能源与环境》上发表了长达 67 页的论文，进一步审视了利用各种代理资料的气候重建工作，同时也指出了利用各种明显具有地域特征的代理资料定量重建全球气候的复杂性和不确定性。文章强调指出，这些地方性代理资料的集合显示出小冰期和中世纪暖期的真实性及其在全球范围内的气候异常性。此外，文章还得出结论说，根据这些代理资料得出，20 世纪也许不是过去一千年来最暖的或唯一不正常的气候时期。③ 这篇论文的作者，除了苏恩和巴柳纳斯，还加入了亚利桑那州立大学的地质学和气候学家克雷格·埃德索（Craig Idso）以及特拉华大学气候研究中心的大卫·R. 雷格斯（David R. Legates）。文章称，曼恩等人"展开了一项最雄心勃勃（ambitious）的重建全球温度变率"的工作，但 MBH98/99 中的主成分有问题，曼恩等人的结果严重依赖于美国西北地区的气候代理资料。这也是随后 MM 等人集中质疑的地方。苏恩等人还指出，曼恩之后的诸多气候科学家的气候重建都显示出明显的中世纪暖期和小冰

---

① 前文已经介绍当他们内部成员在 Science 等杂志上发表了被认为是"相互倾轧"的不同观点的文章时，曼恩等人的反应就是向 Science 抗议，并对这些作者进行施压和指责。这一次，曼恩一再指责《气候研究》"已经成为不可救药的发起有意发布科学虚假信息运动的工具"。（气候门邮件 1051202354. txt）

② 同上。显然，有些科学家不愿意参与这样的活动，拒绝接受此类邮件。曼恩在一封邮件中说："对那些不愿意接受此类邮件的人表示歉意。……请大家注意我已经调整了邮件列表。"（气候门邮件，1051202354. txt）

③ SOON W, BALIUNAS S, IDSO C, et al. Reconstructing Climatic and Environmental Changes of the Past 1000 Years: a Reappraisal [J]. Energy & Environment, 2003, 14 (2-3): 233-296.

期。这很容易让人对曼恩的曲棍球杆曲线产生严重质疑。也许是这篇文章更让曼恩感到焦虑。然而，在研究了苏恩和巴柳纳斯的论文之后，维格利不得不公开承认：

> 迈克尔（曼恩）在一封邮件中说他认为苏恩和巴柳纳斯的论文对他和他人进行了可以采取法律行动的人身攻击。我并不同意这一点。我不认为有什么人身攻击。……虽然有一些批评是无效的，一些是无关的，但也有一些在我看来是十分有道理的。……以我的观点看，有一些是有效的批评。……所以，我们可能得承认：存在 LIA；至于支持或反对 MWP 的例子还没有得到证明。这里与苏恩和巴柳纳斯没有很大的分歧。主要的分歧在于苏恩和巴柳纳斯得到其 LIA/MWP 结论的所用的方法。

维格利此说是针对曼恩的一些言论。曼恩在群发的邮件中认为苏恩和巴柳纳斯的论文中对他和其他人进行了人身攻击，而且苏恩和巴柳纳斯的论点几乎全是无效的。曼恩告诉大家说，苏恩和巴柳纳斯的论文属于"一场有意诋毁气候科学的运动"。因此他要"尽其所能，但不能一个人战斗"，"如果只有他一个人孤军奋战，就会输掉这场战斗"。然而，凡是读过苏恩和巴柳纳斯论文的人都会对曼恩杀气腾腾的态度和所谓"可以采取法律行动的人身攻击"的说法感到奇怪，因为苏恩和巴柳纳斯的 CR 论文中仅仅四处提到了曼恩，而且没有任何侮辱性的词汇。Energy & Bnvironment 论文中虽多次提到曼恩，但也没有曼恩所说的"可以采取法律行动的人身攻击"。① 所以维格利才说他"不认为有什么人身攻击"，而且，苏恩和巴柳纳斯的论文也并非如曼恩所说"毫无是处"或纯属

---

① 曼恩在邮件中声称苏恩和巴柳纳斯论文涉嫌对他和其他人进行了人身攻击。笔者检索了苏恩和巴柳纳斯的论文，发现在 CR 的正文中，"Mann"的名字共出现 4 次，没有丝毫人身攻击的迹象。请参见 SOON W, BALIUNAS S. Proxy Climatic and Environmental Changes of the Past 1000 Years [J]. Climate Research, 2003, 23 (2)：89-110. 此外，笔者也仔细检阅了苏恩和巴柳纳斯等人《能源与环境》文章，虽然数次提到曼恩等人的工作，并进行了专门的讨论，但同样都是在科学讨论的范围内，没有任何涉及个人的评价。但在 5.1 小节专门讨论曼恩等人（1998，1999，2000）的那一小节中，对曼恩等人提出了尖锐的批评。我判断，很可能是 5.1 小节中专门针对曼恩的批判性讨论使曼恩感到他"受到了人身攻击"。但这些讨论没有任何诋毁或嘲讽的字眼。参见 SOON W, BALIUNAS S, IDSO C, et al. Reconstructing Climatic and Environmental Changes of the Past 1000 Years：a Reappraisal [J]. Energy & Environment, 2003, 14 (2-3)：233-296.

"垃圾"。

曼恩的这种做法也引起了凯斯·布里法的异议。与维格利一样，凯斯不仅对中世纪暖期持有不同于曲棍球杆小组其他成员特别是曼恩和琼斯的观点，更是在私下里多次拒绝别人把自己视为曲棍球杆曲线阵营中的一员。[①] 他认为曼恩、琼斯等人有些"妄想狂"（paranoid），"特别是暗指《气候研究》是一份支持怀疑者（pro sceptics）的杂志"。他说：

> 我们当前关于北半球温度历史的知识中有不确定性和"困难"，我们的很多工作都存在缺陷，因此会有一些有效的批评。这就是事情的本质。因此我一直很厌恶卷入这种极端化的讨论来强加一种过于简单化的"共识观点"。（气候门邮件，1053461261. txt）

他建议只需要"那些想参与的人"在回应苏恩等人的文章上签名。在同一封邮件中，凯斯提醒他的同行说：

> 我想再补充的一点直到目前似乎在讨论中都被大家忽略了。认为存在全球性的中世纪暖期，即使与当前气候一样温暖，就在某种程度上否认了增强温室效应的可能性，这是无效的。重建一个可靠的气候历史仅仅是建立自然和人为强迫相互关系的一部分，不论是现在还是未来。不参考最近和过去气候的自然强迫，就与其他时期进行比较只有很限的价值。

凯斯的意思是，不要因为任何人仅仅认为存在中世纪暖期和小冰期，就认为他们一定会否定人为全球变暖的假说，并过分激烈地反应。不考虑历史时期气候变化和最近时期变暖的各种自然强迫和人为强迫之间的相互关系，那些说法并没有什么重要意义。最终，凯斯建议，只针对苏恩和巴柳纳斯论文中的缺点在《气候研究》杂志上做一个简单回应。然而，在曼恩的坚持努力下，最终《厄俄斯》的编辑埃伦·M-T（Ellen M-T，这是曼恩之前提到的，属于他们自己人）邀请曼恩等人写一篇讨论文章，而凯斯、维格利最终也答应在这篇文章上

---

① 比如，他在回复 Edward Cook 的一封邮件中说："我能说我并不属于 MBH 阵营吗——如果那意味着与全球 MWP 有关的某种形式的不可动摇的信仰。我当然相信'中世纪'时期比 18 世纪更温暖——1900 年后以及 1980 年后的温暖，与中世纪时期相比的等价性，仍然需要更好的解决方案。"（气候门邮件，1051638938. txt）

署名表示支持。（气候门邮件，1054736277. txt）在这篇文章里，曼恩等人指出苏恩等人在方法论上存在严重错误，一是把降水变率和温度变率简单联系和混淆起来，作为气候变化的指标，这一"荒谬的方法"可以导致任意定义气候时期的"冷暖"，这就使得对过去气候的讨论变得没有意义了。二是所谓的中世纪暖期和小冰期，应该注意到不同地区气候冷暖变化的同期性问题，而不应该只考虑50年甚至以上更长时间范围发生的变化。通常所谓的"中世纪暖期"和"小冰期"只是欧洲中心视角下的气候变化历史，而同一时期其他地区则有不同的气候变化过程，如图21所示。三是重建过去气候历史时，要仔细定义一段时期的当代条件并将其作为基础，以定量比较过去的状况。最新的IPCC报告的结论，即20世纪晚期的平均暖化超出了过去千年历史中任何一段时期，就是建立在过去重建与最近几个十年的慎重比较的基础上。①

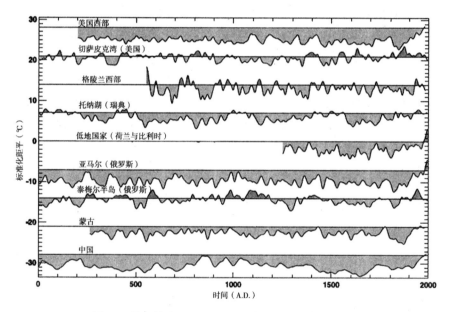

图 21　曼恩等人（2003）给出的不同区域温度变化曲线

①　MANN M，AMMAN C，BRADLEY R，et al. On Past Temperatures and Anomalous Late-20th-Century Warmth ［J］. Eos，Transactions American Geophysical Union，2003，84（27）：256. 最终在这篇文章署名的13名气候科学家，基本上都是曲棍球杆小组的核心成员，他们是：Michael Mann、Caspar Amman、Ray Bradley、Keith Briffa、Philip Jones、Tim Osborn、Tom Crowley、Malcolm Hughes、Michael Oppenheimer、Jonathan Overpeck、Scott Rutherford、Kevin Trenberth、Tom Wigley。Wigley 建议的征求50名以上科学家署名的目标显然远远没有达到。

虽然有 13 位科学家在这篇文章署名，好像表示他们全部同意文中的所有内容，或者说，文章的内容不存在任何问题，代表了他们的当前共识。事实并非如此。凯斯·布里法在一封邮件中说：

> 在这篇文章上签名，依我看来，只是意味着同意文本的内容，并不意味着个人支持所有的来自各个作者的曲线。我还对菲尔和雷表示了我对你们收入所有曲线的逻辑的考虑，你们仅仅根据一些（有时是低的）相关性（这里是基于十年值）来进行衡量。我还相信，构成中国记录的有些系列是可疑的，或者模糊不清的，但是曼恩和琼斯使用的其他系列也同样如此（你们如何处理新西兰的一个相关系数仅仅为 -0.25 的系列？）。更严重的问题仍旧存在（参见我和蒂姆在《科学》上对 MBH99 的评论）。所有使用的系列都有问题（和局限）。在这个阶段，单独列出一个记录来进行额外的（并且不可避免的是草率的）描述是不实际的。……如果你想对这个问题进行更广泛的讨论，你可以把这封邮件发给你想给的任何和你站在一起的人，那我们就等着看 AGU 会怎么回应。（气候门邮件，1056477985.txt）

对于布里法的指责，曼恩承认"很多这些记录有明显的不确定性和可能的误差源"，"但此处不是讨论这些问题的地方"（气候门邮件，1056477985.txt）。布里法只同意《厄俄斯》文章中正文阐述的一些观点，但对于文中引用的 MBH98/99 及其他若干温度曲线，以及不同地域的温度曲线（见图 22），布里法明确指出所有曲线都是有问题的甚至可疑的。不过，布里法虽然一再表示不同意曼恩等人的观点，但还是同意在这封信上签名，主要是因为他看到苏恩和巴柳纳斯的论文被一些公共媒体滥引，才"改变了想法" （气候门邮件，1053461261.txt）。

就这样，在曼恩、琼斯等人以及数位编辑的抱怨下，《气候研究》的出版人奥托·金尼（Otto Kinne）同意要求负责编辑苏恩和巴柳纳斯论文的德·费尔塔斯提供审稿人的评审意见副本。德·费尔塔斯在一封很长的邮件中详细描述了苏恩和巴柳纳斯论文的审稿过程，并抗议曼恩和琼斯等人粗暴指责、干涉杂志的评审过程。由于这封邮件非常重要，我们可以从中了解到整个事件的具体过程，原信很长，现摘译其部分关键内容如下：

> 我已经在这件事上花费了太多的时间，在此过程中我的诚信受到

攻击。我想强调的是，那些领导这一攻击的人是有偏见的。迈克（指Mike Hulme）本人诉诸"政治"和政治性煽动。迈克·休尔姆和克雷尔·古德内斯（译者按：Mike Hulme 和 Clare Goodness 二者都是 CR 的编辑）都来自 UEA 的 CRU，关于气候变化争论，这个地方并没发表过什么特别公正的观点为人们所知。按照我的理解，CRU 主要依赖于大笔研究资金来支付其绝大部分职员的薪水。我还认为，记者大卫·阿佩尔（David Appell）泄漏信息并导致了这场攻击。我不知道，迈克·休尔姆说我负责为 CR 编辑的那几篇文章，"作者们是一些因反对人类显著改变气候观点而知名的科学家"，其根据是什么。他能说他编辑了多少篇吗？我怀疑，答案是零。这是不是意味着，他对那些"因反对人类显著改变气候观点而知名的科学家"抱有偏见？

十分清楚，迈克·休尔姆手握着一把或两把斧子去打磨一个政治议程。但是对我进行的这种攻击，挑战我的不仅是作为 CR 的一名编辑而且是作为一名学者和科学家的职业信誉。迈克·休尔姆应该知道，我从未接受过任何有关气候变化的研究资金，也从未接受过来自任何"一方"或游说团体或利益群体或政府机构或工业部门的资助。因此，我不需要付出任何东西。

这件事（你们）已经做得过火了。批评者们表现得很缺乏道德想象力。克雷默（Cramer）事件一再上演。人们很快就忘记了克雷默（像休尔姆和古德内斯一样）攻击拉里·卡尔克斯坦（Larry Kalkstein）和我接受了一些稿子，用休尔姆的话说，"作者是因反对人类显著改变气候而知名的科学家"。

我想提醒那些不断重提克雷默事件的人，克雷默本人在他非难鲍令等人的稿子时，其态度并不是很明确的。实际上，他甚至并没有建议拒绝那篇稿子。他在评论中说："我对这篇稿子的评价是我基本同意它的结论。至于技术方面的评估，我本人没有足够的分析经验。"他接下来评论说："修改并重新进行审稿。"这完全就是我所做的；但是我没有再把修改稿发回给他审，是因为他自己说他对所用分析方法缺乏了解。

在面对那些说客科学家，用迈克·休尔姆的话说，"因反对人类显著改变气候观点而知名的科学家"的批评时，是不是也需要我不断把这件事拿出来解释一下？

由迈克·休尔姆的 2003 年 6 月 16 日的那封邮件发起的对苏恩和巴

柳纳斯（2003）CR文章的批评，并不是由我使用的四位审稿人的任何一个发起的（但奇怪的是与大卫·阿佩尔的说法很相似）。请记住，评审人的选择是经过咨询一位古气候学家才确定的。五位审稿人的选择是基于我收到的指南。他们都是著名的古气候学家，因过去气候重建的专业水平而受人尊敬。没有一位（一位也没有）来自汉斯和克雷尔所指的"另一方"或休尔姆所指的"因反对人类显著影响气候变化而知名"的人。五位中的一位解释说过于忙碌没有时间而拒绝了审稿的请求。① 其余四位审稿人把他们的详细评审意见发给了我。没有一位建议拒绝这篇稿子。苏恩和巴柳纳斯被要求回应审稿人的评论并做了相应的修改。事情就是这样。

　　……

　　曼恩等人对过去温度的多重代理重建有很多问题，已经被苏恩和巴柳纳斯及其他人所记录。我阅读IPCC TAR得出的判断是，曼恩等人的结果已经被用于如下几个断言的基础：1. 过去一千年中（至少北半球）温度没有显著变化（除了欧洲和北大西洋地区），因此气候系统只有很小的内部变率。这一陈述得到了气候模拟的支持。2. 在曼恩等人重建的过去温度的语境中，器测记录显示的最近的暖化，是很大而且不正常的。3. 因为此前很有限的变率和最近的暖化不能被已知的自然强迫（火山活动和太阳照射变化）所解释，人类活动就可能是最近气候变化的原因。

　　在这个情况下，IPCC得出了很重要的结论。但是这个结论是建立在两个主要基础之上的：过去气候显示出很小的变率，气候模式反映了气候系统的内部变率。如果任何一个或两者是不可靠的或错误的，那么IPCC的结论就是不可靠的或错误的。

　　我当然没有发现北半球区域在中世纪暖期时有显著的寒冷以及在LIA时期有显著的暖化，足以抵消欧洲或北大西洋的暖化或冷化并形成曼恩等人所得出的平坦的温度模式。苏恩和巴柳纳斯提出了足够的证据来挑战曼恩等人的分析结果，并严重弱化了IPCC基于曼恩等人结论的断言。……

---

① 很有趣的是，后来曼恩等人经过问询和调查，确定这位因忙碌而拒绝审稿的科学家是Ray Bradley，MBH中的一位，曲棍球杆曲线小组的核心成员。就审稿人中包括了Bradley而言，可以判断审稿人的选择没有问题。但他们没有弄清楚另外四位评审人的名单。

我认为，苏恩和巴柳纳斯的工作是诚实的，他们努力澄清 MWP 和 LIA 是否全球性现象。依我的观点，树轮宽度之外的历史证据是很让人信服的。所有全新世古气候学家当然继续在日常研究实践中使用着"小冰期"的概念，他们并不理会曼恩等人对其存在的"否定"。

几位古气候学家告诉我，出于争论的目的，他们更愿意让人们注意全新世适宜期（Holocene Optimum，大约 6000 年前），作为气候比现在温暖 1~2 摄氏度的无可争议的例子，并想一想新仙女木时期开始和结束时的气候变化，而不是对弱化版的中世纪暖期和小冰期感到那么兴奋。然而，LIA 作为一个古气候概念是足够可靠的。北美地质学家不断声称，19 世纪是北美自末次盛冰期（LGM）以来最冷的世纪。由此，展示从那时开始的升温，与一个互助基金的商人向人们展示市场低谷后的预期收益率没什么不同——准确说那并不错，但不过是一个花招而已。①

按照德·费尔塔斯的描述，迈克·休尔姆的作为着实让人惊讶。作为著名气候学家，迈克·休尔姆曾专门探讨了人们在气候变化问题上产生分歧的诸多原因，提出了许多颇有启发性的深刻见解。与狂热的曼恩、琼斯等气候门主角不同，休尔姆不是一个灾难论者，甚至不是变暖主义者。他明确反对夸大气候变化风险，强调科学知识的局限性，呼吁人们关注那些近期能提高人类福祉的政策问题，而不是在全球气候管理这样的长期问题上耗费如此多的时间和精力。这些观点为他招致了许多同行的攻击。这些攻击以及对他的曲解给他造成了巨大的压力，为此，他不得不发表公开声明，再次澄清他对气候变化问题所持的立场。② 迈克·休尔姆现为剑桥大学气候学教授，是 UEA 环境科学学院丁达尔气候研究中心的创始人，IPCC 第二次、第三次评估报告的主要作者和第四次评估报告的作者，长期担任《全球环境变化》（Global Environmental Change）杂志的主编，以及著名评论杂志 WIREs（Wiley Interdisciplinary Reviews）的子刊《气候变化》（Climate Change）的创始主编。

实际上，休尔姆的观点更接近温和论者（lukewarmer）。在休尔姆看来，气候变化是一个相对风险，不是绝对风险。之所以说是相对风险，是因为气候变

---

① CHRIS DE FREITAS. Re：Climate Research ［A/OL］（2003-06-18）. 引自 The Right Kind of People ［EB/OL］.（2011-11-28）［2019-03］.

② MIKE HULME. Five Lessons of Climate Change：a personal statement ［EB/OL］.（2008-03）［2019-03］.

化与臭氧层破坏或生物多样性消失这样的绝对风险不同。绝对风险是指事物或环境遭到永久性破坏的可能性，但是我们并不破坏或失去气候，而只是"改变"我们的气候。休尔姆说，我们也许会在特定区域失去某些特殊的气候类型，但同时还有新的气候类型被创造出来。气候风险在全球的分布也处于变化之中，这种风险的严重程度则依赖于人们应对它的方式。

休尔姆并不否认气候变化是一种风险，而且，他承认这一风险可能是严重的，因此，人类仍需要认真应对，并寻找办法使之降低到最小。对于那些相对更加脆弱的人群，气候变化可能会造成相对更大的伤害。比如，贫穷地区的人、老年人、教育程度较低的人，等等。许多风险其实并不新鲜，像飓风、干旱、洪水、风暴潮等，都曾给人类带来伤害。我们应该寻找办法减少易受害人口的数量，并保护那些依旧暴露在这些风险之中的人。

像许多气候怀疑论者如理查德·林尊、弗里德里克·辛格、朱迪思·库里等人一样，休尔姆也认为不应该因为气候变化而限制人类发展的权利。这一点是关于气候变化争论的核心。休尔姆提醒人们，我们这个地球是很不平衡的。这个地球上的一小部分人口（历史上）消耗了绝大多数的能源，而且使得地球上许多地方仍然需要极大的空间发展经济，以提高自己的生活水平。众所周知，在生活水平指数中，能源消费是一项重要的指标。用休尔姆的话说："气候变化告诉我们，这些道德上的合法诉求是以改变世界气候为代价的。"

现代文明主要是化石能源驱动的，以天然气、石油和煤炭为主，这些都是含碳物质，燃烧后产生二氧化碳。最重要的是，它们都属于不可再生能源，并不能维持多长的时间，一旦消耗殆尽，人类将面临巨大的能源危机。因此，休尔姆赞同发展和寻找新的非碳能源来代替石油和天然气，并保护含碳化石能源。值得注意的是，休尔姆还对大规模地球工程提出了疑问。多年来的气候变化研究表明，整个地球系统极其复杂，虽然研究多年，但科学家们仍然远未充分了解，更缺乏控制整个系统的能力。在这种情况下，贸然实行大规模的人工干预是不明智的。此外，人类历史上不乏失败的案例证明人类无法控制自然世界。休尔姆说，随着人们越来越夸大气候变化问题的严重性，越来越发现无法解决这个被夸大的问题，因此就试图对这个星球采取一种大规模的物理实验。但是，在休尔姆看来，这样的实验是可疑的，不但不可能成功，而且可能会产生更大的风险。① 由此看来，迈克·休尔姆参与对德·费尔塔斯的攻击，让人难以

---

① HULME M. The Conquering of Climate: Discourses of Fear and Their Dissolution [J]. Geographical Journal, 2008, 174 (1): 5-16.

理解。

奥托·金尼在审阅了德·费尔塔斯的邮件及其他材料之后，给编辑部所有成员（包括编辑和评审编辑）发邮件，申明了他的看法。他说：

> 我在 6 月 20 日给你们的邮件中说我会让 CR 的编辑德·费尔塔斯提交给我苏恩和巴柳纳斯论文审稿人的评审意见副本。
>
> 我收到并研究了提交的材料。
>
> 结论：
>
> （1）在编辑的请求下，四位审稿人提供了详细的、批评性和有帮助的评估意见。
>
> （2）编辑恰当地分析了评估意见并要求了相应的修改。
>
> （3）作者们做了相应的修改。
>
> 总结：克里斯·德·费尔塔斯作为编辑做得很好。（Otto Kinne to CLIMATE RESEARCH Editors and Review Editors，7/3/2003）

显然，金尼的态度让休尔姆、曼恩、琼斯和维格利等人深感失望，他们本来指望通过这次事件迫使 CR 解除德·费尔塔斯等人的编辑职务，没想到"金尼是德·费尔塔斯的复制品"（Wigley to Mann）。于是，曼恩致信迈克·休尔姆等人，建议联合共同体所有成员一起抵制《气候研究》杂志：

> 在我看来，这个"金尼"的言辞很狡猾，他可能支持德·费尔塔斯的所作所为。很清楚，我们需要越过他。
>
> 我认为，应该采取迈克·休尔姆此前建议的，共同体应该中断与这个杂志的所有联系——审稿、编辑、投稿，让它无人问津和声名狼藉，最后消亡。（气候门邮件，1057941657.txt）

按说事情至此，如休尔姆所说，就基本算是告一段落了。然而，曼恩、琼斯等人没有料到的是，即将成为 CR 主编的汉斯·冯·斯托奇突然宣布辞去了 CR 的编辑以及主编职务。这对曼恩等人来说，可能是意外的收获。

曼恩和琼斯等人一直怀疑斯托奇暗中持有怀疑全球变暖的立场，甚至一度想借机将其从 CR 的编辑部中清除。然而，奇怪的是，斯托奇在看到曼恩等人的《厄俄斯》文章之后，为《气候研究》写了一篇社论，希望能在 2003 年 7 月 28 日的那一期上发表。文中称"《气候研究》的同行评议程序近几个月来运行得不是很好"，"特别是苏恩和巴柳纳斯论文的发表导致了争论"，"受到了严厉的批评"。斯托奇认为，苏恩和巴柳纳斯论文的主要结论，即"在全世界的范围内，很多记录揭示了20世纪可能在过去的一千年中既不是最温暖的也不是独一无二的极端气候时期"，并不能从文中的证据中得到，"即使这个结论本身有可能是对的"。而CR的评审程序却没有让作者回答这些基本的方法论问题。因此，斯托奇认为，这是CR的评审程序出了问题。由于他已经接受从2003年8月1日起担任CR的主编，他向出版人提出修改这一程序。按照他提议的程序，作者们投稿将不再直接投给相关编辑，而是先提交给主编，然后，由主编在考虑作者的选择或建议后，决定交给哪位编辑处理。

但是，斯托奇提议的论文编辑程序（实际上给了主编决定性的权力）并没有为《气候研究》出版人奥托·金尼所接受。于是，斯托奇于当日辞去了《气候研究》编辑的职务。随后，克雷尔·古德内斯（Clare Goodness）等三位编辑也先后辞去了《气候研究》的编辑职务。[1] 然而，事情到此并未完全结束。后来，有势力针对苏恩和巴柳纳斯的资金来源进行了调查。在此就不再赘述了。

不久后，在地球物理学会的《地理研究快报》（GRL）这份著名杂志对来自MM的投稿展开的论文评审过程中，曼恩等人向GRL抱怨并要求不要发表该文，但为责任编辑所忽视。于是曼恩向主编投诉负责的编辑，并重申要求不要发表MM的文章。该杂志主编史蒂夫·麦克维尔（Steve Mackwell）在回复的邮件中说：

> 我已经审阅了麦金泰尔的稿子以及审稿意见。这位编辑是詹姆斯·塞尔斯（James Saiers）教授[2]。他的确在最初时提到这篇稿子确实质疑了已经发表的工作，所以感到有必要进行广泛和彻底的评审。因为这个原因，他请求了三位有学识的科学家进行评审。所有三位评审专家都推荐发表。……我对评审人的资质很满意。这样，我不感到有足够的理由干涉这一工作的按时发表。

麦克维尔的回复引起了曼恩等人的不满。于是，曼恩在群发的一封邮件

---

① Goodness是CRU的科学家，是琼斯、布理法、蒂姆、休尔姆等人的同事，他辞职很可能是响应休尔姆、曼恩等人所提出的希望"共同体"切断与CR的任何关联，以达到孤立CR的目的。很可能其他几位编辑的辞职也与此呼吁有关。
② James Saiers是一位杰出的地球物理学家，耶鲁大学地质学和地球物理学教授以及环境科学教授。

中说：

> 各位，
>
> 小心！显然，反对派（contrarians）已经"打入"GRL了。塞尔斯这个家伙（责任编辑）此前曾与弗吉尼亚大学环境科学系有一些联系并让我感到有些不爽。
>
> 现在，我终于明白道格拉斯等人以及迈克尔斯和辛格、苏恩等人的论文为何能在GRL上发表了，如今这一篇也要在GRL上发表。（气候门邮件，1106322460.txt）

接着，又在另一封邮件中说：

> 那将是什么样的耻辱啊。失去《气候研究》是一码事。但我们无法承受失去GRL。我认为，大家从现在开始，记录下来与塞尔斯以及可能的话还有麦克维尔打交道的经验，也许会有用处。
>
> 如果有清楚的证据证明他们犯了一些差错，就可以通过适当渠道采取行动，我不认为整个AGU高层都妥协了。

维格利回应说：

> 很难证明他（指GRL编辑塞尔斯）的恶行。但如果你认为他是温室怀疑者阵营的一员，那么，如果我们能够找到文字证据，我们就可以通过AGU官方通道将他赶走。

也许是维格利的建议最终取得了效果。2005年年底，詹姆斯·塞尔斯辞去了GRL编辑的职位，原因可能与新编委会领导有关。曼恩在邮件中对他的伙伴们说：

> 有了新的编委会领导，GRL的漏洞现在终于堵上了。但是这些家伙还有《气候研究》和《能源与环境》……（气候门邮件，1132094873.txt）

虽然现在是网络时代，科学家们可以在自己的私人博客和网站上发布自己的科学发现和科学观点，但经过同行评议的科学杂志仍然是科学家发布其成果的最重要的平台，也是科学界以及社会最信赖的科学平台。但是，在气候门邮件中，我们可以看到，曲棍球杆小组诸多成员之间的大量邮件往来都涉嫌操控杂志的审稿程序或违背审稿的规定，不仅极大地损害了学术期刊的信誉，也伤害了科学研究活动赖以生存的基本原则。

三、政治正确还是科学正确：虚假的共识

1997年11月11日，有数位气候科学家发起一项签名活动，来支持他们的一封公开信，题为"欧洲气候科学家关于采取行动保护全球气候的声明"（Statement of European Climate Scientists on Actions to Protect Global Climate），具体内容不得而知，但从邮件的描述看，这份声明的目的是激励或增进政府和公众支持在1997年12月京都气候大会期间的谈判中限制欧洲或其他工业化国家的温室气体排放。这场签名活动早在8月份就开始了，发起者是绿色和平组织等一些环境运动群体和数位知名的气候研究人员。他们试图联合起来向工业界和政府施压。所有的气候学家要做的就是签上自己的名字。10月，这封公开信在气候学界广泛传播，有数百名研究人员收到了这封信并被要求签名。

这一做法是很有争议的。虽然几乎所有的德国气候学家都立即签上了自己的名字，但有其他国家的气候学家表达了质疑。比如，汤姆·维格利就在邮件中激烈地批评了这种动辄请求他人签名支持的做法：

> 我对你们最近的信件以及你们企图让其他人签名支持感到非常不安。我不仅不赞同你们信中的内容，而且我还相信，你们所说的"最近的IPCC评估提出了让人信服的立即控制排放的论点"，这严重歪曲了IPCC的观点。与你们在信中表达的片面观点相反，IPCC第三工作组的第二次评估报告（SAR）的文献评估以及对问题进行的平衡表述，既支持"立即控制"，也支持更经济的其他各种选择。提出支持任何特殊政策选择的"让人信服"的观点不是IPCC的角色，它也没有这样做。然而，很多IPCC的读者将会根据报告中提出的证据作出自己的选择。这与你们的陈述是相反的。
>
> 这是一个复杂的问题，你们对这一问题的歪曲只会损害自己的声誉。对于一些像我这样了解其中科学原理的人来说，很明显，你们提

出的只是个人观点，并非一个有根据的、稳重的科学评估。不幸的是，对于大多数你们串联的科学家来说，这一点并不是那么明显。在此类问题上，科学家们有一个额外的责任，当他们偏离自己在科学研究中（希望）坚持的客观性时，要把个人观点与科学区分开来，并清楚地告知他人。我认为，你们没能做到这一点。

你们试图请求人们在你们的信上签名以使自己的个人观点获得科学信誉，这种做法应该予以斥责。科学家们如果想在共同体中得到尊重，应该永远不会在自己没有经过充分调查的情况下就支持任何一种说法。而你们这样做就是让人们出卖自己！我担心有些人会这样做，因为他们可能会错误地相信你提供了对科学的客观充分的评估，而实际上你提出的是一个错误的观点，既不符合 IPCC 的观点，也不同于大量科学和经济学文献的观点。

让我来提醒你们，其中的科学是什么。……

按照我的判断，你们实际上罪恶地让一些无辜的人重复你们的谎言（"在仔细审查了减排问题的时机之后，我们发现反对推迟的论点更加让人信服"）。在你们公开信上签名的那些人不会"仔细审查"这一问题。

当科学家们用他们的个人观点粉饰科学或者提出一些声明但没有提供有力的证据时，他们有责任说清楚他们在做什么。你们没有做到这一点。实际上，你们所做的，按照我的观点，是形式上更微妙的欺骗，与迈克尔斯、辛格这样的温室怀疑者所作的声明一样恶劣。对此，我感到极为不安。（气候门邮件，880476729.txt）

维格利的这封邮件提出的几点非常重要：第一，IPCC 自身并不提供任何与决策直接相关的建议。任何以 IPCC 的名义来支持特定的政策选择是不恰当的。第二，科学家有责任区分自己的意见与科学能得到的结论，应该谴责那些通过征集签名以"使个人观点获得科学信誉"的企图。第三，夸大或粉饰全球变暖的有关观点，与气候变暖否定者或怀疑者一样恶劣。

维格利此处的批评是很中肯的，可以说为从事气候科学研究的科学家们提供了一个区分气候变化科学与气候变化政治的思想指南。气候科学家当然有权利提出关于气候变化的个人观点，如果这个观点尚未得到科学的确证，这时他不应该企图让这一个人观点以科学共识的名义呈现出来。否则的话，不论这种个人的观点是支持还是反对人为气候变化，他的行为都构成了科学欺骗!

真相其实很简单,那就是:气候变化太复杂,存在着太多太大的不确定性,因此科学家们在很多问题上都难免有不同的观点和认识。我们在第一部分所列出的一些邮件中已经看到,不仅外界对曲棍球杆曲线提出了许多批评,即便在曲棍球杆小组内部,也存在着不同程度的观点差异。但曼恩等人一直试图掩盖这种差异,并致力于将其观点以科学共识的名义提供给世界,这种行为即便不是一种科学欺骗,也至少如凯斯·布里法所说,将气候科学研究"过于简单化"了:

> 我们当前关于北半球温度历史的知识中有不确定性和"困难",我们的很多工作中都存在缺陷,因此会有一些有效的批评。这就是事情的本质。因此我一直很厌恶卷入这种极端化的讨论来强加一种过于简单化的"共识观点"。(气候门邮件,1053461261.txt)

在对待中世纪暖期和小冰期的问题上,琼斯和曼恩等人一方面不懈地挑战和否定气候学界的原有共识(气候科学界广泛认为存在 MWP 和 LIA),另一方面,又千方百计地把个人喜爱的观点装扮成新的科学共识。除了征集多位科学家的签名,他们最重要的手段甚至目的,就是将他们的观点写入 IPCC 报告。琼斯在写给欧弗佩克(Overpeck)的一封邮件中,建议大家集体展开针对 MWP 和 LIA 的讨论,并呼吁就这些问题采取统一行动:

> 迈克尔(指曼恩)的《自然》文章重申了这一点。凯斯和我一直在想着为《全新世》(The Holocene)杂志写一篇论坛文章,用带一点挑衅性的话来讨论古气候学家们应该做哪些与探测问题相关的事情,以及在一般的科学意义上,是否应该继续使用例如 LIA 和 MWP 这样的概念。我们希望讨论你在邮件中提到的所有问题。关于这一点,我们需要达成一个大家都认可的策略,特别是为了即将开展的新一轮 IPCC 评估。(17 Sep 1998,气候门邮件,906042912.txt)

然而,作为 IPCC 主要作者的曼恩,一直突出自己的曲棍球杆曲线的重要性,并成功地使之成为 TAR 的标志,成了 IPCC 所代表的科学共识。曼恩因为 MBH98 名声大噪,作为 TAR 的主要作者,当别人有任何质疑他的某些观点时,他就不断强调 IPCC 就是代表了气候科学家们的共识。比如,曼恩在和库克争论时，就明确告诉库克：

> IPCC 实际上是我们很多人的共识，虽然只有我一个人是主要作者。（气候门邮件，1000132513.txt）

然而，对于这个所谓的共识，即便是 CRU 的成员中，也有坚决不认可的。比如，布里法在谈及 TAR 有关内容（千年温度曲线）时说道，

> 我要说我并不在意你们在决策者摘要中写进什么内容，如果存在什么普遍共识的话……我知道，迈克尔认为他的系列是"最好的"，也许他是对的——但是他可能对其他代理资料太不屑，对自己的数据过于自信。毕竟，作为全球温度指标，早期（器测之前）数据与现代校准数据相比是要不可靠得多……
>
> 我知道，**有压力去提供一个漂亮干净的故事，根据代理资料来描绘一个千年或更长时间尺度内史无前例的变暖**（黑体为引者所加），但是，事实上情况并不是这么简单。我们没有足够的代理提供数据，但是（至少很多树木代理）资料提供了一些意外变化数据，与最近的变暖并不一致。我并不认为在这一章中忽略这个问题是明智之举。……我相信最近的暖化能与千年之前相比。我并不相信全球平均温度在之后一千年内不断下降，就像迈克尔描述的那样，并且我认为，有强有力的证据证明整个全新世气候有几次大的变化（不是米兰科维奇）需要解释，而且可以代表一部分我们当代以及未来气候的背景变率。（22 Sep 1999，气候门邮件，938031546.txt）

这段文字极其重要。布里法直截了当地对曼恩乃至 IPCC 的主要观点提出了强烈怀疑。一天后，布里法再次指出，所谓的共识，其实被夸大了。他说：

> 我的担心主要来自有可能提出的是比实际存在的更多的共识。我想，早些的讨论说我们不能收入一些矛盾的证据以免"搅浑水"，这让我感到忧虑。IPCC 被认为是要代表共识，但是还有一些证据方面的不确定性。当然很容易理解各系列还存在一些不同（比如不同的季节响应或地理误差），同样重要的是，不要过分夸大差异或提出一些本不存在的矛盾。（气候门邮件，938108842.txt）

　　布里法对所谓的气候科学共识一直不以为然，因为气候科学中存在太多太大的不确定性，在很多问题上科学家们并没有形成明确的统一观点，特别是在古气候温度重建领域。布里法担心，IPCC 一心追求科学共识，从而忽略科学家的不同观点甚至事实存在的一些矛盾证据，这让他深感担心。

　　不仅是布里法，还有一些气候科学家也怀疑这种共识。约翰·克里斯蒂（John Christy）是当代最有影响力的气候学家之一，也是 TAR 第二章的主要作者（与曼恩一样），他在 2001 年 5 月媒体采访的公开谈话中委婉批评了曲棍球杆曲线和 IPCC 报告中的一些问题。曼恩立即写信质问。在回复曼恩质问的邮件中，克里斯蒂写道（24 May 2001，气候门邮件，990718382. txt）：

　　　　关于 IPCC。IPCC TAR 很好，但并非完美，更不神圣，也应像许多文件一样接受批评。在一些情况下，它实际上已经过时了。用来产生高温度变化的一些故事线是非常荒谬（ridiculous）的。IPCC 就是我们。我们不能钳制言论，仅仅维护我们自己的思想。

　　后来，约翰·克里斯蒂是 NRC 调查曲棍球杆曲线的诺斯小组中的一员，并在乔·巴顿能源委员会的听证会上作证质疑曼恩的曲棍球杆曲线。在听证会上，他受到几位民主党议员的攻击性质询，认为他反对曲棍球杆曲线是嫉妒曼恩的名声。但是，这封邮件证明，克里斯蒂从一开始就对曲棍球杆曲线和 TAR 的相关部分持有怀疑甚至否定的态度。气候学界还有一些气候科学家持有和克里斯蒂类似的质疑所谓气候科学共识的态度。

　　众所周知，曲棍球杆曲线引起世界瞩目，主要是因为三点：一是过去千年间一直没有明显的气候变化；二是但到了 20 世纪，特别是 80 年代以后，气温急剧上升，因而显示出突然性异常；三是自然因素没有明显的变化，因此这种气候异常很可能是人为因素导致的。这三点，不仅是曼恩和琼斯力主的观点，实际上从 TAR 以后，成为代表了 IPCC 乃至世界气候学主流的共识观点。这个所谓共识观点的一个关键词是"突然"，或"异常"。美国地质勘查局（USGS）国家湿地研究中心（National Wetlands Research Center）的科学家鲍勃·基兰德（Bob Keeland）对所谓的"突然"（abrupt）气候变化提出了怀疑：

　　　　我想，我的观点是气候持续在一个较宽的界限内涨落。我们现在称为"气候变化"的所有现象都处于我们观察到的史前气候涨落记录的范围之内。我们应该把任何变化都称为"气候变化"吗？或者我们应该用气候变化这个术语来称呼所有被认为是人为导致的现象？按照我的观点，这并不是我们称的那样，毋宁说我们应该对我们实际上谈论到东西有清楚的认识。（气候门邮件，912633188. txt）

对于所谓的 IPCC 报告所代表的气候科学共识，法国气候学家丹尼斯·迪迪埃·卢梭（Denis-Didier Rousseau）给予了一针见血的评价：

你们都在等着评论。我同意雷纳（Rainer）的观点。他认为这些评论都是没用的。这些主要是因为评审过程也是需要改进的。此外，我们收到的是共识报告，它经过了欧洲官员之手，任何让他们感觉不快的句子和词语都被清除了，必须保持政治正确。所以，其结果就是：这些报告是没有用的。（气候门邮件，1115887684. txt）

卢梭主要指出的是 IPCC 程序上的一个基本问题，那就是所谓的代表了气候科学共识的 IPCC 报告都要经过政府官员特别是欧洲官员的审查，以确保所谓政治上的正确性，这就导致 IPCC 报告丧失了科学上的效用。但我们从前述邮件已经看出，实际上，不仅参与 IPCC 报告评议的政府官员要维护 IPCC 报告政治上的正确性，就连一些气候科学家都自觉或不自觉地维护某种表面上是科学正确（代表共识的观点）实际上是政治正确的观点，同时排斥甚至打压那些不同的观点。

2007 年 2 月 5 日，曼恩愤怒地致信柯特·考维（Curt Covey）并抄送了曲棍球杆小组众成员，严厉地斥责柯特·考维：

柯特，我简直不能相信你乱喷的这些废话，而且更无法想象你为何如此放肆地让我加入与这些骗子们的交流。你到底在想什么？首先，你对报告（AR4）的解读没有一点是正确的。……（气候门邮件，1170724434. txt）

曼恩之所以如此气恼仅仅是因为柯特转发了他和英国保守派政治家和记者克里斯托弗·蒙克顿（Christopher Monckton）以及弗雷德·辛格等人关于 AR4 中海平面上升和高分辨率古气候代理资料的讨论。后两者在邮件中直称曼恩的曲棍球杆曲线为"垃圾"和"骗人的曲线"，并谴责 IPCC 没有就 TAR 中突出引用曲棍球杆曲线道歉。柯特虽然不完全赞同他们的所有说法，但是他也委婉表达了自己的观点：

> 既然最近的 IPCC 决策者摘要已经发表，我就可以冒险更多地谈一谈上述话题。IPCC 对 21 世纪海平面上升的估计逐年下降确实让人惊讶。……从这一点来看，我同意《华尔街日报》今天的社论里所说的，"科学还没有定论"。……
>
> 至于高分辨率古气候资料，我从来不喜欢它，因为 2001 年 IPCC 报告仅仅突出了曼恩的，没有展示其他人的。……现在很清楚，如果你看了所有不同的分析（比如去年诺斯等人的 NRC 报告所概括的），曼恩就是一个局外人（outlier）。……IPCC 报告的措辞也许显得歉意不够，但我发现，如果考虑到最后一段提到的主要观点，那就没必要如此费力地反对它。

这几封邮件表明，并非所有的气候学家都完全同意 IPCC 代表的所谓的"科学共识"。可以说，这种所谓的共识本不存在，或者至少被夸大了。但在政治正确或科学共识的压力下，任何科学上的怀疑争议都将变得困难甚至不可能。一旦科学家们提出对 IPCC 及其代表的科学共识的批评，立刻就会招致曼恩等人的斥责。其结果，正如爱德华·库克在一封邮件中告诉曼恩的：

> 毕竟，共识科学既可以推进科学理解，也可以妨碍科学的进步。
> （气候门邮件，988831541. txt）

四、霍尔德伦与舒尔兹的争论

2003 年 3 月 10 日，哈佛史密森学会网站上发布了一则新闻公告，报道了苏恩和巴柳纳斯即将于《能源与环境》杂志上发表的论文的主要结果，称苏恩和巴柳纳斯证明了"20 世纪并非过去一千年来最暖的，也不是最极端的"。此外，他们还证明"800—1300 年的中世纪暖期和 1300—1900 年的小冰期是世界性的现象，而不只是局限于欧洲和北美大陆的地区性现象"[1]。这则报道不仅引起了

---

① The Harvard-Smithsonian Center for Astrophysics. 20th Century Climate Not So Hot［EB/OL］. (2003-03-31)［2019-03］.

曲棍球杆团伙的注意，也引起了更广泛的关注。在哈佛大学环境与公共政策学院定期举行的全院教研人员的周三早餐会上，该院教授霍尔德伦（John P. Holdren）① 在讲话中说，曼恩等人对苏恩和巴柳纳斯的批评"是对的，而苏恩和巴柳纳斯是错的"。相关报道发表后，一家网站的编辑②致信霍尔德伦提出疑问，然后霍尔德伦与此人进行了数封邮件的往来，但最后以霍尔德伦认定这位网站编辑"冥顽不化"（ineducable）结束。随后，霍尔德伦把他们往来的邮件群发给参加学院早餐会的人，以供大家"娱乐"（I'm forwarding for your entertainment）。霍尔德伦还亲自将这些邮件转发给了曼恩和维格利，又由曼恩群发给了曲棍球杆团伙的主要成员。

　　这几封邮件非常有趣，现摘译如下，我们看看霍尔德伦所说的"顽固不化"是怎么一回事。那位名叫尼克·舒尔兹（Nick Schulz）的网站编辑在信中说：

　　　霍尔德伦博士：
　　　最近您说：我的印象是批评者是对的，但不幸的是人们对有缺陷的分析给予了太多的关注，但这正是当华盛顿的政治气候得到一些东西的支持时所发生的。
　　　对于曼恩等人的工作，您有同样的想法吗？如果没有，为什么？
　　　（气候门邮件，1066337021. txt）

霍尔德伦回复说：

　　　正如你的疑问所预料的，我并不把曼恩等人与苏恩和巴柳纳斯等同视之。如果你认真地想知道"为什么"，下面有三种途径可以得到我

---

① 　John Paul Holdren 是哈佛大学肯尼迪政府管理学院环境政策学教授，曾担任克林顿总统的科学顾问（1994—2001），以及奥巴马政府的白宫科学技术政策办公室主任、总统科学技术顾问委员会主席（2009—2016），还曾担任 AAAS 主席（2007—2008），是奥巴马政府时期美国气候政策的主要推动者和制定者。他在 2009 年上任之初就把"降低气候变化风险、创造绿色工作机会"作为奥巴马政府的四大任务之一。JOHN P HOLDREN. Science in the White House［J］. Science，2009，324（5927）：567.
② 　Nick Schulz 是 TechCentralStation. com 的记者、编辑，该网站是一家讨论科学技术与公共政策的网站。此外，他还是全世界最早报道 MM03 的记者。2003 年 10 月 28 日，在 MM03 发表后不到 24 小时，Nick Schulz 就在美国发行量最大的报纸 USA Today 的网站上进行了报道，见 NICK SCHULZ. Researchers Question Key Global-warming Study［N/OL］.（2003-10-28）［2019-03］.

认为是正确的结论：

（1）那些有知识背景的人可以深入阅读苏恩和巴柳纳斯的论文以及曼恩等人的批评，然后就可以知道曼恩等人的论证和结论是正确的，而苏恩和巴柳纳斯是错误的。这是我采取的。相比之下，苏恩和巴柳纳斯被摧毁了。

（2）那些缺乏背景知识又/或没有耐心读完这两篇论文的人，如果想认真地弄清楚谁更有可能是对的，那就去请教那些具备上述能力的人——最好不要是那一小撮有意识形态偏见又/或与石油工业利益有瓜葛的气候变化怀疑者，看看他们是如何评估这一争论的。最好的办法是在他们中间进行一个民意调查。

（3）最后一个办法，对那些既不具备条件（1）又不具备条件（2）的人来说，就是查看争论双方的资质（包括发表论著的记录）和声誉。这样可以揭示出，在对气候变化的历史和古气候记录的解释上，苏恩和巴柳纳斯基本上是业余水平，而曼恩等人是全世界这个领域内最杰出的人，发表了几篇这个领域最有影响的论文。……

然而，对于霍尔德伦的说法，舒尔兹并不认可：

我有耐心，但没有你定义的所谓知识背景，所以不奇怪我得到的结论与你的不一样。我的问题主要是律师们所说的举证责任。考虑到曼恩等人的主张，他们的举证责任要比苏恩和巴柳纳斯的举证责任要大得多。你同意吗？要证伪曼恩等人的主张只需要不多的证据，是不是？苏恩和巴柳纳斯的主张则无须这样的举证①。对吗？

霍尔德伦承认舒尔兹的观点，"原则上那些提出一个有力和彻底观点的人必须提出有力的证据，因为只要有一个令人信服的证据就可以驳倒这个主张（比如当前时期是过去千年中最温暖的），而批评者的举证责任则相对要小得多。"但是，霍尔德伦认为：

---

① 根据 Nick Schulz 的观点，曼恩等人的主张是 20 世纪是过去千年中最暖的，而苏恩和巴柳纳斯则认为不是。所以，曼恩更有责任证明自己的主张。但证伪曼恩等人的主张，则只需要证明过去千年中 20 世纪之前任何一个时期温度超过 20 世纪。

举证责任是一个不断变化的过程。它随着某具体命题有关的证据的增长而变化。选一个极端案例来说吧。让我们首先考虑热力学第一和第二定律。这两个定律都是"经验"定律，我们对它们的信心完全基于观察；没有任何一个可以由更基本的定律来证明。两个都是彻底的。……所以，是那些断言这些定律是错误的人有举证责任呢还是那些发现了一两个例外的人有举证责任？很清楚，这件事上那些断言发现例外的人更有责任举证。这部分是因为热力学定律在过去经受了任何一个质疑。还没有发现任何反例。所有声称的反例都被证明为某种错误。这些主张的举证责任如此之大，以至于美国专利局在法庭上采取了这样一个立场，任何专利申请只要违背了这两个定律都将被拒绝，而无须审查其细节。当然，我并不是说现在是一千年以来最暖这样一个主张能够与热力学定律相提并论，我只是想表明举证责任依赖于以往的证据和分析——而不仅仅是一个命题是普遍还是狭窄。在我们实际讨论的这个问题上，显然曼恩等人的主张更加慎重。……

舒尔兹赞同霍尔德伦的一些说法：

您有关热力学定律的说法是十分正确的。您说曼恩等人不能与这些定律相提并论也是对的。您说在那些具有相关知识和经历的人看来曼恩的反驳是完全令人信服的。但是我并不具备您认为必须具有的知识或经验，所以我不能那样说。我读过曼恩等人和苏恩和巴柳纳斯的论文以及曼恩的反驳，发现曼恩的基于其研究的主张是过度的，超出了他能够合法主张的范围。这是说，我愿意相信这是因为我不具备必要的理解工具。但是如果您能拨冗为一个外行提供一些知识，也许您能澄清一个或两个问题。

在我看来，关于曼恩等人的困惑与他们的研究本身无关，而是与他们基于他们的研究提出的主张的过度有关。然而正如你写的：曼恩等人的主张是很慎重的。……这像是说曼恩等人没有提出任何超出其研究的特别重要的主张。但是，1998 年曼恩在《纽约时报》上声称，他们在《自然》上发表的研究的结论是，"过去几十年的增暖显示出与人类排放的温室气体紧密相关，而不是任何自然因素"。这个结论看起来像是很慎重的主张吗？像汤姆·奎戈利（Tom Quigley）① 这样受人尊敬的科学家回应说"我认为你能走多远是有一个限度的"。至于使用代理资料来检测一个人为温室效应，他说，"我不认为我们已经达到了让人信服的程度"。……有很多可敬的气候学家会说曼恩没有足够科学证据来提出那个主张。你同意吗？

最后，我想说，我愿意承认，一个没有博士学位的人，可能会有点自不量力。但是我想问你一个不同但有关的问题。如果要合理地决定一个可能会影响数百万人生活的公共政策，但其科学基础却据说超出了这些人能掌握的范围，合理做出这一决策的希望有多大？

霍尔德伦把人为全球变暖这个假说与热力学定律相比是很不恰当的，因为热力学定律已经经过了无数次的检验，且早已被科学界公认为宇宙最基本的规律之一，而人为全球变暖还只是有待证实的假说。这一点舒尔兹并没有谈到，他只是认为曼恩等人的主张超出了其科学研究所能支持的范围，但没有进一步对其研究本身的可靠性提出疑问，而这是 MM 所做的事情。

当然，作为哈佛大学的环境科学与公共政策教授、前总统克林顿的科学顾问、全球变暖说的坚定支持者和捍卫者，霍尔德伦自然不会承认舒尔兹的批评。他回复说：

你问我曼恩等人的结论看起来像是慎重的主张吗？我的答案是：是的，绝对是，他们的表述是很慎重的、恰当的。请注意，他们没有说"全球变暖显示出与人类排放的温室气体有关，而不是任何自然因素"。他们说的是他们的结论（来自一项具体的、专门的研究，发表在《自然》上）是过去几十年（这是指历史记录的一个具体的明确的部分）的增暖显示出（这来自专门研究的所举证据）与人类排放……这是一个慎重说明的、多重限制的陈述，准确地反映了他们观察到的和发现的……

坦率地说，实在是看不出霍尔德伦这种自以为是、玩弄词句的解释讲出了

---

① 舒尔兹这里的 Tom Quigley 应该是 Tom Wigley。Wigley 当时曾批评曼恩等人的结论走过头了。比如 Wigley 在写给琼斯等人的邮件中就明确说道："我认为 MBH 的工作确实很草率，我持这个观点已经有一段时间了。"（气候门邮件，1098472400.txt）

什么有见地的观点或道理，不知能不能让舒尔兹信服。由于霍尔德伦“有其他的事要做”，交流到此为止了。可是，对于曼恩和曲棍球杆小组来说，事情并没有结束，苏恩和巴柳纳斯事件余波未平，来自 MM 的更严峻的挑战接踵而至。

五、MM 的挑战

我们之前已经专章讨论了曲棍球杆曲线面对的各种挑战，其中比较著名的既有来自苏恩和巴柳纳斯这样的天体物理学家的质疑，也有冯·斯托奇这样的气候科学家的批评，但是这些批评严格来说属于普通学术争论的范围，都是在假定 MBH98/99 本身符合基本研究规范的情况下进行的批评，也就是说，这些批评者或者引证大量其他的研究来证明曲棍球杆曲线否定的 MWP 和 LIA 是存在的（苏恩和巴柳纳斯），或者只是对 MBH 本身使用的多重代理资料方法本身进行批评，他们都没有重复 MBH 的工作，从而不可能发现 MBH 的数据缺陷和方法错误以及更严重的涉嫌操纵数据和故意使用有问题的统计计算程序。

2003 年 10 月，在得知两天后 MM 在《能源与环境》上发表的文章主要观点之后，曼恩立即致信曲棍球杆曲线群体各位成员征求意见：

> 显然《能源与环境》是由一些坏人操纵的——只有工业利益集团的打手会像《气候研究》那样发表苏恩和巴柳纳斯之类的论文甚至不加以编辑。现在很明显他们又来了……
>
> 我建议的回应是：
>
> （1）将之视为噱头而不予理会，虽然发表在一个所谓的“杂志”上，这个杂志蔑视标准的同行评议程序。例如，很清楚，我们谁也不知道是谁被请去评审这篇所谓的论文。
>
> （2）指出其主张是胡说，因为同样的结果已经被无数其他研究者使用不同的数据和基本相同的技术得到了，等等。谁知道这些作者手中用的什么方法。当然，通常的怀疑者们试图兜售这些废话。重要的是否定这些具有任何知识上的信度，如果有媒体采访，要把这些东西贬为不过是些噱头而已。（气候门邮件，1067194064. txt）

紧接着曼恩声称：

> 我们发现了他们有错误。他们没有使用我告诉他们的公开的 FTP 网站上可以得到的资料——他们用的是我的助理斯科特·卢瑟福 (Scott Rutherford) 准备的一个试算表格文件。这个文件里，很多早期的系列添加到了后期系列上……还有一些其他的方法错误，稍后我会详细指出来，这个错误比较大。所以，他们可能不得不撤稿了。……（气候门邮件，1067450707.txt，29 Oct 2003）

接着，第二天曼恩就完成了一份措辞激烈的回应稿，其中声称：

> MM 的文章声称是对曼恩、布拉德利和休斯（1998）或 MBH98 的"审计"。一个审计应该是一个谨慎的检验，使用与被审计的报告或研究完全同样的数据并且遵守完全同样的程序。麦金泰尔和麦基特里克 (MM) 没有做这样的事，既没有用 MBH98 的数据，也没有用 MBH98 的程序。他们的分析唯一值得一提的是他们怎么严重地歪曲了 MBH98 中的数据、方法和结论。（气候门邮件，1067522573.txt，30 Oct 2003）

曼恩的上述说法都是彻头彻尾的谎言。麦金泰尔从 4 月开始联系曼恩，请他提供 MBH98/99 使用的代理资料，而曼恩竟然说他不知道这些资料存放在哪里，并安排他的助理卢瑟福把有关资料整理出来提供给麦金泰尔。但是，麦金泰尔在获得相关资料后发现存在很多严重的问题，于是多次联系曼恩，但曼恩在邮件里说那就是 MBH98/99 使用的数据。事情的真相在下文引用的麦金泰尔一封邮件中有详细的说明，此不赘述。然而，虽然曼恩满口谎言，却信誓旦旦地告诉他的同伙说：

> 我想我所言全是真的。（气候门邮件，1067522573.txt）

除了曼恩，MBH 中的 B（Bradley）也写信给 CRU 的蒂姆、琼斯和布里法等人，说：

> 如果像你们 CRU 这样的"独立群体"能够发个声明，指出 MM 的工作是否真的是一个"审计"，他们是否做得正确，就会有助于澄清这

个问题。……如果你们愿意，来自杰出的 CRU 伙计们的简短有力的声明将会粉碎任何进一步的争论，至少现在，事情已经有些失控了……（气候门邮件，1067532918. txt）

很快，凯斯·布里法这次毫不犹豫地表达了对曼恩的支持：

> 我保证在这个问题上完全站在你一边。 （气候门邮件，1067542015. txt）

布里法接着说：

> 不管我们有什么科学上的不同和技术上的细微差别，但他们（引者注：指MM）代表的是对科学过程的最卑鄙的诽谤和彻头彻尾的故意歪曲，用偏误的（未经证实的）工作来影响公共观点和相应的政治过程。……我们必须说我们对迈克尔的客观性和独立性有十足的信心——而那些怀疑者却不是这样的。实际上，我想明天去联系《自然》，敦促他们发表一个社论来回应这件事。华盛顿的政治阴谋不应该影响到我们的计划……

向来与曼恩观点不一致并与曲棍球杆曲线小组保持距离的布里法这次表现得很坚决，但他此处的阴谋论完全没有道理。麦金泰尔为了保证所用资料的可靠性，多次向曼恩索求、确认数据的真实性，这也是所谓"审计"必须要求的。只要了解事情的来龙去脉，就能看出，真正的问题是曼恩本人。对于 MM 的请求，他一直虚与委蛇，直至拒绝提供真实资料，这从麦金泰尔与曼恩之间的多次邮件往来中表现得清清楚楚！但布里法偏信曼恩，在没有任何证据的情况下，径直贬斥 MM03 为对科学的"最卑鄙的诽谤和彻头彻尾的故意歪曲"，甚至暗示MM03 是"华盛顿的政治阴谋"。布里法的这些说法没有表现出丝毫的"客观性和独立性"。

与曼恩和布里法不同，CRU 的蒂姆提出了更冷静的建议。他建议曼恩要慎重，不要急于回应，因为对方真如曼恩所说犯了那么多低级的错误，"那些作者和那家杂志无疑是浪费了大量的时间"。蒂姆的潜台词显然是他不认为 MM 以及发表其文章的杂志会犯如此低级的错误。假定真的如此，他建议"我们不要犯同样的错误，过于仓促地回应他们的论文"，"如果回应中有些被证明是错误

的",事情就会更加糟糕。蒂姆说:

> 不仅不要做出过分匆忙的回应,而且我还想是否真的应该只由
> MBH来进行回应。有三个理由:
>
> (i)你们的论文受到攻击。
>
> (ii)很难支持迈克尔在回应稿中写的每一句话,因为我不能百分
> 百知道MBH的细节和MBH的数据。当然,我可以支持一些事情,但
> 其他我不知道。当然,我接受迈克尔的解释,因为他用了四天的时间
> 来看这些材料,我也相信他正确地把握了这些材料——但这不等于
> (我的)独立检查。
>
> (iii)如果真的需要独立评估谁对谁错,那么如果我们已经背书了
> 被认为是自动对MM的反驳,就很难再参与了。如果真的如此,你会
> 又希望我们脱身去参与评估以保证该过程是公平的、知情的。
> ……
>
> 我真的建议非常仔细地阅读一下MM的论文及其补充材料的网站
> 以确保回应中的每一句话是正确的……我刚刚开始了解这件事,但已
> 经发现曼恩的回应稿中存在一些问题……(气候门邮件,
> 1067596623.txt)

蒂姆相当敏锐地察觉到曼恩的数据本身(特别是主成分分析)都有问题,并将这些问题坦诚地告诉了曼恩,希望他"看起来是批评的做法"对曼恩有所帮助,以"有力而强硬地打击坏科学(bad science)",但要"避免一些错误和难以证明的主张"。

但是,蒂姆的建议很难让狂躁的曼恩冷静下来。2003年11月3日,曼恩就把那份措辞激烈的回应贴在了弗吉尼亚大学的网站上。[①] 看到MBH的回应后,麦金泰尔当即致信曼恩,不但指出了曼恩的谎言,而且索要曼恩提到的所谓正确的数据和程序:

> (1)你声称我们使用了错误的数据和错误的计算机方法。我们愿

---

① MICHAEL E. MANN, RAYMOND S. BRADLEY, MALCOLM K. Hughes. NOTE ON PAPER BY MCINTYRE AND MCKITRICK IN "ENERGY AND ENVIRONMENT" [A/OL]. (2003-11-03).

意根据 MBH98 中实际使用的数据和方法来调整我们的结论。因此我们会很感谢你能把你在 MBH98 中实际使用的数据和计算机方法拷贝给我们，或者通过 Email，最好是通过公开的 FTP 或网站。

（2）在最近的一些评论中，有报道说你声称我们索要的是一份 Excel 文件而你给我们指的是一个含有 MBH98 数据的 FTP 网址。你还说尽管你给我们指出了这个 FTP 网址，你和你的同事还花工夫为我们准备了一个试算表文件，却无意中导入了一些校对错误。但实际上，你无疑会记得，我们没有索要一个 Excel 试算表，而是明确请求一个 FTP 地址，但你没能或不愿意提供。那个 Excel 表你也没有提供给我，而是发给我们一个文本文件，pcproxy. txt. 而且这份文件也不是在 2003 年 4 月份创建的，当我们于 2003 年 10 月 29 日得知相关文件位于你的 FTP 地址 ftp：//holocene. evsc. virginia. edu/pub > ftp：//holocene. evsc. virginia. edu/pub 后，我们检查了这个地址，发现其中含有与我们收到的文件完全相同的文件（pcproxy. txt），其创建日期是 2002 年 8 月。你的 FTP 网站上还有一份文件 pcproxy. mat，创建日期是 2002 年 8 月 8 日……两份文件都含有你于 2003 年 4 月通过 Email 发给我们的完全相同的 pcproxy. txt 文件，包含了所有的校对错误以及 MM 确认的所有其他错误。很清楚，pcproxy. txt 不是于 2003 年 4 月应我们的要求专门准备的，也不是一份 Excel 试算表，而是很早之前就存在了。而且很清楚，即使我们更早之前就去你的 FTP 网站上查找，最可能的还是得到与我们从卢瑟福那里收到的相同的文件。你愿意立刻发布一个声明，撤销并纠正你之前的说法吗？

（3）据报道说，你还声称我们忽略了 pcproxy. txt 中的校对错误并且"不知不觉"在计算中使用了不正确的数据。这不是事实，而且这样说没有任何道理。在 MM 中，我们描述了包括校对错误在内的各种错误，表明我们十分清楚数据的问题……我们要求你立即撤销你声言的我们有意使用我们知道有缺陷的数据。①

---

① 在上一章关于曲棍球杆曲线的讨论中，我们已经看到，MM03 详细列举了 MBH98 存在的许多错误和缺陷，其中第一条就是所谓的校对错误。

特别蹊跷的是：

（4）在 2003 年 11 月 8 日，我们重新查阅你的 FTP 网站，我们注意到 2003 年 10 月 29 日以后的几个变化：①那份 pcproxy. mat 文件被从你的 FTP 网站上删除了；②而 pcproxy. txt 文件不再显示在/sdr 目录下，但如果记得这个文件的名字还是可以调出来；③没有任何说明，2003 年 11 月 4 日，你放进去一个新的文件"mbhfilled. mat"……你愿意把这些文件恢复并注明其删除和恢复的日期吗？

（5）你能说明这份"mbhfilled. mat"文件与 MBH98 有什么关系吗，如果有，请说明这份文件的目的，为什么现在贴到网上，为什么之前在 FTP 网站上看不到？（Steve McIntyre to Michael E. Mann，11 Nov 2003）

麦金泰尔保留了所有与曼恩往来的邮件，这些邮件是揭穿曼恩谎言的直接证据。曼恩指责 MM"故意使用有缺陷的数据"，真可谓贼喊捉贼，因为 MM 质疑 MBH 的核心问题就是故意使用有缺陷的数据和计算机程序。事实上，正如我们在前面看到的，蒂姆之前在建议中已经委婉地提醒过曼恩，要出言谨慎（不要撒谎）。但是疯狂的曼恩没有听从蒂姆的建议，发布了一则充满谎言的回应。特别值得注意的是，他随后分别删除和更改了那两份关键的 pcproxy. mat 和 pcproxy. txt 文件。

对于曼恩的言行，一直在与《能源与环境》的主编、赫尔大学地理学家克里斯·蒂安森（Sonja Boehmer-Christiansen）交涉的蒂姆非常失望。他在写给布里法和琼斯两人的邮件中说：

你们都看到了斯蒂芬·麦金泰尔向我们提出的要求。我们需要讨论一下，尽管我的第一反应是我们应该拒绝……

但同时，这里还有转发给我的一封麦金泰尔写给迈克尔·曼恩的邮件，索要数据和程序（还提出了其他一些批评）。我真的希望迈克尔没有莽撞地发出那份不正确的回应（指曼恩 11 月 3 日公布的那份回应）——现在水被彻底搅浑了。我们本可以做得更好一些，在公布之前慢慢准备一份最终的回应稿。Excel 文件，其他一些更早创建的文件，现在又被删除了，这些事情确实让人困惑。（气候门邮件，1068652882. txt，12 Nov 2003）

忙于串联的琼斯没想到碰了钉子。他发邮件给《气候变化》杂志的编辑克里斯蒂安·阿扎（Christian Azar）①，并抄送数十位气候学同行，声称：

> 我得说我更多卷入了曼恩和 MM 之间所有的交流，所以我可能偏向于曼恩。我会努力变得更加公正，但我的确和曼恩合作过一篇文章。我们正在合作一篇投给《地理学评论》的长文，四位审稿人都认为这篇文章是好的，但提到 MM 和苏恩和巴柳纳斯的部分不行……
>
> 回到我们的问题：
>
> （1）MM 所指的是《自然》于 1998 年发表的文章以及 GRL 1999年发表的。这些审稿人没有要求数据（所有的代理系列）和代码。因此，同意审稿要求数据就会开启一个非常危险的先例。……
>
> （2）代码基本上与整个问题无关。……
>
> ……
>
> （4）让我感到困惑不解的是，在整个争论中，这些怀疑者为什么只盯着迈克尔。还有几个序列：我的、布里法的、克罗利的。詹·埃斯珀制作了一个稍有不同的序列。但我们没有受到 MM 的轰击。……我的猜想是，这些怀疑者把炮火对准迈克尔，就像当年第二次 IPCC 报告之后对付本·桑特一样。
>
> （5）迈克尔的反应也许有点过分激烈，但我们不是都会决定不与自己不喜欢的或不喜欢其观点的人合作吗？迈克尔会说 MM 是不诚实的，但我不能确定你们中有多少人能认识到，（MM）对他的攻击有多么恶毒。……过去四个月里，MM 一直在骚扰我们②。……总之，我将和迈克尔站在一起。（气候门邮件，1074277559. txt，16 Jan 2004）

阿扎回复说：

> 可重复性是关键词。如果曼恩等人在网站上贴出的材料足以保证

---

① 克里斯蒂安·阿扎是瑞典哥德堡查默斯科技大学能源与环境系教授，主要研究环境问题和可持续能源系统，是联合国政府间气候变化委员会（IPCC）第三次评估报告的主要执笔人之一。他也是很多国际科学杂志的编委，包括《气候变化》杂志。

② 琼斯此处显然有个基本错误，MM 中的麦基特里克直到 9 月底才开始和麦金泰尔合作。"骚扰"他们的事实上只有麦金泰尔一人。

可重复性,那就无须强迫他们交出所有的东西。如果不行,那就有必要把源代码公布出来。还有,即便没有强制性要求公布源代码,但公布出来显然有助于整个争论。

碰了钉子的琼斯马上发给曼恩一封私人邮件,叮嘱他看了马上删掉。琼斯说:

这封邮件只给你一个人! 请读后删掉! 我试图协调各种关系。但来自 Pfister (Christian Azar) 的回复说你应该公布所有东西!! 五十步笑百步——克里斯蒂安自己的方法都不公开。我已经回复了他的错误说法,所以你无须劳神看他说了什么。……(Phil Jones To: mann@ xxxxxxxxx. xxx, 16 Jan 2004)

实际上,建议提供代码的还有一些科学家,比如米恩斯·林达(Mearns Linda)就建议“提供代码”,那样就不会面对诸如“拒绝提供代码”这样的垃圾头条新闻。(气候门邮件,1076083097. txt)但是琼斯等人仍然提出各种不应该提供代码的理由。显然琼斯始终坚定地站在曼恩一边,这使得曼恩愈发坚定地认为自己不应该提供给 MM 任何更多的东西:

从我个人来说,我不愿意发给他任何东西。我不明白他想干什么,但是你可以确定那一定不是什么好事。
我不会给他们“任何”东西。我将不会再回应甚至不承认收到他们的邮件。没有任何理由给他们数据,以我的观点看,我想如果我们那样做就会自食其果。(气候门邮件,1076359809. txt)

不久后,琼斯再次密信曼恩,声称:

MM 的另外一篇论文完全是垃圾——正如你知道的。又一个德·费尔塔斯。皮尔克(Pielke)回复疯狂的费因(Finn)表明他已经完全失去了信誉。……
我不会让这些论文出现在下一次 IPCC 报告中。凯文和我会把他们排除在外的——即便需要我们重新定义什么是同行评议文献!(气候门邮件,1089318616. txt, 8 July 2004)

　　然后，琼斯又致信奥地利气候和海洋学家詹尼斯·劳（Janice M. Loug），支持曼恩并继续攻击 MM：

　　　　迈克尔·曼恩拒绝与这些人谈话，我能理解为什么。这些人的唯一目标就是找我们的毛病。（气候门邮件，1091798809.txt）

　　但是，琼斯这样的说法连他们的同伙都不能接受。维格利就直截了当地说：

　　　　我刚刚阅读了 MM 批评 MBH 的论文。在我看来很多都是正确的。至少，MBH 是一份非常草率的工作——我持有这个观点已经有些时间了。（气候门邮件，1098472400.txt）

　　为此琼斯回复说：

　　　　MM 所做所说的一切都是完全错误的。我发给了他们数不清的数据，都是在 JM 的 GRL 文章中使用的。我没有得到什么感谢的话——只有一封邮件说我的一些数据是错误的。……我想指出的是，你不能相信 MM 写的任何东西。MBH 整合所有数据的方式与其他人一样好。

　　与琼斯一样，曼恩说：

　　　　我将不再给这个家伙任何回复。你知道，这只会带来坏事。这个家伙最不关心的就是诚实的讨论——资助他的就是资助辛格、迈克尔斯等人的那个人……（气候门邮件，1104855751.txt）

　　在这里，曼恩再次污蔑 MM 受到能源集团的资助，但实际上 MM 是完全自费开展调查和审计曼恩、琼斯等人的工作的。在这种情况下，麦金泰尔转发了他给大卫·兰德尔（David Randall）和斯科特·卢瑟福的邮件。邮件中详细记录了 MM 和曼恩等人往来交涉的细节。麦金泰尔保留并公开了所有往来的邮件，如下这封邮件描述了事情的经过，都可以从麦金泰尔在网上公布的邮件中得到证实。现摘译如下：

曼恩公布了一篇提交给《气候杂志》（*Journal of Climate*）的文章，这篇文章含有一些不真实的歪曲事实的说法，来描述我们 2003 年在一篇文章中对 MBH98/99 的批评以及随后与《自然》的交流。我们写信给你是希望在《气候杂志》开始处理这篇文献的时候将这些不实之词删除。

首先，卢瑟福等人声称 MM（2003）使用了错误的 MBH98 的代理数据。事情的过程概述如下。（所有的邮件和其他记录都可以从如下网址中得到：http：//www.climate2003.com/file.issues.htm.）

2003 年 4 月，我们要求曼恩提供 MBH98 所用数据的 FTP 地址。曼恩告诉我，他不记得地址了，让我联系卢瑟福。卢瑟福最终给我们提供了曼恩 FTP 地址中的一个文件。在使用这个数据文件的过程中，我们发现很多问题，远不止是主成分分析系列。我们就向曼恩确认这是否就是他在 MBH98 中使用的数据；曼恩说他很忙没工夫回答这些问题以及其他询问。因为这个数据资料中存在太多问题，我们就根据 MBH98 中提供的数据源和最初存档的版本重新整理了这些数据。在 MM（2003）发表之后，曼恩说，他提供给我们的那个 FTP 中的数据不是正确的版本，而且这个版本是专门为我准备的；在一个博客上，他提供了一个新的地址，他声称这个地址有正确的数据集。这个错误文件的创建时间是 2002 年，远远早于我最早请求数据的时间，显然证明他说那是专门为我准备的是错误的。曼恩和/或卢瑟福于是从他们的 FTP 中删除了这个不正确版本以及时间证据。

因此，现在曼恩和卢瑟福声称我们使用了错误的数据，这样说是不真实的。我们使用的数据就是他们提供给我们的 FTP 上的数据。更重要的是，我们为了进行分析，避免主成分分析的错误，我们重新整理了确认过的 MBH98 使用的 ITRDB 存档的数据，计算了第一主成分系列；此外，我们还重新整理了我们在 FTP 上能找到的所有其他数据。这样，我们自己的计算没有受到提供给我们的文件中的错误的影响，因为我们在计算中没有使用错误的版本。截至目前，他们没有提供任何证据表明不正确的数据没有影响曼恩等人和卢瑟福的其他工作。根据这一考虑，我们指出，现在被删除的那份 pcproxy.txt 文件在卢瑟福网站上有一个显著标记，这意味着卢瑟福很可能在其他地方也使用了那个错误的数据。

因此，我们希望从手稿中删除那些不实之词。卢瑟福等人（2004）

提出，MBH98 的结果与 MM03 的结果之间的差异之所以产生是因为我们误解了 MBH98 中计算树轮网络主成分系列的逐步回归方法。这一说法在字面上同样是误导的。虽然我们的 2003 论文没有运用（那时曼恩还没有披露）逐步回归程序，但在随后 2003 年 11 月通信中提出之后，我们立即运用了这个程序，但我们还是看到主成分分析和结果之间的差异。目前这份手稿却不提我们在与《自然》的交流中明确澄清的我们运用了 MBH98 中描述的逐步回归程序之后依旧获得了这些结果。曼恩本人是知道这些交流的。

第二，在我们的结果和 MBH98 的结果之间存在的差异主要来自这样一个事实：使用正常的主成分分析方法不能复制 MBH98 的树轮主成分系列。只能通过对很短的一段进行标准化才能得到 MBH98 的主成分系列，而这一点没有在 MBH98 中提及，只是在最近曼恩等人的勘误中才提到。事实上，MBH98 没有使用一个正常的中心化主成分计算，而是对去中心化的数据进行了一个非中心的主成分计算。这一方法的影响是目前争议的主题，对这一点，几位作者是知道的，但是他们对 MBH98 中使用的这一方法却不再怀疑了。在 2004 年通过《自然》与几位作者进行的有关主成分分析的讨论中，我们使用了当前这篇手稿所指的 MBH98 中的逐步回归程序，证明了只要使用 MBH98 中的去中心和非中心化方法，即使运用逐步回归程序，仍然会存在重要差异。在通过《自然》进行的讨论中，双方都完全承认使用中心化和非中心化的方法导致的主成分差异，虽然双方没有就此对最终 NH 温度计算产生的最终影响达成一致意见。因此，卢瑟福等人（2004）的讨论是很不彻底而且误导的。虽然我们承认曼恩等人所说的他们可以使用替代方法（比如使用更多的主成分序列）来拯救 MBH98 中的那种结果，但这些拯救方法本身就是需要争议的内容，并不能证明卢瑟福等人主张的有效性。

从这封邮件以及我们前面的介绍可以清楚地看到，麦金泰尔多次找曼恩等人索要有关数据，但不是被误导，就是被拒绝。因为按照科学的基本规则，任何论文中使用的数据资料要存档以备同行核对审查和重复。MM 要对 MBH98/99 进行"审计"，实际上就是要重复曼恩等人的整个数据处理和计算过程，因此要得到曼恩等人使用的所有数据和代码。

然而，MM 的这些正当要求没有得到曼恩的配合和满足。曼恩多次在群发给众曲棍球杆小组成员的邮件中抱怨 MM 对他的骚扰，引起了琼斯的同情和支持，因为，MM 也曾多次向他索要 CRU 的数据。琼斯说：

> 这两个 MM 已经追了 CRU 站点数据好几年了。如果他们一旦听到在英国有信息自由法案，我想，我宁愿删除那些文档也不愿意发给任何人。在你们美国有类似的法案要求你们在 20 天内回应他们吗？——我们这里是的。……汤姆·维格利听说后给我发了一封很焦虑的邮件——他担心人们会找他索要他的模式代码。不过，他已经从 UEA 正式退休了，所以他可以避开这个。（气候门邮件，1107454306. txt）

曼恩在回信中说：

> 是的，关于 FTP，我们已经学到了教训。我们以后往 FTP 上放东西时要小心。……是的，美国确实有信息自由法案，而且那些反对派会尽量利用这一点。但是，也有知识产权问题，所以，很难说这些事情最终在美国会怎么样。

几天之后，琼斯在邮件中说：

> 我最近受到几个人的骚扰，要我发布 CRU 站点温度数据。你们三个谁都不要告诉任何人英国有信息自由法案！（气候门邮件，1109021312. txt，Phil Jones to Mann，R. Bradley，M. Hughes）

MM03/05 的论文发表之后，引起了社会各界的广泛关注。其中长期报道气候变化的《华尔街日报》科学记者安东尼奥·雷加尔多连续发表了几篇关于 MM、曼恩等人的采访，掀起了轩然大波。雷加尔多是一名中立的科学记者，本来对气候变化持支持的立场，2003 年曾报道苏恩和巴柳纳斯论文及《气候研究》事件①。这次，他在采访了 MM 以及曼恩等人之后进行了如实报道，却遭到了曼恩的指责。他一边向其他曲棍球杆小组成员发邮件暗示他们应该向《华尔街日报》的编辑投诉，说"我不相信我自己写信给编辑是最好的办法"，建议"另外谁有兴趣的可以做这件事"，一边致信雷加尔多提出抱怨并威胁说要给编

---

① ANTONIO REGALADO. Debating Global Warming [N]. The Wall Street Journal，2003-07-31.

辑写信投诉。雷加尔多在邮件中回复说：

> 从个人的立场，我很理解你最初的印象。这并非一个单方面的故事。不管怎么说，我当然想查明谁对谁错，我也会随着陆续发表的论文写更多的报道，事实也会随之变得更加清楚，正如我在过去写的关于苏恩与巴柳纳斯和古气候学群体的报道。你难道不惊讶于每当我写一篇支持全球变暖的文章就会被人指责带有偏见并要求纠正？
>
> ……你所说的那几句话（事实上，来自斯德哥尔摩大学的历史温度研究揭示了过去千年温度的波动几乎是曲棍球杆曲线的两倍。这就意味着 20 世纪温度的突然上升并非那么异常。）在我看来，不仅是事实性的，而且正是关于 MBH 讨论的主流科学观点，这是我的报道中的一部分。例如，安德森/伍德豪斯（Anderson/Woodhouse）在同一期《自然》的文章里也强调了我刚才提到的观点……我相信你很厌恶写信，但是如果你想写，这正好是一个机会，你可以写信给我们的编辑或任何什么人。你可以写信给……

雷加尔多还在文章中报道了一位气候统计学家弗朗西斯·兹韦尔斯（Francis Zwiers），"他说他现在同意曼恩博士的方法倾向于在不含曲棍球杆的数据中制造一个"，而"曼恩博士虽然承认他的数学方法倾向于发现曲棍球杆的形状，但并不意味着所有事情是错误的"[1]。琼斯认识弗朗西斯·兹韦尔斯，看到报道后当即写邮件质问，说他"很惊讶看到 WSJ 说你认为 MM 是对的而曼恩的重建是错误的"。兹韦尔斯回邮件说：

> 好吧，这并非我说的，而且 WSJ 文章也没这样报道。这篇文章引的话是说（曼恩的）技术倾向于产生曲棍球杆（实际上，我想我说的是，它倾向于产生有曲棍球杆形状的 PC1s）。（气候门邮件，1109018144. txt）

这里需要注意的是，弗朗西斯·兹韦尔斯在邮件中再次确认了他在 WSJ 报道中的说法，即 MM 所发现的，曼恩的方法可以在任何数据中产生曲棍球杆形

---

① ANTONIO REGALADO. In Climate Debate, the "Hockey Stick" Leads to a Face-off ［N］. The Wall Street Journal, 2005-02-14.

状的曲线。更奇怪的是，对这一点，曼恩本人甚至琼斯都没有表达异议。实际上，麦金泰尔不仅审计了曼恩的曲棍球杆曲线，还审计了琼斯、布里法等人的工作，但发现他们都有不同程度的类似问题（无法重复）。在一封给琼斯的邮件中，麦金泰尔说：

> 亲爱的菲尔，
>
> 我遵照您的建议的精神去查看了一些其他的多代理重建文章，我一直在看琼斯等人（1998）。显然，这篇文章的方法要比 MBH98 清楚得多。然而，虽然我能充分评估你的计算，但无法完全做到这一点。因为关于早期阶段存在很大的差距。
>
> 因为我无法基于可获得的资料重复你的结论，我将很感激你能提供给我你在琼斯等人（1998）中使用的数据以及计算中使用的代码。（气候门邮件，1114607213. txt）

琼斯转发了这封邮件给曼恩，告诉曼恩说，他将直接对麦金泰尔说：数据已经发过了，但没有代码。即使能找到代码，也不过是几百行取消注解的fortran。琼斯说："我知道他为什么不能重复早期的结果——那是因为我对少数几个系列进行了修正。"

我们知道，科学研究的一个基本要求是结论的可重复性。而许多研究的重复，需要作者提供数据和分析数据的方法。这一点，是任何研究可靠性的基本保障。正如美联储路易斯分行发布的关于应用经济学研究中可重复性报告中所指出的：

> 理想地说，研究者应该愿意分享他们的数据和程序以鼓励其他研究者来重复并/或推广他们的结论。这样的行为使科学以库恩式的线性模式向前发展，每一代人可以站在前一代人的肩膀上看得更远。至少，研究者的努力是可以重复的——如果想贴上"科学"标签的话，也就是说，其他研究者使用同样的方法能够达到同一个结论。就使用经济学软件的应用经济学来说，这意味着另外一位研究人员使用同样的数据和同一个计算机软件应该达到同一个结论。①

---

① ANNDERSON R G, GREENE W H, MCCULLOUGH B D, et al. The Role of Data and Program Code Archives in the Future of Economic Research. The Federal Bank of St［R］. Louis Working Paper Series, 2005：3-4.

如此看来，曲棍球杆曲线以及其他某些气候学研究，存在着完全相同的问题，如 OTB 的一篇文章指出的：

> 美联储路易斯分行最新的一篇文章强调了不仅存档数据还要存档代码对经验研究的重要性。虽然这篇文章主要谈论的是经济学研究，但对于当前全球变暖/气候变化研究来说，有相同的教训。科学研究的一个标志就是结论的可重复性。没有这一点，结论不应该被视为可靠的，更不要说用于决策了。……然而，斯蒂芬·麦金泰尔和罗斯·麦吉特里克在长期调查曼恩、休斯和布拉德利（1998）（MBH98）所用方法的时候就遇到了无法重复的问题，该论文提出了著名的重建温度的曲棍球杆曲线。例如，有证据表明麦金泰尔被阻碍访问曼恩的 FTP 网站。这被认为是一个公共站点，感兴趣的研究人员不仅可以下载数据而且还要源代码。曼恩等人的行为完全是不科学的，而且是非常可疑的。为什么要将一位试图验证你结论的研究者拒之门外？曼恩、布拉德利和休斯几位教授，你们是不是想掩盖什么？①

这篇文章还列出了克罗利、布里法、琼斯和曼恩等人的工作，都存在着不同程度的无法重复问题。这些可以说是关于科学客观性和真理性的基本保障，早已经成为科学界乃至普通人的常识，但不知为什么曼恩和琼斯等人不承认这一点。无怪乎人们会问，他们真的想掩盖什么吗？但如果研究者拒绝提供真实数据和代码，那么，如杰里·普内尔（Jerry Pournell）所说："你可以用秘而不宣的数据和算法证明任何东西。"

好了，虽然还有大量的邮件表明曲棍球杆小组的核心成员迈克尔·曼恩和菲利普·琼斯等人以科学的名义拉帮结伙打击那些批评者，试图干涉、操纵学术期刊的审稿过程，甚至威胁那些批评者和相关的杂志编辑，但我相信，这里提供的证据已经足够了。况且由于篇幅的关系，我们无法摘译介绍更多的邮件。我想提醒读者的是，曼恩等人的所谓科学早已背离了正常的科学规范和目的，他们躲在政治正确和科学不确定性的掩护之后，用他们的有问题的所谓科学研究暗地里迎合某种政治议程，同时污蔑像 MM 这样的批评者，这种恶行比他们口口声声谴责的某些所谓"怀疑者""否定者"或"反对派"更加卑劣。这不是科学，这是政治！如果非要说是科学，那就是科学的耻辱！曾因质疑气候模

---

① STEVE VERDON. Global Warming and Data［EB/OL］.（2005-04-25）［2019-03］.

式而遭打击的荷兰皇家气象学研究所前主任亨德里克·田内科斯（Hendrik Ten-
nekes）① 评论道：

> IPCC 的同行评议程序有致命的缺陷。迈克尔·曼恩的行为是这个职业
的耻辱。②

---

① 亨德里克·田内科斯是一位杰出的气象学家，主要研究湍流以及多重模式的预测，他的
相关著作是本领域的经典。亨德里克·田内科斯曾担任荷兰皇家气象学研究所的主任，
由于发表了对气候模式预测能力质疑的文章而遭解职。据亨德里克·田内科斯本人说，
在著文直陈气候模式的局限性后不久，他遭到警告，说"不出两年，你就会睡大街了"。
关于他对气候变化特别是气候模式的批评性观点，以及他本人由此受到的巨大压力，可
参见 TENNEKES H. Protesting Against Dogma [J]. Energy & Environment, 2006, 17 (4):
609-612.

② ROSS MCKITRICK. What is the "Hockey Stick" Debate About? [C] //Invited Special Pres-
entation to the Conference "Managing Climate Change Practicalities and Realities in a Post-
Kyoto Future". Parliament House, Canberra Australia, 2005 (4). 麦基特里克说，亨德
里克·田内科斯在给他和麦金泰尔的邮件中说，希望 MM 把自己的这一评论公布于众。

第六章

气候变化科学共识批评者

人为全球变暖的发现是促动和引发现代气候科学革命的核心因素之一，也是气候变化科学争论中的焦点。然而，怀疑者认为，所谓人为全球变暖（man made global warming），即人类因素（温室气体排放等）导致了最近几十年来的气候暖化，不过是尚未证实的假说。因此，他们反对基于这个假说之上的各种限制排放的决策。只是气候变化已被广泛宣传为人类有史以来最大的环境灾难，在各种环境运动组织、媒体、科学界、政府乃至学校的大力推动下，成为在全世界家喻户晓的概念。正视全球气候变化的现实并认真积极地应对已经被广泛宣传为地球上所有成员的义不容辞的义务和责任。在这样的背景下，对这一理论提出疑问甚至反对，几乎肯定会受到道德上、政治上和科学上的谴责，甚至被视为社会中的异端分子。普林斯顿大学经济学教授、诺贝尔经济学奖得主保罗·克鲁格曼（Paul Krugman）在他的《纽约时报》专栏文章中说：

> 你可以否认全球变暖（但你可能因此在来生受到惩罚——这种因为个人或政治理由的否认是一种几乎令人难以置信的罪孽）。[1]

这一罪孽甚至被与否认大屠杀相提并论。2007 年，在 IPCC 第四次评估报告发布之后，美国著名专栏作家、评论家艾伦·古德曼（Ellen Goodmen）撰文称：

> 无论怎么说，联合国的政府间气候变化专门委员会提高了警告的水平。全球变暖的事实是"清楚分明的"。人类影响的确定性现在已经超过了 90%，几乎到了科学家能得到的那么确定。
>
> 我想说的是，我们现在已经到了这个时刻，全球变暖已经不可能否认了。让我们一定要说，全球变暖否定者（global warming deniers）

---

[1] PAUL KRUGMAN. The Conscience of a Liberal［N］. New York Times，2013-03-15.

与大屠杀否认者（holocaust deniers）一样。遗憾的事实是，全世界温度计的升高没有转化成美国政治气候的改变。①

　　如今"气候否认者"似乎已经超过了"大屠杀否认者"，成为享有"否认者"称号的最臭名昭著的群体。实际上，这并不是人们对那些气候变化怀疑者的唯一称呼。在气候门邮件中，我们可以看到，曼恩等人常常随意地用三个术语来称呼那些怀疑甚至否认全球变暖的人：怀疑者（skeptics）、否定者（deniers）和反对派（contrarians）。但是，严格来说，这三个术语有着不同的含义。怀疑（skeptical）指对证据的谨慎分析和对结论的批判性探索。否认（denial）指未经谨慎分析就否定一些观点。而反对（contrarian）则指那些有意做出与他人不同的行为或坚持不同于常人的观点。怀疑是科学方法的核心，而否认和反对则拒绝接受证据和理性的分析，后两者更接近，都属于反科学的态度。② 显然，不加区别地使用这三个术语会导致一定程度的混乱。③ 因此美国怀疑调查委员会（Committee for Skeptical Inquiry）发布了一封公开信，提醒人们"否认者不是怀疑者"④，其目的显然是想剥夺众多异议者的"怀疑者"名号，将"否认者"强加给他们。

　　虽然对于大多数人来说，区分这几个术语似乎无关紧要，但有的人会有意使用某个术语。比如，有的人用"怀疑者"来称呼那些怀疑、否认人为气候变化的人，有的人则用让人联想起大屠杀否认者的"气候变化否认者"来称呼他们，或者用"反对派"来描述他们。那些怀疑和否认人为气候变化的人大都自称为"怀疑者"，但他们的对手更倾向于用"否认者"来称呼他们。我不认为怀疑者阵营中所有的人都真的具有"怀疑"品质，但也不赞同对手不加区别地给所有提出疑问的人强加"否认者"或"反对派"的称号。因此，如果不加以细分的话，我更喜欢用相对更加中性的"异议者"来描述这整个群体。

---

① ELLEN GOODMEN. No Change in Political Climate［N］. The Boston Globe，2007-02-09.

② JOHN TIMMER. Skeptics, Deniers, and Contrarians: The Climate Science label Game［EB/OL］.（2014-12-17）［2019-03］.

③ KEMP J, MILNE R, REAY D S. Sceptics and Deniers of Climate Change not to be Confused［J］. Nature，2010，464（7289）：673.

④ Committee for Skeptical Inquiry. Deniers are not Skeptics［EB/OL］.（2014-12-05）［2019-03］.

一、全球变暖异议者

就像全球变暖支持者群体中有广泛不同的知识背景和政治动机一样，全球变暖异议者的背景和动机也很复杂。有的出自个性原因（比如因性格叛逆而反对，是支持者阵营中那些狂热迷信分子的反面），有的属于职业上的欺诈（类似于全球变暖阵营中的迈克尔·曼恩、菲利普·琼斯、詹姆斯·汉森等人），有的带着强烈明确的政治或商业动机（比如煤矿、石油等传统能源行业，他们是绿色政治和碳金融及绿色技术产业的竞争对手），也有的混合了上述的若干因素。① 很多全球变暖支持者实际上对气候变化科学并不感兴趣，许多自命的气候变化怀疑者同样对全球变暖的科学不感兴趣。气候变暖异议者群体的核心是一小部分科学家，他们质疑甚至否定人为气候变化或全球变暖理论纯粹出自不同的科学观点。我们首先用气候变化怀疑者来指称这一部分科学家。

很多全球变暖支持者认为，人为气候变化在科学上已成定论（settled），并不存在科学异议或争议。这意味着没有科学家提出不同于 IPCC 报告或气候科学主流的观点。比如，2004 年，美国科学史家奥瑞斯科在《科学》上发表了一篇文章，报道了她调查气候科学共识的结果。她声称 IPCC 报告代表的气候科学共识认为，人类很可能导致了最近 50 年来的气候变化（全球变暖），在全世界同行评议的期刊文献中，没有一篇否定这一共识观点。②

奥瑞斯科的所谓调查尽管发表在最权威的《科学》杂志上，但她的调查根据及其结论是有问题的。该文发表之后，很快就受到了批评。美国气候学家罗杰尔·皮尔克引用的一项研究表明，ISI 数据库中有 11000 多篇（而不是奥瑞斯科的 928 篇——引者按）讨论气候变化的文章，其中 10% 提出了与 IPCC 共识不

---

① 很难对这个群体进行清晰的划分，正如美国社会学家 Riley E. Dunlap 所说，"最好把怀疑—否认（skepticism-denial）视为一个连续系统，有一些个人（以及利益群体）对 AGW 持有一个怀疑观点，但仍然对证据持开放态度，其他人则是一种完全否认的态度，他们已经打定主意了。"DUNLAP R E. Climate Change Skepticism and Denial：An Introduction [J]. American Behavioral Scientist，2013，57（6）：691-698. 说否认者完全无视证据是不符合事实的，因为大多数否认者，比如因霍夫参议员总会援引一些科学文献和科学证据来证明自己的观点。

② ORESKES N. Beyond the Ivory Tower：The Scientific Consensus on Climate Change [J]. Science，2004，306（5702）：3.

同的观点。① 这也就意味着，有不少科学家持有科学上的异议。

众所周知，气候是一个极其复杂的系统，因而气候变化科学是一门充满了不确定性和复杂性的学科，科学家们在许多问题上持有异议是很正常的。可以说，从 80 年前卡伦德提出 AGW 假说到现在，对 AGW 的科学怀疑从来没有停止过。1938 年，当卡伦德（Guy Stewart Callendar）宣称人类排放的二氧化碳导致了全球变暖时②，几乎没有科学家会支持他的这一观点。现场聆听卡伦德发表 AGW 观点的英国皇家气象局局长乔治·克拉克·辛普森爵士（George Clarke Simpson）不久前还在强调，气候科学家们的共识是"大气中的二氧化碳对气候没有可以察觉的影响"③。到了 20 世纪五六十年代，美国物理学家 G. N. 普拉斯、雷维尔等人再一次提出全球变暖的观点。由于科学和技术等多方面的限制，那时科学家们还未能对未来气候变化作出令人信服的预测。特别是，当时许多科学家仍然深信，大自然有维持自身平衡的能力，而人类的影响不太可能足以打破这个平衡。④ 更重要的是，20 世纪六七十年代全球气温的降低，使得科学家们都在担心新一轮冰期的到来，很少有人会去担心全球变暖。

到了 20 世纪 80 年代，随着计算机气候模式技术的迅速发展，科学家们开始有能力对未来气候暖化进行更具体的预测。气候模式运算的结果是空气中二氧化碳浓度增加一倍将导致 3~5 摄氏度的气温增加，这一结果引起了全世界气候科学家的关注。虽然还有一些科学家怀疑气候模式的模拟和预测能力，特别是人为全球变暖一说，但他们绝大多数都逐渐承认，人为全球变暖可能给人类带来巨大的风险。

1988 年夏天，美国科学家詹姆斯·汉森在参议院听证会上的证词里声称："第一，1988 年地球比器测时代以来任何一年都要更加温暖。第二，现在全球变暖已经足够明显，我们可以有很大程度的信心将其中的因果关系归因于温室效应。第三，我们的计算机气候模拟显示温室效应已经足够严重并开始影响诸如

---

① PIELKE, R. A. Consensus about Climate Change？［J］. Science, 2005, 308 (5724)：952-954.

② J R FLEMING. The Callendar Effect：the Life and Work of Guy Stewart Callendar（1898—1964）. The Scientist Who Established the Carbon Dioxide Theory of Climate Change［M］. Boston：American Meteorological Society, 2007：145-155.

③ CHARLES C Mann. The Wizard and the Prophet：Two Remarkable Scientists and Their Dueling Visions to Shape Tomorrow's World［M］. New York：Knopf Publishing Group, 2018：295-365.

④ 比如，英国著名云物理学家 B. J. Mason（1923—2015）说："气候系统如此强大，人类要对之产生严重的影响还很遥远。"JOHN MASON. Has the Weather Gone Mad？［J］. The New Republic, 1977, 177 (5)：21-23.

夏季热浪这样的极端气候的概率。"① 汉森在作证时出现了一个极端戏剧化的场景。那时正当酷暑，美国正在经历着器测温度时代以来第二最高温（仅次于1987 年）和严重的干旱。室外是肆虐的热浪，会议室内的空调不知何故没有工作（有人怀疑空调是事前被故意关掉的），偌大的会议室成了一个巨大的蒸笼。听证会上的议员们汗流浃背，这使得汉森关于全球变暖的惊人预言尤其显得恐怖。汉森的证言成为那个夏天最轰动的事件。但是，一些科学家却提出了激烈的批评，认为汉森的结论大大超出了当时科学所能支持的范围。②

随着 IPCC 的成立和联合国气候大会的召开，关于全球变暖的警告声不断提高，而质疑的声音也变得越来越强烈了。1989 年，马歇尔研究所发布了一份报告，批评 IPCC 代表的所谓科学共识。三位作者认为，所谓的气候模型及其预测中存在着大量的不确定性，因此现在还不到采取减排行动的时候。他们认为，没有科学证据证明这个世纪升高的 0.5℃ 与温室气体排放有关。他们预言，下个世纪太阳活动的减弱将会带来一个变冷趋势，并会抵消所有的温室暖化。③ 这份报告在对立阵营中引起激烈反应。美国国家气候研究中心的斯蒂芬·施耐德谴责这份报告为"政治报告"，而国家海洋和大气管理局 GFDL 实验室主任杰瑞·马赫尔曼直称其为"垃圾科学"。但实际上，几乎所有的批评者都承认，该报告对温室效应预言的不确定性做出了很好的描述。④

————————————

① Hansen J. Statement of Dr. James Hansen, Director, NASA Goddard Institute for Space Studies [A]. Congressional Record, 1988-06-23.

② SPENCER WEART. The Discovery of Global Warming [M]. Cambridge MA: Harvard University Press, 2008: 116. James Hansen 是推动气候变暖研究和宣传的最重要的科学家之一，他从 20 世纪 80 年代开始不断做出许多惊人的预测，但常常受到许多科学同行的批评。事实证明，汉森的许多预言都是错误的。2015 年，他在一篇文章中再次做出许多惊人预言。HANSEN J, SATO M, HEARTY P, et al. Ice Melt, Sea Level Rise and Superstorms: Evidence from Paleoclimate Data, Climate Modeling, and Modern Observations that 2℃ Global Warming is Highly Dangerous [J]. Atmospheric Chemistry & Physics Discussions, 2015, 15 (15). 这篇文章发表后再次受到大量批评，认为该文中充满了太多错误。很多人批评汉森已经不像是一位科学家，更像是一名环境运动激进分子。更多更详细的批评可参见 DAN GARISTO. Analysis: Dramatic climate predictions in James Hansen's paper drew heavy criticism [N]. Columbia Spectator, 2017-01-26.

③ ROBERT JASTROW, WILLIAM NIERENBERG, FREDERICK SEITZ. Scientific Perspectives on the Greenhouse Problem [M]. The Marshall Press, 1989.

④ ROBERTS L. Global Warming: Blaming the Sun: A report that essentially wishes away greenhouse warming is said to be having a major influence on White House policy [J]. Science, 1989, 246 (4933): 992-993. 需要指出的是，该报告关于太阳活动减弱的预言，在当时超出了科学的能力范围。

到了 20 世纪 90 年代，环境运动的高涨和 IPCC 评估报告的陆续发布，使得全球变暖成为全世界普遍关注的重大话题，但对 AGW 假说的质疑和争论并没有停止。只是争论的双方并不处在一个对等的地位上。在美国，关于气候变化的科学争论被归为政治纠纷，是右翼政治势力对科学的挑战，质疑 AGW 假说的科学家往往被贴上右翼或保守主义的标签①，而那些支持 AGW 的科学家则天然具有政治、道德和科学上的优越性从而具有被免于质疑的特权。在欧洲，科学上的反对声音更是受到政府、媒体和科学界的忽略甚至压制。② 尽管如此，那些持怀疑态度的科学家还是逐渐得到越来越多的支持。

1995 年 11 月 9—10 日，在 IPCC 第二次评估报告公布之后，德国科学家赫尔穆特·梅茨纳（Helmut Metzner）在莱比锡组织召开了"温室争论国际研讨会"（the International Symposium on the Greenhouse Controversy），并发布了会议宣言，即著名的《莱比锡全球气候变化宣言》（*The Leipzig Declaration on Global Climate Change*）。有 80 名气候科学家和 25 名气象员在这份宣言上签署了自己的名字。该宣言称"1992 全球气候条约的科学基础是有缺陷的，其目标并不现实"。他们认为，AGW 理论并未得到证实，而计算机气候模式是有缺陷的。所谓关于二氧化碳增加导致气候变暖的普遍科学共识并不存在，气象卫星和高空探测的观察记录也没有显示计算机模式所预测的变暖现象。《莱比锡宣言》发表之后迅速产生了广泛的影响，登上了《华尔街日报》《迈阿密先驱报》《西雅图时报》《芝加哥论坛报》等许多媒体的头版，影响了美国参议院和众议院关于气候变化政策的辩论。

到了 21 世纪，IPCC 的影响越来越大，IPCC 评估报告已经被广泛认为代表了所谓气候科学共识，成为国际气候谈判和推动减排的科学基础。与此同时，挑战 IPCC 的力量也在不断积聚。2003 年，著名的气候变化异议者、美国大气科学家弗雷德·辛格创立与主持的科学与环境政策计划（Science & Environmental Policy Project，SEPP）在意大利的米兰举办了一次非正式会议，目的是在 IPCC 第四次评估报告之前对二氧化碳导致的全球变暖进行独立的科学评估。与会的科学家们认为，IPCC 对未来气候变化的预估、人类对气候变化的影响以及二氧化碳对环境的潜在影响等方面都存在偏见。

---

① MCCRIGHT A M, DUNLAP R E. Challenging Global Warming as a Social Problem: An Analysis of the Conservative Movement's Counter-claims [J]. Social Problems, 2000, 47 (4): 499-522.

② LABOHM H. Climate Scepticism in Europe [J]. Energy & Environment, 2012, 23 (8): 1311-1317.

以气候变化怀疑者著称的前捷克总统克劳斯瓦茨拉夫·克劳斯（Václav Klaus）曾在巴厘联合国气候大会上建议联合国在 IPCC 之外再成立一个类似的组织，对气候变化知识进行独立的评估。① 第二年，即 2008 年 4 月，SEPP 和哈特兰研究所（The Heartland Institute）共同组织了来自美国、西班牙、澳大利亚等国的 24 名科学家完成并以"非政府气候变化专门委员会"的名义发布了第一份评估报告：《自然统治着气候，而非人类活动——非政府国际气候变化专门委员会报告的决策者摘要》②。

在该报告的序言中，前美国科学院主席、美国物理学会主席弗雷德里克·塞茨严厉批评了 IPCC。他说："1990 年 IPCC 报告摘要完全忽略了卫星数据，因为它们显示没有变暖。1995 年 IPCC 报告因在科学家通过之后遭到篡改而臭名昭著——其目的是要突出人类的影响。2001 年报告又基于现已名声败坏的曲棍球杆曲线声称 20 世纪表现出'不寻常的变暖'。最近的 IPCC 报告，发布于 2007 年，完全低估了太阳活动对气候的影响。"③

塞茨短短的几句话指出了四次 IPCC 评估报告各自存在的严重问题，这些问题都在 NIPCC 的几次报告中得到了详细的讨论。NIPCC 报告（2008）称，"当一个国家面对一个重要的决策，事关其未来经济前途或生态命运"时，需要倾听一些不同的观点。"在此类事情上建立一个'B 小组'是一个古老传统，它可以检验同样的原始证据但有可能得到不同的结果。""非政府国际气候变化专门委员会（NIPCC）的建立就是为了检验联合国资助的政府间气候变化专门委员

---

① VÁCLAV KLAUS. Notes for the Speech of the President of the Czech Republic at the UN Climate Change Conference. United Nations［C/OL］.（2007-09-24）. 克劳斯总统以怀疑人为气候变化而著称，曾发表过不少批评 IPCC 和 AGW 的观点。他曾称 IPCC 是"具有单方面观点带着单方面任务的政治化科学家的群体"，而环境主义是一种宗教（Martin Barillas. Czech President：Environmentalism is a Religion［N］. Spero News，2007-03-10）. 2007 年 6 月，他在《金融时报》上撰文称"环境主义是对自由、民主及市场经济和繁荣的最大威胁"，并号召人们抵制所谓气候"科学共识"。他认为，所谓气候科学共识不过代表了"声音大的少数而非沉默的多数"（VáCLAV KLAUS. Global Warming：Truth or Propaganda？［N］. Financial Times，2007-06-21.）. 在 2009 年哥本哈根气候峰会上，克劳斯再次激烈批评气候大会，认为气候大会不过是一场"政治宣传"（propagandistic）.

② S. FRED SINGER，ed. Nature，Not Human Activity，Rules the Climate：Summary for Policymakers of the Report of the Nongovernmental International Panel on Climate Change［R］. Chicago，IL：The Heartland Institute，2008.

③ FREDERICK SEITZ. Foreword［R］. S. FRED SINGER，ed. Nature，Not Human Activity，Rules the Climate：Summary for Policymakers of the Report of the Nongovernmental International Panel on Climate Change. Chicago，IL：The Heartland Institute，2008：iii.

会（IPCC）使用的同样的气候资料。""在最重要的问题上，IPCC 主张，观测到的 20 世纪中叶以来的平均温度的升高很可能（very likely，IPCC 定义为 90%~99% 的确定性）是因为观测到的大气温室气体浓度的增加。NIPCC 得到了相反的结论——也就是说，自然因素很可能是主导性原因。注：我们并不是说人类排放温室气体不产生暖化。我们的结论是，证据表明它们不是显著因素。"①

NIPCC 的规模当然无法与 IPCC 相提并论，但其报告的内容与 IPCC 报告基本对应，主要是根据同行评议的文献对当前气候变化的知识进行评估。自 2008 年发表第一份报告之后，NIPCC 接下来在 2009 年、2011 年、2013 年、2014 年陆续发布了几份评估报告。② NIPCC 报告虽然没有像 IPCC 报告那样成为联合国推动国际气候谈判的依据，但为一些国家政府和人民了解气候变化真相提供了重要参考。2011 年年底，中国全球变化研究信息中心与哈特兰研究所进行接洽，达成了出版 NIPCC 2009 年报告和 2011 年报告中文版的协议，于 2013 年出版了 NIPCC 2009 年和 2011 年报告主要观点的缩译本。该报告集中讨论了全球气候模型的局限性、气候变化驱动因素的复杂性、温度观测记录的不确定性以及关于冰冻圈、海洋动力学等研究的不足，等等，在很多问题上都提出了不同于 IPCC 的观点。③

NIPCC 把自己定义为与 IPCC 的独立、竞争甚至对立的版本，因为它在关于气候变化的一些关键主要问题上提出了和 IPCC 代表的所谓气候科学共识不同的观点。所以，NIPCC 被对手列为最大的气候变化怀疑组织或反对组织并

① S. FRED SINGER, ed. Nature, Not Human Activity, Rules the Climate: Summary for Policy-makers of the Report of the Nongovernmental International Panel on Climate Change [R]. Chicago, IL: The Heartland Institute, 2008: iv.

② 这些报告分别为 Climate Change Reconsidered: The 2009 Report of the Nongovernmental International Panel on Climate Change (NIPCC), Climate Change Reconsidered: 2011 Interim Report (Climate Change Reconsidered II: Physical Science, Climate Change Reconsidered II: Biological Impacts), Scientific Critique of IPCC's 2013 'Summary for Policymakers', Commentary and Analysis on the Whitehead & Associates 2014 NSW Sea-Level Report. 详见 NIPCC 的网站：http://climatechangereconsidered.org/.

③ C. D. 伊狄梭，R. M. 卡特，S. F. 辛格. 气候变化再审视——非政府国际气候变化研究组报告 [M]. 张志强，曲建升，段晓男，等译. 北京：科学出版社，2013.

不让人意外。① 这种竞争或对立性的主要根源在于：IPCC 是联合国以及政府支持资助的，被认为是政治驱动的，"预先倾向于得出温室气体排放上升会导致危险性的气候变化这样的结论"②；而 NIPCC 则属于民间或非政府组织，因此可以避免这种政治倾向。然而，就像我们不应该因为 IPCC 是政府间组织就先验地假定其报告反映了政府的政治要求而必然不可靠一样，我们也不应该因为 NIPCC 受到某些集团和行业的资助就断定其内容为某些利益集团代言而不可信，更不应该因为它提出了不同于 IPCC 的观点就认定它们一定是错误的。重要的是它讲了什么，有没有根据。考虑到气候变化争论的复杂政治背景，关于气候变化的研究和评估，NIPCC 这个所谓的"B 小组"无疑可以为我们提供不同的（不一定正确的）声音，而 IPCC 这个 A 小组也会因为 B 小组的存在，会变得更加审慎和细致，为政府决策提供更可靠更严谨的科学评估。

　　NIPCC 针对的目标是 IPCC 报告，而国际气候变化大会（International Conference on Climate Change，ICCC）可与联合国气候大会（United Nations Climate Change Conference）类比。ICCC 是由哈特兰研究所组织和资助的，试图聚集全世界的气候变暖怀疑者，"讨论气候变化的原因、影响及政策意义"。第一届 ICCC 在 2008 年 3 月于纽约召开，吸引了来自世界 26 个国家的 500 多名与会者，其中包括了辛格、罗伊·斯宾塞、麦吉特里克等著名异议科学家和经济学家，以及捷克总统克劳斯等政要。会后与会代表们签署并发布了《曼哈顿气候变化宣言》，声称"科学问题要用科学方法解决"，"气候总在变化，独立于人类活动，二氧化碳不是污染物而是生命的必需品"，"所谓科学专家共识是错误的"，

---

① NIPCC 是由科学与环境政策计划（SEEP）、哈特兰研究所、二氧化碳与全球变化研究中心（the Center for the Study of Carbon Dioxide and Global Change）联合发起赞助的项目。这些机构都具有保守主义背景。此外，在美国还有许多类似的机构或智库，都明确反对 IPCC 的主流气候变化观点，如竞争企业研究所（Competitive Enterprise Institute）、卡托研究所（Cato Institute）、乔治·马歇尔研究所（George C. Marshall Institute）、独立研究所（The Independent Institute）、胡佛战争革命与和平研究所（The Hoover Institution on War, Revolution and Peace）、弗雷泽研究所（he Fraser Institute）、生物圈研究所（Institute for Biospheric Research）；在英国有欧洲科学与环境论坛（European Science & Environment Forum）、绿色地球协会（The Greening Earth Society）、经济事务研究所（Institute for Economic Affairs）、思想研究所（Institute for Ideas）等。此外，在澳大利亚、加拿大、捷克、丹麦、法国、新西兰、荷兰、瑞典等国也有类似的机构与组织，组织并发表了许多批评或反对人为全球变暖观点的著作。更具体的情况可参考 DUNLAP R E, JACQUES P J. Climate Change Denial Books and Conservative Think Tanks: Exploring the Connection [J]. American Behavioral Scientist, 2013, 57 (6): 699-731.

② IDSO C D. S. Fred Singer and the Nongovernmental International Panel on Climate Change [J]. Energy & Environment, 2014, 25 (6-7): 1137-1148.

"而限制工业和公民碳排放的政策和管制会降低发展的速度但对未来气候发展并无实质性影响",而且,"一般说来,更暖的气候比更冷的气候更适于地球上的生命",因此,"人类导致的气候变化不是一个危机"。① 2017 年 3 月在华盛顿召开的第 12 届 ICCC 大会吸引了超过 300 多名科学家、经济学家和政策专家与会。② ICCC 与 NIPCC 一起,成为气候变化异议者最重要的舞台。

除了 NIPCC 这些有组织的反对力量,还有不少科学家独立公开发表了质疑甚至否定的观点。美国共和党参议员吉姆·因霍夫(James Mountain Inhofe)是美国政坛上反对全球变暖的最积极的政治家,长期以来他一直旗帜鲜明地对抗 IPCC 代表的所谓气候变化科学共识。③ 2007 年,因霍夫收集并发布了公开质疑所谓全球变暖"共识"的 400 多位科学家的观点。④ 此后,因霍夫不断更新这个报告上的名单,到了 2010 年 12 月坎昆气候大会召开之际,这份名单上的异议科学家已经增加到了 1000 多名。⑤ 在这份名单里,有多位 IPCC 的作者以及罗伯特·劳夫林(Robert B. Laughlin)、伊瓦尔·贾埃弗(Ivar Giaever)等数位诺贝尔科学奖得主。在序言中,该报告说:"2010 年,随着 IPCC 科学家梯队顶层人物的气候门丑闻在网络上被引爆,怀疑的科学声音大合唱变得更加响亮了。"很有代表性的是西班牙古气候学家、IPCC 报告作者爱德华多·佐里塔(Eduardo Zorita),他批评了 IPCC 的主要作者、气候门主角迈克尔·曼恩和菲利普·琼斯:

> 迈克尔·曼恩和菲利普·琼斯应该被禁止参加 IPCC 的过程……他们不再有任何信誉了。……我写下这几行文字,很可能得到的结果是,

---

① Manhattan Declaration on Climate Change [EB/OL]. (2008-03-04) [2019-03].
② 12 届大会的介绍及大会发言视频可见于 ICCC 的官网:http://climateconferences. heartland. org/.
③ 因霍夫曾于 2003—2007、2015—2017 年担任美国参议院环境与公共事务委员会主席。因霍夫多次公开宣称全球变暖是一个"骗局",并多次邀请怀疑气候变化的科学家参加他举行的气候变化听证会。2012 年,因霍夫出版了《大骗局:全球变暖阴谋如何威胁你们的未来》(*The Greatest Hoax*:*How the Global Warming Conspiracy Threatens Your Future*)一书,核心观点是全球变暖是一场阴谋。
④ Inhofe U. S. Senate Report:Over 400 Prominent Scientists Disputed Man-Made Global Warming Claims in 2007, U. S. Senate Environment and Public Works Committee Minority Staff Report [EB/OL]. [2019-03].
⑤ Climate Depot Special Report:More than 1000 International Scientists Dissent Over Man-Made Global Warming Claims Scientists Continue to Debunk Fading "Consensus" in 2008 & 2009 & 2010 [A/OL]. (2010-12-08) [2019-03].

我未来的研究成果将很难发表。

佐里塔并没有危言耸听，我们在前面气候门邮件的讨论中，已经清楚地看到曼恩、琼斯等人如何打击那些公开的、疑似的怀疑者。佐里塔并没有要求将自己的名字列入这份气候怀疑者的名单，他也从来不是气候变化怀疑者或否认者。但即便是这样的主流气候学家，一旦提出了对 IPCC 或与之有关的什么人的批评，他将面临文章很难发表的窘境。2008 年，在因霍夫的少数党气候变化怀疑者报告发布之后，美国物理学家、普林斯顿大学教授威廉·哈珀（William Happer）主动联系因霍夫，请求在这个名单上加上自己的名字。哈珀因为在1993 年国会的一场气候变化听证会上作证，批评 IPCC 和科学界夸大了气候变暖，很快被副总统戈尔解除了他在政府中的科学职位。① 此类对异议者的无情压制，很容易让人想起中世纪对异端的宗教审判。因此，物理学家、诺贝尔奖得主伊瓦尔·贾埃弗称：

> 全球变暖已经变成一个新宗教。②

在这样的气氛中，持有异议的许多科学家特别是气候学家会小心翼翼地把自己的观点隐藏起来。那些敢于公开表达自己不同观点的就成了更少的少数。2010 年 4 月，施耐德等人在 PNAS 上发表了一项报告，对 1372 名气候学家发表的文献进行了调查分析，发现这些科学家中有 97%~98% 的人支持人为气候变化（anthropogenic climate change，ACC）的信条，而怀疑或反对这个信条的人只有2%~3%，远远低于支持者的人数。③ 当然，支持 ACC 或 AGW 的这些专家的信誉并不能保证他们支持的理论或假说一定是真理，而那些反对这一信条的科学家也不一定是错误的。但是，考虑到普通科学家在多数人共识的巨大压力下会放弃自己的观点，那么，会不会如挪威科学家贾尔·阿尔斯塔德（Jarle Aarstad）所问：

---

① DREW ZAHN. Global Warming Dissenters Dash Scientific "Consensus" [N]. World Net Daily, 2008-12-23.

② IVAR GIAEVER. Global Warming Revisited [C]. Lecture, 65th Lindau Nobel Laureate Conference, 2015-07-01.

③ ANDEREGG W R L, PRALL J W, HAROLD J, et al. Expert Credibility in Climate Change [J]. Proceedings of the National Academy of Sciences, 2010, 107 (27): 12107-12109.

那些质疑 ACC 假说的科学家有没有可能会被认为是 21 世纪最伟大的科学家?①

按照施耐德的调查，大约只有 30 名左右的气候科学家属于异议者的阵营。从人数上看，因霍夫名单上有 1000 多名异议者科学家。这些科学家大都在自己的领域内做出过杰出的科学贡献，但只有一部分从事气候变化及相关研究。那些气候科学领域之外持怀疑态度的科学家主要是基于本学科的理论和标准。地质学家主要基于地质时段的气候变化，认为当前气候变暖在整个气候历史上并不异常，因为曾经有过多次更剧烈的气候变化。而物理学家比如弗里曼·戴森等人则认为气候模式并不能精密充分地模拟地球大气的复杂运动，其预言并不可信。除了物理学家和地质学家，还有许多其他领域的科学批评，但由于篇幅的关系和主题的限制，本书不可能讨论所有这些领域的批评，而只能关注几位有代表性的气候科学异议者。

在科学中存在异议是很正常的，因为科学精神的本质就是怀疑精神。科学家从小就被培养对各种理论或方法提出疑问，特别在气候变化这一如此复杂和充满不确定性的领域，科学家们持有不同观点实在是太正常不过了。因此科学要进步，必须认真对待那些真诚的怀疑者和批评者。这一点，即便是曲棍球杆小组的一些成员也不会否认。汤姆·维格利曾专门和他的同伴们谈论过这一问题。2005 年 1 月，维格利在一封邮件中专门谈到应该如何对待那些异议者。他说:

> 准备这个报告有好的经验也有坏的经验。我想最坏的任务是决策者摘要——它耗费了我过去的三个月时间。好的经验是与绝大多数人都有积极的交流，真的很棒的一伙人。我对卡尔·米尔斯 (Carl Mears) 和约翰·兰赞特 (John Lanzante) 的印象很深刻。在会上，约翰·克里斯蒂做得很好——约翰、罗伊和 RSS 的伙计们之间有很好、很积极的互动，帮助澄清了很多问题。在会外，在 Email 世界里，他 (John Christy——译者按) 却更多地让人感到痛苦。他为决策者摘要提供了很多有益的建议，但一直指责 AOGCM (海—气耦合模式) 那些人在他们的模式中造假 (当然没有这么直白)。在邮件中，杰瑞·米尔

---

① AARSTAD J. Expert credibility and truth [J]. Proceedings of the National Academy of Sciences, 2010, 107 (47): E176.

（Jerry Meehl）、拉姆斯瓦米（Ramaswamy）和本（Ben）详细讨论了AOGCM 的发展过程。关于这一点，我们会在夏天写一篇 BAMS 文章——很多同行对模式的发展并不清楚。"造假"的想法启发我用一种审视的口吻来写。据我所知，约翰不会在他的异议观点中专门提起这一点。

为了容纳异议观点，报告将有一个"异议者"附录，并附有回应。你们在某个阶段会开始这一工作——给异议者的截止日期是 1 月 31 日，我们的反驳会持续到 2 月中旬。异议者们包括约翰·C，还有（更糟糕得多的）老罗杰尔·皮尔克（Roger Pielke Sr.），我们所有人都不同意这些人的异议观点。罗杰尔非常麻烦——但是细节太复杂无法在一封邮件中谈论。另一方面，他为决策者摘要和其他章节提出了许多有益的帮助。说他有一些奇怪的说法就足够了（尤其是有关土地使用变化的影响），这些观点很有趣，但是在我看来，都是思辨性的——虽然是可以检验的。我们还得看看这些异议——我只能说这么多，再多的话就不太道德了。①

作为曲棍球杆小组的主要成员，全球变暖阵营的重要代表，维格利承认怀疑者的有些观点是有益的，是值得了解甚至关注的。但是，大多数全球变暖支持者并没有这样的胸襟，往往简单粗暴地将怀疑者视为敌人。比如，绿色和平组织的一份报告就为我们列出了全球变暖学说的前十位敌人，他们是弗雷德·辛格、约翰·克里斯蒂、理查德·林尊、大卫·R. 雷格斯、萨利·巴柳纳斯、帕特里克·J. 迈克尔斯（Patrick J. Micheals）、蒂姆·鲍尔（Tim Ball）、克雷格·埃德索、舍伍德·埃德索（Shewood Idso）、威利·苏恩。这十位科学家都是研究气候变化以及相关领域的科学家，之所以被列入这个名单，是因为他们与许多保守主义智库有千丝万缕的关系。本书选择其中的两位，辛格和林尊，

---

① 气候门邮件，1106338806. txt。维格利是一个很奇怪的人，有时他能力排众议，客观地承认怀疑者论文（比如 MM，苏思和巴抑纳斯）的价值，但同时也积极参与全球变暖的"护门"。在这里，他一方面认为要包容那些异议者，但同时也希望对这些科学家进行打击。比如，在 MM 事件中，他就致信曲棍球杆群体成员，说："如果你们觉得塞尔斯（Saiers）是温室怀疑者阵营中的一员，那么，如果我们发现了这方面的文献证据，我们可以通过 AGU 官方通道把他开掉。"（1/20/2005，Tom Wigley to Mann，气候门邮件，1106322460. txt）塞尔斯是 GRL 的编辑，耶鲁大学地质学教授。维格利如此轻描淡写地认为只要有塞尔斯怀疑温室效应的证据，就可以想方设法将其从 GRL 编辑的位子上开除，可以看出异议科学家处于多么残酷的环境之中。

然后再补充一位杰出的气候科学家、全球变暖怀疑者朱迪思·库里，讨论一下他们怀疑全球变暖的理由和根据。

二、弗雷德·辛格：自然因素导致气候变化

在所有气候怀疑者中，弗雷德·辛格可能是影响最大的一位。除了怀疑气候变化，辛格还曾因质疑二手烟导致肺癌、工业废气导致酸雨等说法而颇受争议。2010 年，奥瑞斯科出版了《疑惑的贩子》一书。书中这样描述弗雷德·辛格和塞茨等人：

> 一次又一次，弗雷德·辛格，弗雷德·塞茨以及一小撮其他科学家与智库和私人公司联合起来挑战许多当代问题的科学证据。……他们宣称，吸烟与癌症之间的关系还未得到证实。他们坚持认为，科学家关于 SDI（译者按：SDI, Stand density index，烟雾发展指数）的风险与限制是错误的。他们认为酸雨是由火山导致的，臭氧洞也是如此。他们指责环保署操纵二手烟的科学。最近——二十多年来，面对着不断增加的证据——他们否认全球变暖的真实性。开始他们认为没有，后来声称只是自然变化，再后来即使正在发生也不是我们的错误，它无关紧要因为我们适应就好了。一次又一次，他们否认存在科学上一致的观点，即便是他们，他们自己，就是不同意的那几个人。①

2004 年，奥瑞斯科突然因气候科学共识一文而走红，从此她成为全球变暖阵营中影响最大的学者之一。如书名所示，奥瑞斯科把辛格和西兹等人称为"疑惑的贩子"，也就是专门制造和传播疑惑的人。后来的科学发展证明，辛格等人确曾在一些问题上犯了错误，如酸雨和臭氧层空洞的成因。但在气候变化这个问题上，很难说辛格等人就一定是错误的。

弗雷德·辛格 1924 年出生于奥地利的一个犹太人家庭，在纳粹入侵时随全家逃至英国，辗转几年之后移民到了美国。1948 年，在物理学家约翰·惠勒

① NAOMI ORESKES, ERIK M. CONWAY. Merchants of Doubt: How a Handful of Scientists Obscured the Truth on Issues from Tobacco Smoke to Global Warming [M]. New York: Bloomsbury Press, 2010: 6-7.

(John Archibald Wheeler) 的指导下，辛格以宇宙射线的研究获得了普林斯顿大学的物理学博士学位。辛格在美国海军的一个实验室工作了几年之后，加入约翰·霍普金斯大学的应用物理实验室，主要研究臭氧、宇宙射线和大气的电离层。辛格是最早敦促美国政府发射卫星探测地球的科学家之一①，他发明的大气臭氧层卫星测量技术后来被运用于早期的气象卫星。② 他在马里兰大学担任物理学教授和大气和空间物理主任期间，主要研究火箭、卫星和遥感技术。他预言了地球外空被地球磁场吸引的带电粒子形成的辐射带，后来得到了证实。1962年，辛格被任命为美国国家气象中心的第一个气象卫星服务站主任，指导利用卫星预报天气的计划。从 1971 年开始，辛格成为弗吉尼亚大学环境科学教授，主要研究和讲授环境问题，包括臭氧层、酸雨、气候变化等问题。他根据计算预言，人口和畜牧业的增长将导致甲烷的增长和温室效应的增强。他还预言，一旦甲烷上升到同温层将会被转化成水蒸气，可能会造成臭氧的破坏。这些预言都于 1995 年得到了证实。作为一名科学家，辛格曾获得艾森豪威尔总统的嘉奖，并被聘为美国政府多个机构的科学顾问，包括众议院空间委员会、美国国家航空航天局、政府问责办公室、国家科学基金会、美国原子能委员会、国家研究委员会、国防部战略防御计划、能源部，等等。

然而，从 20 世纪 80 年代开始，因为有关吸烟致癌、酸雨及臭氧层的观点以及与工业集团和保守派智库之间的关系，辛格的科学信誉遭到严重破坏，被认为是"出卖了自己的灵魂并成为公司雇佣的骗子"。当然，辛格本人不会接受这样的污名和近乎人身攻击的批评。③ 此外，他认为，不能用所谓吸烟问题来诋毁他对全球变暖的质疑。④

---

① Physicist to Help U. S. Speed Weather Satellite System [N]. New York Times，1962-07-06.

② SINGER S F，WENTWORTH R C. A Method for the Determination of the Vertical Ozone Distribution from a Satellite [J]. Journal of Geophysical Research，1957，62（2）：299-308.

③ S. FRED SINGER. Climate Deniers Are Giving Us Skeptics a Bad Name [N]. American Thinker，2012-02-29. 辛格把与"Denier"相反的称为"Warmistas"。Denier 无视证据而否认，Warmistas 僵化地相信人为全球变暖的末世论信条。辛格自认为是处于两者之间某一位置的怀疑者。

④ 2010 年，在奥瑞斯科等人的《疑惑的贩子》一书出版后，辛格发文为自己进行了辩护。他声称，自己的怀疑是合理的，都是基于一些事实："吸烟问题成为诋毁气候怀疑者的一个工具。……不论什么环境问题——臭氧层破坏、酸雨、杀虫剂，等等——任何以及所有给予客观事实的反驳都因为虚构的涉及烟草工业而受到谴责。当然，这都不是真的。" S. FRED SINGER. Secondhand Smoke, Lung Cancer, and the Global Warming Debate [J]. American Thinker，2010，12.

辛格之所以被对立阵营视为最大的敌人，"全球变暖否认者的教父"①，主要是因为他是最早批评全球变暖论、IPCC 及气候科学共识的科学家之一，并组建、参与了美国几乎所有重要的气候变化怀疑机构和行动。②

辛格关注全球变暖问题始自 1982 年。他认为，关于燃烧化石燃料排放的二氧化碳导致温室效应增强的问题，是一个非常困难但又极其重要的科学问题。辛格认为，这有可能导致灾难性的后果，也有可能什么都不会发生。虽然，辛格尚未形成关于全球变暖的明确观点，但他认为，关于这类问题的科学讨论，"不能把科学家的不同观点平均一下，或者去寻求一个共识"，"常常发生的是，一个极端的观点是正确的"。③ 可见，辛格从一开始就对科学中的所谓共识或主流观点不以为然。这似乎成为他后来看待臭氧层破坏、气候变化等问题的基本立场。此外，虽然那时辛格没有明确批评全球变暖，但他认为，"太阳释放能量的微小降低就可以抵消空气中大量二氧化碳的暖化效应"。这预示了他后来认为是自然因素而不是人为因素是气候变化主因的基本立场。

辛格是 SEPP 的创立者，NIPCC 的组织者。1990 年，担任弗吉尼亚大学环境科学教授的辛格创办了科学与环境政策项目（The Science and Environmental Policy Project，SEPP）。SEPP 被认为是一个宣传性群体（advocacy group），最初以参与反对臭氧层损坏等主流科学观点而闻名，但是他们对臭氧层破坏理论的质疑被该理论的提出者、1995 年诺贝尔化学奖得主马里奥·莫利纳（Mario Molina）斥为"听起来合理，但只是伪科学"④。蒙特利尔议定书签订之后，辛格放弃了对臭氧层破坏的质疑，但仍然坚持对全球变暖理论的批评。当时很多人认为化石燃料燃烧产生的二氧化碳强化了自然的大气温室效应，并将给人类带来危险，因此需要尽快采取激进的措施以避免各种灾难，如极端气候、海平面上升等。但辛格认为，那些实际研究这些问题的科学家——大气物理或气候学

---

① Mother Jones. Put a Tiger in Your Think Tank [J]. Mother Jones, 2005, 5-6. 称辛格为"否认全球变暖的教父，著有《对全球气候协议的科学控诉》及《热议论，冷科学：全球变暖的未结束的争论》等，主要言论等，主要言论：'没有让人信服的证据表明全球气候真地在变暖。'与之有联系的埃克森美孚资助的机构：至少有七家。"

② 在这一点上，他可以和已故美国物理学家、前美国科学院院长弗雷德·西兹相提并论。

③ S F SINGER. Future Climate [J]. Foreign Affairs, 1982, 61 (1).

④ TAUBES G. The Ozone Backlash: While Evidence for the Role of Chlorofluorocarbons in Ozone Depletion Grows Stronger, Researchers have Recently been Subjected to Vocal Public Criticism of Their Theories—and Their Motives [J]. Science, 1993, 260 (5114): 1580-1583.

领域的专家并不认可这样的观点，也就是说，"并没有科学共识支持温室暖化的威胁"①。然而，以往审慎的环保政策正在日益受到新闻和舆论的影响，并非基于可靠的科学证据之上。

实际上，不仅是辛格有这样的看法，就在不久前，《科学》的一篇社论就指出，按照通常的科学标准，当时关于全球变暖的研究，"更多的是炒作而非可靠的事实"②。据辛格说，SEPP 在 1991 年夏调查了 120 名担任 IPCC 报告作者和评审的美国大气科学家，在回应的 50 名科学家中，有 23 名科学家抱怨 IPCC 的决策者摘要没有准确地呈现报告的结论。多数的受访者认为气候记录中没有清晰的证据证明人类活动强化了温室暖化。几乎所有的回应者对全球气候模式（GC-Ms）的充分性表达了一定程度的怀疑。但新闻记者和政府官员只阅读摘要，没有人去读那份 400 多页的报告，势必受到一定程度的误导。辛格说，即便是绿色和平组织对 IPCC 科学家进行的一项调查，同样有 47% 的科学家认为当前的政策"不太可能"导致温室效应的急剧强化。多种调查表明，科学家们虽然承认可能发生一定程度的全球变暖，但各种尚未核验的（yet-to-be validated）模式所预言的灾难没有得到科学证据的支持。这些都表明所谓的气候科学共识远远没有达到，因此在许多有待回答的问题得到解决之前，还不宜采用激烈的政策。

辛格批评的焦点之一是模式的缺陷。预言人类活动对气候和环境的影响只有两个途径：一是理论性的，也就是根据对地球大气和环境的模拟进行计算；二是经验性的，需要分析大气以及一些环境参数比如海平面和冰盖的观测数据。辛格认为，只有这两者符合才能证明预测是正确的。如果两者不相符，那么结果或者是模型不可靠，或者数据不准确，或者两者都有问题。辛格说，如果观测和理论不相符，那就不能用理论来预言未来的事件。气候模型是气候预测的唯一工具，然而只能对大气进行高度有限、简化的数学描述，即便是计算能力大大提高，也仍然会受限于空间和时间上的分辨率，很难精确地模拟云过程、大气小尺度对流以及水蒸气输送、气溶胶效应等。特别是，为了符合气候历史与观测数据，绝大多数模式都必须经过"调整"（tuned），调整之后虽然能与一些参数符合，但往往又不能符合其他一些参数。比如，争论的一个焦点是水蒸气反馈。模式预言了正反馈，但有些科学家，如劳伦斯利弗莫尔实验室的休·

---

① SINGER S F. Warming Theories Need Warning Label [J]. Bulletin of the Atomic Scientists, 1992, 48（5）: 34-39.

② ABELSON P H. Uncertainties about Global Warming [J]. Science, 1990, 247（4950）: 1529.

艾尔萨塞尔（Hugh Elsaesser）、MIT 的理查德·林尊得到了相反的结论。

除了模式有缺陷，全球观测数据也揭示出一些问题。辛格指出了一个判断模式精确性的方法：审视其融贯性（consistency）和效度（validation）。融贯性指不同模式之间的匹配程度，但不同模式对温室效应的预言相差很大。融贯性还指理论在时间上的一致性，而气候模式的许多预言前后相差太大，如海平面上升，几年前模式预言要升高 30 英尺①，现在变成了 3~11 英寸②。模式的预测与观测数据的符合程度就是其效度。辛格注意到，IPCC 1990 年评估报告指出，人类导致的温室效应还没有可靠地检测到。③ 然而，大多数模式都预言了有0.75~1.5 度的变暖。实际上，1880—1992 年，只有 0.5 摄氏度的变暖，而且这0.5 摄氏度主要发生在 1940 年之前，那时还没有排放足够导致温室效应加剧的二氧化碳。1940—1992 年 50 年间，虽然人类排放了大量的二氧化碳，但温度并没有明显的上升。辛格援引的两位丹麦大气物理学家（E. Friis Christensen 和K. Lassen）的研究结果表明，地球平均温度与太阳活动（太阳黑子周期）密切相关。过去一个世纪观察到的全球变暖，无论是纬向的、垂直的，还是半球的变化，都与温室理论不符合。因此，如果这项结果是对的，那么很少或没有变暖可以归为温室气体效应。辛格说，检验气候模式的最合适数据，是卫星微波观测的全球温度记录。这是唯一真实的全球性的、连续性的数据。然而，"相比当前理论所预言的每十年 0.3 摄氏度的升温，卫星记录没有显示出明显的温度趋势"④。

值得注意的是，辛格说"卫星记录没有显示出明显的温度趋势"。所谓"趋势"（trend），指事物变化或发展呈现出的某种一般性的倾向，与"波动"或"涨落"或"起伏"（fluctuation）相对。辛格的意思是，卫星观测数据显示出温度有变化起伏，但没有明显的（上升或下降）趋势。造成这种温度波动或起伏的有多种原因，比如火山活动、大气系统自身的混沌行为，等等。这些波动导致很难辨认出人类活动的长期影响。辛格指出，要把自然变化与人类活动增强的温室效应区分开来，需要仔细的检验和比平均表面温度更精细的指标。

基于上述理由，辛格认为，下个世纪温室气体翻倍不会导致严重的或灾难

---

① 合 9.144 米。

② 合 7.62~27.94 厘米。

③ HOUGHTON J T, JENKINS G J, EPHRAUMS J J. Climate Change, The IPCC Scientific Assessment [R]. Cambridge University Press, 1990: 25.

④ SINGER S F. Warming theories need warning label [J]. Bulletin of the Atomic Scientists, 1992, 48 (5): 34-39.

性的变暖。此外，很多科学家和绝大多数农业专家会认为，增高的二氧化碳水平整体上有益于作物，因为温暖的气候和更多二氧化碳更有利于作物的繁荣。还需要几年甚至十几年，卫星数据才能确立一个明确的温度趋势，对大气的理论认识才能足够全面以有能力做出精确的预测。

如果是这样，那么政府应该等待多长时间去采取一些政策行动呢？并且，如果确定了某种温度趋势，又如何能确定是人类导致的呢？这些问题的答案对政府决策来说是至关重要的，因为这些决策会影响到其他的人类价值，如经济福祉，健康和预期寿命。辛格认为，"延迟行动并不是等待灾难的到来。"即使工业化国家采取严厉的限排政策也只会使温室气体翻倍延迟有限的几年时间。第三世界国家人口和经济增长将会很快决定温室气体的增长。对这些国家进行限制，并将数十亿人继续置于贫穷、饥饿和悲惨的处境，将会被认为是不道德的，是某种形式的"生态—帝国主义"（eco-imperialism）。相比之下，辛格更同意美国科学院提出的"减缓"或适应策略，并采取一些技术手段，比如植树、促进海洋浮游生物的生长，等等。而激烈的、冒失的特别是单方面的压制二氧化碳排放不过是为了延迟一个不太可能的温室暖化将会危及工业世界的生活水平——甚至政治上的自由。因此，辛格问道："有那么多需要资源的紧迫的——而且是真实的——问题，每年耗费上千亿美元去处理一个不过是虚幻的威胁，这有意义吗？"

辛格是 IPCC 最著名和持久的批评者。我们已经看到，辛格本来就对所谓的科学共识不以为然。对于 IPCC，他也有这样的批评。1996 年，他致信《科学》杂志，声称他在参加 IPCC 工作会议时发现，IPCC 决策者摘要报告"提供的是挑拣的事实，并省略了一些重要的信息"。比如，"摘要（正确地）报告说，过去 100 年间升温了 0.3~0.6 摄氏度，但没有提到，过去 50 年间如果有的话也只有很少的升温（依赖于使用谁整理的数据），但在这个时期，排放了 80% 的温室气体。报告也没提到，卫星数据——唯一真正的全球性观测数据，1979 年之后就可以得到了——显示，根本没有升温，实际上有轻微的降温"。他批评气候模式预测结果没有得到验证，没有提到美国政府官方声明的到 2100 年的升温只有 0.5 摄氏度，只有 IPCC 1995 年报告最低预言值的一半。如此低的值，考虑到大的自然气候波动，是很难检测出来的。基于上述理由，辛格认为，"全球变暖将根本不是一个问题。神秘的是，为什么有些人坚持把它变成一个问题、一个危机，或者一个灾难——'人类面对的最严重的全球性挑战'。"①

----

① S F. SINGER. Climate Change and Consensus [J]. Science，1996，271 (5249)：581-582.

需要指出的是，辛格的有些批评并不完全准确。他说决策者摘要没有提到过去50年的增温，这没有问题。但是，技术摘要（Technical Summary）明确提到了"过去40年增温了0.2~0.3摄氏度"，而且还指出，增温主要发生在两个时期，1910—1940年，以及20世纪70年代中期以后。① 当然，决策者摘要有没有提到这50年的升温并不重要。问题的关键在于，过去50年有没有升温，以及升温的具体过程是什么。全球平均温度指数显示（如图22②），从1880年到1980年，升温确实主要发生在1920—1940年，大约升高0.4摄氏度，而1940—1980年40年间，温度确实没有上升，甚至有轻微下降。然后，从1980年后温度又开始上升，到1990年前后，上升了大约0.2摄氏度。这样，基本符合IPCC报告所说的过去100年间上升0.3~0.6摄氏度的上限。考虑到1940年后人类排放了大量的温室气体，但1940—1980年全球平均温度并没有上升，不能说辛格的质疑没有道理。此外，辛格认为卫星数据显示没有升温，并由此批评气候模式的预言和卫星观测数据不一致，因此没有得到验证。实际上，IPCC报告虽然没有在决策者摘要中提到这个问题，但并没有在报告中回避它，而是专门进行了解释。③ 但是，IPCC所说的，经过调整之后模式的预言与观测数据之间不再有明显的不符，同样并不能说气候模式得到了辛格所说的验证。

毫无疑问，在反对全球变暖上，辛格的活跃程度及其言行远远超过了一个普通科学家所说所做的范围。他是一名大气科学家，同时更是一名积极的政治社会活动家。他不仅作文著书论证全球变暖说没有足够的科学证据，而且多次到国会作证，接受各种媒体的采访，参与制作宣传影片，并成立各种组织，反对他所说的变暖主义者、危言耸听者，或激进的环保主义者，反对限制化石能源的使用。

① HOUGHTON J T, MEIRA FILHO L G, CALLANDER B A, et al. Climate Change 1995: The Science of Climate Change, Contribution of WGI to the Second Assessment Report of the Intergovernmental Panel on Climate Change [R]. Cambridge: Cambridge University Press, 1996: 26.

② STOCJER T, QIN D, PLATTNER G K, et al. IPCC, 2013: Summary for Policymakers [R] // STOCKER T F, QIN D, PLATTNER G K, et al. IPCC, 2013: Climate change 2013: The Physical Science Basis. Contribution of Working Group I to the Fifth Assessment Report of the Intergovernmental Panel on Climate Change. Cambridge: Cambridge university press, 2014: 6.

③ HOUGHTON J T, MEIRA FILHO L G, CALLANDER B A, et al. Climate Change 1995: The Science of Climate Change, Contribution of WGI to the Second Assessment Report of the Intergovernmental Panel on Climate Change [R]. Cambridge: Cambridge University Press, 1996: 438.

辛格创立了 SEPP 和 NIPCC，他对气候变化科学做出真正重要的贡献显然是 NIPCC。在 2014 年 7 月 9 日第九届国际气候变化大会开幕式上"气候科学终身成就奖"获奖演说中，辛格声称 NIPCC 报告的出版是他整个生命中最激动的时刻。

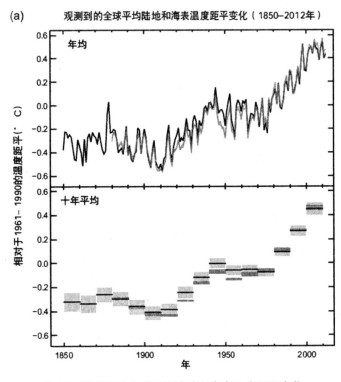

图 22　观测到的全球平均陆地和海表温度距平变化

可以说，NIPCC 发布的报告对 IPCC 报告提出了最全面、最系统的挑战和质疑。如其自我定位的，NIPCC 是气候科学知识评估的"Team B"，旨在提供独立于 Team A，也就是 IPCC 的气候科学知识评估。我们知道，在处理一些复杂或有争议的问题时，工业界、政府和法律界通常会鼓励一些相互竞争的小组去寻求不同的方案，以更好地解决这些困难问题。Team B 通常会核实或反对 Team A 的论点，因此很可能揭示出 Team A 的分析中忽略甚至掩盖的方面。由于气候变化的极端复杂性并涉及重要的经济政治问题，因此，辛格创立的 NIPCC 作为气候变化知识评估的 Team B，在科学上和决策上就具有非常重要的意义。

NIPCC 报告并非有意在每一个问题上都与 IPCC 相对立，提出的不少问题确实有待科学上的进一步探讨，比如气候模式的缺点、大气中二氧化碳浓度增加对作物生长的作用，等等。事实证明，NIPCC 提出的一些主要论点逐渐获得了主流科学的认可。比如，NIPCC 的核心论点，即自然因素是导致全球变暖的主要因素就得到了某种程度的承认。曲棍球杆曲线的作者、气候门主角迈克尔·曼恩在 2009 年发文承认了他的曲棍球杆曲线所否认的中世纪暖期和小冰期的存在，这也就变相承认了自然因素可以导致气候变化。

关于 NIPCC 的科学意义，我国气候科学家王绍武、罗勇和赵宗慈等人给出了中立、客观的评价："至于现代全球变暖是主要由人类活动造成的温室效应加剧的结果，还是自然因素是主要原因，这是 IPCC 和 NIPCC 的主要分歧。目前无论科学界，还是政府间，或者公众媒体，主流是支持 IPCC 的观点。不然也就无须召开哥本哈根会议了。中国的国家报告也基本支持 IPCC 的观点。但是，中国科学家历来并没有把人类活动作为气候变暖的唯一原因。在报告第 80 页就指出：气候模拟研究表明，全球与中国 20 世纪的变暖可能主要与增强的温室效应和气候自然变化有关。……1999—2008 年的温度变化证明这种观点是正确的。这十年全球平均温度增量接近零。但是，在此期间温室气体浓度不仅没有停止增加，增量还超过了 20 世纪末期。显然，有温室气体之外的因子在起作用，抵消了温室效应加剧造成的增温。……NIPCC 报告中提出来的一些问题也值得进一步研究。这些问题大部分属于科学发展的问题，并不是 IPCC 的过错。当然 IPCC 历届报告也有一些结论被证明是不适当的。引用曲棍球杆曲线的 IPCC-TAR 报告指出'20 世纪的变暖是近千年来最强的'就受到了质疑。分析一下 4 次 IPCC 评估报告就可以看出气候变化科学前进的脚步。我们相信，广泛地讨论、倾听不同的见解，必然会促进气候变化科学的发展。"① 从这个意义上讲，辛格以及他创立的 NIPCC 对气候变化科学的发展所做的贡献是不容否认的。

三、理查德·林尊：虚假的共识与全球变暖政—学—媒铁三角

毫无疑问，林尊是最受人尊敬的气候变化科学怀疑者，他在大气科学研究方面拥有无与伦比的学术资历和科学成就，被誉为当代最伟大的大气科学

---

① 王绍武，罗勇，赵宗慈. 关于非政府间国际气候变化专门委员会（NIPCC）报告 [J]. 气候变化研究进展，2010，6（2）：89-94.

家之一。① IPCC 创始人、第一任主席伯林说:"在批评者中加入了一些具有杰出学术成就的科学家,他们的论点值得严肃考虑。其中最直言不讳、吸引了相当注意力的是理查德·林尊,MIT 的教授。"② 林尊是最早自称为"怀疑者"的科学家,也是最早被称为"异议者"的科学家。③ 1990 年,当人们刚刚开始高度关注全球变暖的时候,他就公开声称,没有确切的证据证明几度的暖化真的会构成一个灾难。④

林尊说,人们都假定人类活动增加二氧化碳一定会做坏事。然而,确定什么是"坏事"是一件困难得多、不确定得多的事情。当下一个候选是"全球变暖"。⑤ 在林尊看来,全球变暖理论的主要观点简单得很有欺骗性:CO_2 吸收红外线并再向下辐射,这样就加热了地球。CO_2 增倍给向下的热流量大约增加 4 瓦特/m^2——如果没有这些额外的 CO_2,是 327 瓦特/m^2。

根据上述数字,林尊提示我们注意如下事实:有比红外线吸收光谱中 CO_2 更重要的东西。水蒸气和云覆盖都是高度易变的这样一个事实,给这个情况增加了复杂性。两者中任何一个百分比的改变足以改变红外线流量,超过 CO_2 增加导致的变化。在"温室效应"的简单图景中,还有一个更重要的复杂性:也就是说,地球表面的冷却通过的首要过程并非辐射。这些过程是蒸发和湍流热交换。这些过程会极大地降低温室效应。在水蒸气和云的覆盖下,

---

① 理查德·林尊(1940—)是一位大气动力学家,主要研究行星波、季风气象学、行星大气,以及流体动力学不稳定性,如热带在中纬度天气和全球热传输中的作用、水分收支及其在全球变化中的作用、冰河时代的起源、大气传输中的季节效应、平流层波、气候敏感性的观测确定等。他为哈德雷循环流通理论的发展做出了重要贡献,增进了对小规模重力波在产生全球中间层温度梯度逆转中角色的理解,提出了大气潮汐和热带平流层准两年振荡的公认解释。他还是研究臭氧光化学、辐射传输和动力学相互影响的先驱。他是美国气象学会梅辛格奖、查尼奖,美国地质学联盟 Macelwane 奖的获得者。他是 NAS 人权委员会的相应成员,并且是 NRC 大气科学和气候委员会和 AMS 理事会的成员。他还是美国宇航局戈达德太空飞行中心全球建模与仿真小组的顾问,和加州理工学院喷气推进实验室的杰出访问科学家。林尊是 IPCC 2001 年报告第一工作组第 7 章的主要作者之一。

② BERT BOLIN. A History of the Science and Politics of Climate Change: The Role of the Intergovernmental Panel on Climate Change [M]. Cambridge: Cambridge University Press, 2007: 182.

③ KERR R A. New Greenhouse Report Puts Down Dissenters: An International Panel Assessing Greenhouse Warming Pointedly Denies the Validity of Objections Raised by a Prominent Minority [J]. Science, 1990, 249 (4968): 481-482.

④ LINDZEN R S. A Skeptic Speaks out [J]. EPA Journal, 1990, 16: 46-47.

⑤ LINDZEN R S. Some Remarks on Global Warming [J]. Environmental Science and Technology, 1990, 24 (4): 424-427.

纯粹的辐射平衡会使得地球表面平均温度为355K——如果没有大气的话，对应黑体的温度是255K。但由于水汽输送，实际温度仅为288K。应该注意的是，288K比纯粹温室效应更接近对应黑体的温度。这不是意味着温室效应是不真实的（毕竟288K比255K更温暖）；但这绝对意味着温室效应的效果既不简单也不纯粹。

林尊提出了虹膜假说（Iris hypothesis）。2001年，林尊等人提出，热带海平面温度的上升将导致卷云的减少，这样就会有更多的红外辐射从地球表面逃离并泄露到太空中去。这相当于一种负反馈效应。根据他们的计算，每当云区升高1摄氏度就会减少22%的卷云覆盖。热带云的这一变化会给全球气候带来一个负反馈，反馈因子是-1.1，如果这一结果被证实的话，将会抵消所有更敏感的气候模式中的所有正反馈。这意味着全球平均温度会减少1.1摄氏度。如果CO_2增倍的话，全球平均温度的增加会因为虹膜效应而减少至0.57～0.83摄氏度。[1]

林尊的潜在观点是地球有能力进行自我调节，在温室气体增加的情况下通过虹膜效应抵消增强的温室效应。林尊的观点与主流科学观点正好相反。当前的科学共识是温度增加会导致卷云的增加从而减少红外辐射的泄露，因此是正反馈。林尊的假说如果得到证实的话，将是一个非常重要的发现。有人认为没有证据支持这一假说。[2]但罗伊·斯宾塞等人根据卫星数据进行的分析则可能支持林尊关于气候稳定性的"红外虹膜"假说。[3] 2015年的一项研究再次提出了有利于"虹膜假说"的证据。该文认为，当前气候模式对CO_2增倍的气候敏感性的平衡区间在2.0K～4.6K，但显示了一个相对较弱的全球平均降水的增加。然而，根据观测记录，气候敏感性接近这个区间的低值，这就显示模式低估了水循环的某些变化。这一差异提示了这样一种可能性，即一些重要的反馈被模式忽略了。他们发现，虹膜效应可以构成一个模式中没有包含的负反馈。如果在模式中包含这个负反馈，就可以使模式对大气中温室气体浓度增加的敏感性的模拟结果更接近观测数据。他们提出，如果温度上升时沉降对流云更容易积

① LINDZEN R S, CHOU M D, HOU A Y. Does the Earth have an Adaptive Infrared iris? [J]. Bulletin of the American Meteorological Society, 2001, 82（3）：417-432.

② HARTMANN D L, MICHELSEN M L. No Evidence for Iris [J]. Bulletin of the American Meteorological Society, 2002, 83（2）：249-254.

③ SPENCER R W, BRASWELL W D, CHRISTY J R, et al. Cloud and Radiation Budget Changes Associated with Tropical Intraseasonal Oscillations [J]. Geophysical Research Letters, 2007, 34（15）.

聚成更大的云，这个过程就构成一个似乎可信的虹膜效应的物理机制。[1]

虽然林尊的虹膜假说尚未得到充分证实，但至少表明，全球变暖是一个充满了不确定性的课题。近年来，几乎所有的模式都预言过去一个世纪至少增温0.5K。并且，模式预言的增温趋势（1880年至今）被认为得到了地面温度测量记录的证据支持。然而，林尊指出，这个记录有严重的问题。记录在各种时间尺度上都显示了同样规模（0.5K）的不规则（很可能是自然的）变率。这个0.5K的增温几乎全部发生在1940年之前。也就是说，0.5K的升温发生在大量CO_2以及其他温室气体排进大气之前。此外，根据观测，近二十年中海洋温度没有上升，而且美国自1900年以来温度也没有明显上升。还有，过去十年的全球平均卫星测量与地面测量数据也不匹配。这些都揭示了全球变暖问题的高度复杂些和不确定性。

林尊的怀疑很快引起了高度注意。《科学》发文称，"一份很快发表的报告，截至目前最广泛的对温室威胁进行的评估，提出了一个非常不同的观点：在温室专家中有一个全体一致的看法，认为暖化正在进行之中，其后果将很严重。"这个全体一致的看法被称为"温室共识"[2]。该文以IPCC工作组参与写作和评审的全部200名专家达成的科学共识的名义，来反驳林尊等人的"少数极端观点"。

林尊很快对这个所谓的"全体一致的看法"以及"温室假说"进行了回应。他认为担忧大气中CO_2浓度的升高完全合乎情理，但这需要慎重。什么是危险？这种一致看法是不是对气象学有益？这些问题需要严肃的讨论。林尊认为，25~90千米高度的大气主要靠CO_2向外空辐射热量而冷却，因此CO_2增加可能会冷却这一区域，并且进而提高这一范围的臭氧浓度。CO_2浓度升高还有助于刺激作物的生长。这样看来，CO_2增加是良性的甚至是有益的。因此林尊认为，CO_2升高在接下来几个世纪中不会对人类产生直接有害的影响。CO_2翻倍确实会暖化地球，但如果这一暖化低于气候的自然波动，就没有必要担心。他相信，温室暖化也许比公开估计的要小很多。虽然如此，林尊指出，这不能说"我或其他什么人会保证地球不会显著变暖或变冷"，这些"地球在过去已经

---

① MAURITSEN T, STEVENS B. Missing Iris Effect as a Possible Cause of Muted Hydrological Change and High Climate Sensitivity in Models [J]. Nature Geoscience，2015，8（5）：346-351.

② KERR R A. New Greenhouse Report Puts Down Dissenters: An International Panel Assessing Greenhouse Warming Pointedly Denies the Validity of Objections Raised by a Prominent Minority [J]. Science，1990，249（4968）：481-482.

发生过了"。"事实是，我们的气候曾比现在更暖过，也比现在更冷过，主要是因为系统自身的自然变率。这种变率的发生并不要求外部的影响"。所以，当下对气候的理解并不支持一个所谓的"共识"。①

林尊进一步挖掘和探讨了这个气候科学共识的"起源和本质"。他提醒人们，20世纪五六十年代的变冷趋势曾一度在20世纪70年代导致了一波小的全球变冷恐慌，但那基本属于正常的科学争论。当时也出现了一些歇斯底里的著作，如现在摇身变为变暖恐慌支持者的斯蒂芬·施耐德，当时出版了《创世纪战略》，宣扬全球变冷。甚至美国科学院也出台了一份含糊其词的报告。但整个科学界并没有把这个问题当回事，政府也直接忽略了。到70年代末随着温度的上升，全球变冷恐慌就慢慢消失了。

变暖恐慌正式开始于1988年的夏天。那个夏天世界有些地区特别是美国异常炎热。但是，林尊认为，70年代末的升温过于突然，很难与CO_2浓度的平稳上升有什么联系。然而，NASA戈达德研究所的詹姆斯·汉森却在参议员阿尔·戈尔的听证会上作证说，他可以99%地确定，温度上升了，而且有温室暖化，但他对二者的关系却避而不谈。

虽然汉森的这些评论毫无科学意义，但与20世纪70年代兴起的环保激进运动结合在了一起。在数以亿计的预算支持下成立了超过50000人的庞大的游说组织，并得到了很多政治人物的支持。于是，"全球变暖"成为资金募集的主要战斗口号。同时，媒体也不加质疑地把这些组织的说法当成了客观真理。

当时从事气候模拟的大多数科学家们都对汉森提出了批评，认为他不应该把高度不确定的模拟结果推到公共政策层面。然而，他们虽然批评了汉森，但又认为大的变暖并非不可能发生。这样一种暗示对政客及其支持者来说足够了，因为任何有关环境危险的细微暗示都可以成为监管的理由，除非这个暗示能够被严格地证明是虚假的。林尊说，这里存在着一种非常有害的不对称性。因为，在环境科学里，这种严格性通常是不可能达到的。

虽然其他科学家们很快就同意二氧化碳增加后可以预计会有一些变暖，如果浓度达到一定程度，暖化可能会比较显著。但是，林尊指出，当时广泛存在着怀疑观点。然而，到了1989年早期，欧洲和美国的大众媒体却宣布"所有科学家"都同意暖化是真实的，并可能是灾难性的。

在林尊看来，这种全社会上下包括许多科学家在内积极鼓吹全球变暖，无

① LINDZEN R S. Some Coolness Concerning Global Warming [J]. Bulletin of the American Meteorological Society, 1990, 71 (3): 288-299.

非是一场闹剧，他不想参与其中。但是在 1988 年夏，一位经济学家致信林尊说，因为他提出全球变暖在科学上有争议，被从参议院的一场听证会上排除出去。林尊披露说，1989 年冬，MIT 气象学家雷金纳德·E. 纽厄尔（Reginald Newell）因为其数据分析没能显示过去一个世纪有升温而失去了国家科学基金的资助。评审人认为他的结果对人类有危险。看到环保主义者以及政客们都在高喊着"地球母亲在哭泣"，林尊感到一种非常危险的形势正在形成。这个危险并非"全球变暖"本身，而是科学家可能会因为其研究的结论无法获得正常资助。据林尊回忆，1992 年，参议员阿尔·戈尔曾召开过两次听证会，试图胁迫不同意全球变暖灾难论的科学家（包括林尊本人在内）。[1] 从此，许多持有异议科学家的资助被取消，研究成果难以发表，甚至被污蔑为工业利益集团的"雇佣科学家"、煤炭石油行业的"工具"，等等。有一些科学家甚至从气候变化研究领域彻底消失了。

林尊感觉到的危险信号还体现在他披露的一件怪事上。他在 1989 年春写了一篇文章批评全球变暖。先是未经评审直接遭到《科学》的拒稿，理由是读者不会感兴趣。于是林尊投稿《美国气象学会通报》。经过审稿后文章被接受，但是之后又重新审稿，再次通过被接受，如此反复，折腾了很长时间。接下来的事情就更离奇了。林尊的文章尚未发表，《科学》已经刊文攻击了。林尊这才认识到，他的文章竟然已经被流通了长达半年之久。文章发表之后，《美国气象学会通报》的编辑理查德·E. 霍尔格伦（Richard Hallgren）征求反驳文章，后来发表了斯蒂芬·施耐德等人的。随后《通报》上展开了书信讨论。大多数来信者都支持怀疑论的观点。这反映了当时气候学界的状况，基本符合林尊所援引的一项盖洛普调查的结果：受访的美国气象学会和美国地球物理联盟的科学家中，49% 认为尚不能辨认人为的全球变暖，33% 表示不知道，18% 认为已经发生了。虽然科学家们表达了对林尊的支持，但是我们应该注意到，《美国气象学会通报》杂志社对待林尊文章的奇怪行为，表明怀疑论观点的文章可能会遭受异乎寻常的审查和不公平的对待。这一点我们前文讨论 MM 的《自然》遭遇时已经涉及了。

与此同时，在专业科学家群体之外，也出现了大量攻击全球变暖批评者以及宣扬全球变暖的著作。还有一些科学的政治、社会性团体也积极参与推广全球变暖的信念。林尊提到的忧思科学家联盟（the Union of Concerned Scientists, UCS）是此类社团中影响最大的一个。UCS 成立于冷战时期（1969 年由 MIT 的

---

[1]　LINDZEN R S. Climate of Fear [N]. The Wall Street Journal, 2006-04-12.

教师和学生创立），本致力于核裁军，冷战后期开始积极反对核电站。20 世纪 80 年代末开始，UCS 参与全球变暖也是异常积极，甚至将之作为最重要的事务。1989 年，UCS 发起了一项请愿行动，征集到了 700 多位科学家的签名，其中包括许多美国科学院院士和多位诺贝尔奖得主。虽然签名者中只有 3 到 4 位科学家从事气候学研究，但并不妨碍该请愿书声称"所有科学家"都同意全球变暖的灾难情景。林尊说："这样让人不安地滥用科学权威并没有得到注意。"这里，林尊指出了非常重要的一点，即这项请愿行动真正关键的意义，是与"全球变暖"作战的需要成为自由良心（liberal conscience）教条的一部分。而这个教条，科学家们是很难抵抗的。事实证明，一旦多数科学家们在道德良心上受到全球变暖的绑架，那些持有异议的科学家就处于一个非常尴尬的境地，不得不面对巨大的道德和政治压力。

2001 年，林尊在参议院的一场听证会上描述了 IPCC 科学家们所受到的压力：

> 通常每几页就有几个人一起工作。有一些不同意见是很自然的，这些不同意见一般会以一种文明的方式达成一致。但是，在整个报告起草的过程中，IPCC 的"协调作者"会四处走动，坚持弱化对模式的批评，加入一些高大空洞的陈述以显得虽有指出的那些错误但模式仍然是正确的。拒绝的人会偶尔遭受人身攻击。我亲眼看到一些作者被迫声明他们的"绿色"信用以维护他们的主张。
>
> 全部报告在作者们签字认可很久之后遭到了篡改。①

林尊指出，所谓的"科学一致性"实际上指的是参与 IPCC 第一工作组报告

---

① 林尊指出了关键的《决策者摘要》所遭到的篡改：关于归因的结论性文字，原稿为：From the body of evidence since IPCC（1996），we conclude that there has been a discernible human influence on global climate. Studies are beginning to separate the contributions to observed climate change attributable to individual external influences, both anthropogenic and natural. This work suggests that anthropogenic greenhouse gases are a substantial contributor to the observed warming, especially over the past 30 years. However, the accuracy of these estimates continues to be limited by uncertainties in estimates of internal variability, natural and anthropogenic forcing, and the climate response to external forcing. 但后来被篡改为：In the light of new evidence and taking into account the remaining uncertainties, most of the observed warming over the last 50 years is likely to have been due to the increase in greenhouse gas concentrations.

写作和评审的大约 150 名科学家。这些科学家由各国政府任命，大多数来自政府的科研机构。有证据表明部分科学家曾受到压力不得不调整研究的结果，以突出官方想要的情景。这些科学家对报告的最终版本有很不相同的看法。报告不但整体上含混不清，而且有数不清的补充说明。特别值得注意的是《决策者摘要》。FAR 的决策者摘要由第一工作组主席约翰·霍顿爵士执笔，他几乎彻底忽略了报告中的不确定性，把预期的严重暖化作为确定的科学预言呈现出来。根据这份摘要，很多人开始声称"来自几十个国家的世界上最伟大的数百位气候科学家一致同意……"。林尊说，实际上那时的气候科学共同体相当小，而且主要集中在美国和欧洲几个国家。

　　为什么戈尔等人一再强调这种科学上的一致性？林尊说，即便在一些远比变暖问题简单的事情上，实际上都不存在所谓的一致性，在全球变暖如此复杂和不确定的问题上存在一致性将是惊人和可疑的。此外，林尊提出，为什么人们在征询科学家的意见时不考虑其专业领域？生物学家和医生很少被请求去支持某种物理学理论，但为什么在全球变暖问题上，不管什么领域的科学家的一致意见都能引起人们的重视？林尊认为，答案当然在于政治。不论是发达国家还是发展中国家，国际碳排放谈判都具有重大的经济和政治后果，因此，如果没有所谓科学家共识的背书，政客们要达成这样的协议将会有巨大的政治风险。这才是所谓全球变暖科学共识真正的本质和意义所在。①

　　然而，在林尊眼里，这种所谓的全球变暖共识并不存在。2006 年因《难以忽视的真相》而名噪全球的美国副总统戈尔在影片里引用奥瑞斯科的调查，称人为全球变暖已经是整个气候科学界的共识，没有科学家持不同意 IPCC 报告的观点，完全无视了像林尊这样的异议科学家的存在以及他们提出的各种质疑。但是，当有人质问戈尔为什么模式预言的海平面上升远远高于实际上升的数值时，戈尔却回答说科学家们"没有可以给予他们高度确定性的模式"，科学家们"不知道……他们根本不知道"。② 这显然与他宣称的科学家们已经达成共识相矛盾。

　　实际上，这种无力的论证还存在于 IPCC 报告之中。比如，林尊指出，IPCC 2001 年报告中在归因问题上就认为我们不能设想人类之外的影响因素。《决策者摘要》宣称："根据新的证据并考虑到不确定性，观测到的最近 50 年的暖化可

①　LINDZEN R S. Global warming: The Origin and Nature of the Alleged Scientific Consensus [J]. Regulation, 1992, 15: 87.

②　LINDZEN R S. There is No "Consensus" on Global Warming [N]. The Wall Street Journal, 2006-06-26.

能要归因于温室气体浓度的上升。"① 林尊指出，这种主张与报告正文几乎没有什么关系。所谓的证据是什么？根据气候模式，温室变暖对大气温度的影响应该超过对表面温度的影响，但是卫星数据显示 1979 年之后的大气没有变暖，虽然报告选择性地对观测数据进行了修正，以得出变暖的结论。还有关于冰川消退、海平面上升，等等，都存在不同的证据。在林尊的眼里，问题并没有消除，争论才刚刚开始。因此，戈尔所说的"在科学共同体中，争论已经结束"，并不是事实。②

这种自相矛盾不仅体现在戈尔等人的认识以及 IPCC 的报告中，在林尊看来，事实上当今整个世界关于气候变化问题的主流认识都充斥着这种自相矛盾，或者，用林尊本人的话说，"有点精神分裂（schizophrenic）"。一方面，人们认为气候问题如此复杂，没有大型计算机程序根本无法加以研究；另一方面，人们又认为相关的物理学是如此基础，提供给人们的可怕前景被认为是不言而喻的。

在科学领域，这样一种分裂表现为模式和理论之间的分裂。通常，在物理学领域，比如流体力学，当理论运用到模式中时，要提供一些限制条件和检验的手段。林尊认为，这种情况在当下气候科学领域是缺乏的。理论上，气候模拟应该密切地与基本物理理论相联系。但在实践中，气候模拟却几乎是盲目地使用各种明显不充分的模型。当然，林尊并不认为这是建模者的错误。这主要是因为理论越来越理想化和难懂，很少费力与建模者进行真实的沟通。此外，还有一个重要的原因，就是大气和海洋动力学理论由一些概念框架构成，这些概念框架通常在数学上并不严密。因此，在实践中，如果还原论超出了这些概念框架施加的限制，就可能会走得过远了。

比如，人们对温室效应的认识就存在这个问题。林尊指出，温室效应本身实际上并不值得考虑，真正重要的是所谓的气候系统的强正反馈是不是正确的。然而，几乎所有人都根据温室效应去估计气候敏感性，并把温室效应想象成一

---

① HOUGHTON J T，Y DING，D J GRIGGS，et al. IPCC，2001：Climate Change 2001：The Scientific Basis. Contribution of Working Group I to the Third Assessment Report of the Intergovernmental Panel on Climate Change ［R］. Cambridge：Cambridge University Press，2001：10.

② 林尊此说并不完全恰当。因为 TAR 第 12 章得出了类似的结论："因此 20 世纪早期的暖化可以被归因于自然内部变率、太阳辐射变化和一些人为因素的结合。后半个世纪的暖化很有可能（most likely）是因为温室气体增加导致的变暖，到世纪末，气溶胶也许还有自然因素导致的变冷抵消了其中的一部分。"然而，如果考虑到第 7 章以及其他章节，那么林尊的说法还是有些道理的。

种红外线"毛毯",这是具有严重误导性的。如果认识到这种还原论思维的局限性,并承认对流层是一个动力学上的混合层,最终会带来一个恒温的大气,而温室气体的增加将不会导致暖化。① 当然,林尊本人的结论也有待检验,但是他指出的,不能仅仅根据温室效应本身来考虑全球变暖,需注意模式中还原论的局限性,无疑是正确的。

科学家们有很多理由希望他们的研究领域引起公众的注意,但在气候变化问题上,那些有特定政治议程的人发现利用科学是有用的。这几乎肯定会马上在很根本的层次上扭曲科学:也就是说,科学成为一个权威的来源,而不是一个探究的模式。科学真正的用途来自后者;政治上的用途来自前者。对政治来说,科学的用途在于如下几个方面:

(1)强有力的鼓吹群体,声称自己在道德和智慧的名义上既代表了科学,又代表了公众;

(2)对科学基础做过分简单化的描述以有助于广泛传播的"理解";

(3)不管是真实的还是虚构的事件,都以这种方式进行诠释,以在公众中造成一个紧迫的感觉;

(4)科学家们受到公众关注(包括财政支持)的奖励,并顺从于"政治意志"和对美德的流行评估;

(5)大量科学家急于制造"大众"要求的科学。

林尊指出,其结果就是使得科学家、政客和媒体构成了一个互动的铁三角(如图23所示),将气候科学紧紧套牢。林尊说,实际上,历史上不乏这样的例子,李森科事件就是一个经典案例。然而,全球变暖与李森科的例子并不完全相同,因为全球变暖已经成为一个全球性的宗教。拯救地球已经成为许多人的信仰,成功占领了几乎所有的制度化科学。

林尊认为,灾难论(alarmism)已经让社会付出了高昂的代价,而且可能还要付出高昂得多的代价。对科学来说,它也是有害的,因为科学家们会调整数据甚至理论去迎合政治正确的立场。当科学家们和政客一起制造有缺陷的科学并立即带来灾难性的政策时,我们如何逃离这个铁三角?② 这是值得我们深思的。

---

① LINDZEN R S. Climate Physics, Feedbacks, and Reductionism (and When Does Reductionism go too Far?) [J]. The European Physical Journal Plus, 2012, 127 (5): 1-15.

② LINDZEN R S. Science in the Public Square: Global Climate Alarmism and Historical Precedents [J]. Journal of American Physicians and Surgeons, 2013, 18 (3): 70-74.

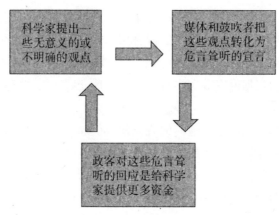

图23 科学家、媒体和政客铁三角

四、朱迪思·库里：走出气候部落

2017年1月1日，63岁的佐治亚理工学院地球与大气科学系主任、著名气候学家朱迪思·库里提前办理了退休手续，辞去了终身教授的职位。朱迪思从小的职业梦想就是在大学里获得一个终身教职。然而，从教了大半生的她在临退休的时候再也不能忍受对大学特别是气候科学界的失望——用她自己的话说，大学对于她而言"不再是货真价实的了"。特别是，她无法接受气候科学领域日益增长的疯狂（craziness）：

> 只有在与一个政治化的学术集团认可的方向一致的时候，研究者和其他职业活动才能获得职业上的奖励——资助，获得论文发表的机会，获得有声望的职位，进入有声望的委员会、董事会，职业承认，等等。①

在这种情形下，她无法告诉学生如何在科学诚信和学术自杀之间的战斗中找到出路。当然，库里与青年学生不同，她拥有大学的终身教职，这意味着她可以做任何她想做的研究。事实上，从2010年开始，她就完全按着自己的学术兴趣进行研究，发表了许多她自己称为科学哲学的论文（主要关于不确定性、气候模式认识论等）。然而，学界的诸多游戏规则如文章评审、大学管理、政府

---

① JUDITH CURRY. JC in transition [EB/OL]. (2017-01-03) [2019-03].

资金等依然让她感到厌倦。为什么不自由地研究自己想研究的话题并在网上发表以获得更广泛的注意和批评呢？于是，库里宁愿放弃大学的薪水也不愿意再忍受各种束缚，辞去了大学教授的职位，用她本人的话说，她跳出了"气候科学的象牙塔"。

据库里本人的说法，她从象牙塔的坠落开始于 2005 年。那一年的飓风季引发的"飓风与全球变暖战争"，让库里开始思考科学与政治的关系问题。对美国来说，2005 年是不幸的一年，这一年的大西洋飓风显得比往年更加活跃，导致的危害也更大。尤其是 8 月 29 日的卡特琳娜飓风更是摧毁了超过 1000 亿美元的财产，剥夺了 1500 多人的生命。9 月 16 日，库里和几位同事的一篇讨论飓风强度的论文在《科学》上发表（以下简称 WHCC）。这篇文章一经发表，立即引起了社会的高度关注。库里等人得出的结论为：全球数据显示的 30 年趋势是更多更强烈的飓风，这个趋势与近来模式的预言并非不一致，然而把这个 30 年的趋势归因于全球变暖则需要更长时间的全球数据记录以及更深刻地理解飓风在大气和海洋环流中的作用①。这篇文章引发的激烈争论让库里深感意外。特别是，许多争论竟然充满了政治上的偏见和道德上的攻击。

也许，没有卡特琳娜飓风的巨大破坏，就不会发生库里所说的那场 2005 年飓风与全球变暖的战争。实际上，在 2005 年飓风季到来之前，美国大气研究中心的气候学家凯文·E. 特林伯斯（Kevin E. Trenberth）就曾在《科学》上发表评论，探讨了把 1995 年以来飓风活动的增加归因于全球变暖的可能性。文章认为，尽管飓风活动有所增强，但没有任何合理的理论基础可以把人为气候变化与飓风数量联系起来。② 特林伯斯的文章引发了库里等人的兴趣，他（她）们开始着手研究相关问题。特林伯斯文章发表之后不久，克里·伊曼纽尔（Kerry Emanuel）在《科学》上发表文章，试图把温室气体排放和飓风活动增强联系起来。③ 伊曼纽尔的文章发表后，美国就进入了飓风季，而 WHCC 虽然稍晚，但在卡特琳娜飓风之前就已经被《科学》接受，正好赶在卡特琳娜飓风登陆之后发表，因此受到了格外关注。伊曼纽尔的文章和 WHCC 等文章很快引起了罗

---

① WEBSTER P J, HOLLAND G J, CURRY J A, et al. Changes in Tropical Cyclone Number, Duration, and Intensity in a Warming Environment [J]. Science, 2005, 309 (5742): 1844-1846.

② TRENBERTH K. Uncertainty in Hurricanes and Global Warming [J]. Science, 2005, 308 (5729): 1753-1754.

③ EMANUEL K. Increasing Destructiveness of Tropical Cyclones over the Past 30 Years [J]. Nature, 2005, 436 (7051): 686-688.

杰·A. 皮尔克（Roger A. Pielke）等人的讨论，认为此类尝试试图支持一个减排的政治议程，最终会取得相反的效果。① 除此之外，还出现了 14 篇反驳的文章，其中不仅有科学上的批评，甚至还有人身和政治上的攻击。库里称这场争论为"飓风与全球变暖的战争"，并为此专门写了一篇回应文章。这篇文章是库里第一次卷入全球变暖与政治的战争，让她从此开始自觉关注气候变化争论的政治问题，因此有必要详细介绍。

在这篇文章中，库里深入讨论了：

第一，全球变暖是否导致全球飓风强度的增加，将有效的批评从错误的批评中区分出来，并处理有效的批评，评估不同的假说，确认明显的不确定性。

第二，展示一个假设检验的方法，以处理对一个涉及因果链的复杂假说的多重批评。

第三，提供一个政治、媒体以及万维网对科学过程影响的案例研究。②

显然，这一争论的核心假说是温室变暖导致了全球飓风密度的上升。正如库里等人在 WHCC 中指出的，要确认这个假说需要更长时间的全球数据记录和能分辨飓风关键过程的全球气候模拟。但是，由于数据和模式的局限性，这个假说无法直接得到检验，于是库里等人就把这个假说分解成一个含有三个子假说的因果链，相比之下，每一个子假说更容易检验。这三个子假说是：

（1）最强烈飓风的频率正在全球性地增加；

（2）平均飓风强度随热带海洋表面温度（SST）的增加而增加；

（3）作为温室变暖的结果，全球热带 SST 增加。

很明显，（3）→（2）→（1）构成一个容易检验的因果链。而 WHCC 处理的是假说（2）和假设（1）之间的因果关系。在这个基础上，库里对那些批评和攻击文章分为三类：具有明显逻辑错误的；有逻辑错误但提出了一些需要处理的问题；基于有效论证的反驳。

第一类即具有明显逻辑错误的批评或攻击又可以分成三类：（i）认为核心假说不符合国家飓风中心的官方声明。这一说法的逻辑错误是：诉诸权威。（ii）认为作者们没有资格去分析飓风数据。逻辑错误是：人身攻击。（iii）支持飓风和全球变暖之间的关系是为了获得研究资金。逻辑错误是：诉诸动机。

---

① PIELKE JR R A, LANDSEA C, MAYFIELD M, et al. Hurricanes and Global Warming [J]. Bulletin of the American Meteorological Society, 2005, 86 (11): 1571-1576.

② CURRY J A, WEBSTER P J, HOLLAND G J. Mixing Politics and Science in Testing the Hypothesis that Greenhouse Warming is Causing a Global Increase in Hurricane Intensity [J]. Bulletin of the American Meteorological Society, 2006, 87 (8): 1025-1038.

库里把第二类批评分成了四类：（iv）认为飓风变化遵守的是自然循环，并不受温室暖化影响。逻辑错误：草率下结论；多重原因错误。（v）对过去 100 年美国主要登陆飓风的观察显示，20 世纪 70 年代最小，世纪初更密集，因此不存在与全球变暖有关的增加。逻辑错误：错误分配组成部分；非代表性样本。（vi）全球热带 SST 增加与飓风密度没有关系，因为一些风暴并不随水温而强化。逻辑错误：单一原因错误；错误类型分区。（vii）模式模拟显示的飓风强度增加比数据显示的要慢得多，因此温室暖化不能说明增加的密度。逻辑错误：回避实质问题，另提事实抵消问题。

至于第三类有效的科学批评，库里将其分为三类。第一类与子假说（1）相关，分别认为：（viii）20 世纪 70 和 20 世纪 80 年代的飓风数据质量差；（ix）如果重新统计，这个时期的强烈风暴的数量会下降；（x）在美国之外收集数据的处理有问题。第二类与子假说（2）有关：（xi）SST 与飓风强度之间的相关性不能证明更高的 SST 值产生更强烈的飓风；（xii）SST 之外的因素影响了飓风强度。第三类则提出了不同于子假说（3）的假说，认为（xiii）太阳变率导致表面温度的上升；（xiv）最近人类海洋表面温度的上升是由多年代际气候系统内在波动导致的。

库里认为，科学假说只有经过严格的检验才算是合理的，这从弗朗西斯·培根以来就成了科学发现的基础。另外，库里也提到了卡尔·波普尔的著名的证伪主义科学方法论，即科学家们应该努力证伪他们的理论而不是证明它。库里说，科学可以帮助我们不断地朝向真理进步，但是我们永远不可能确定我们已经达到了最终的说明。她认为，推论统计学基于频率论方法，例如无效假设检验以及置信区间等就被用来证伪假说。无疑，一些假说如果不能说明实验结果就应当被拒斥或修改。然而，如果无法确定一个假说是真的，那么就不可能在无限数量的未被证伪的假说中确认一个优先假说。概率论方法，例如最大似然率（maximum likelihood）和贝叶斯方法就提供了对各种假说进行衡量的手段。① 研究科学家们会携带着先有的经验、理解和偏见来进行探索。在一群科学家中，如果这些先在因素如此不同以至于科学家们真诚地从优先数据中得到了不同的结论，那么没有一个假说可以被提升到理论的地位。

经过审慎地分析和论证，库里表明，截至目前还没有足够的证据能够证明中心假说和子假说是无效的。然而，库里指出，这些假说要提升成理论则需要

---

① 几年之后，库里对贝叶斯公式的看法有了改变，认为该公式有很大的主观性，无法处理真实的灾难问题。

接受更加严格的审查和检验，包括怀疑者的攻击，成为对现象的现有解释中最好的，并显示出预言的能力。库里认为，截至目前，怀疑者的论点未能导致任何一个假说被拒绝，因此他们提出的假说目前仍然是对各种数据的最好解释。

库里进而讨论了如何对待此类具有政策意义的研究。她说，当 WHCC 被接受发表，乔治亚理工学院、大气研究大学合作社（University Corporation for Atmospheric Research）以及美国科学促进协会（AAAS）就开始准备新闻发布会，很明显这项研究会受到媒体的高度注意，这都是因为全球变暖话题的高度敏感性和卡特琳娜飓风的极大破坏力。

库里指出，他（她）们没有明确处理全球变暖问题或者全球热带海洋 SST 增加的原因，主要是几位作者在相关问题上持有不同的意见。后来他们决定采取一个更加中立的立场，声称观察到的趋势与"温室变暖的预期相一致"。① 然而，在 WHCC 发表前后，媒体对这个问题的兴趣集中于全球变暖是否导致了飓风强度的增加；卡特琳娜飓风导致的灾难也将公共关注的焦点完全集中于全球变暖。在 WHCC 发表之前，任何一位作者都从来没有就全球变暖或任何其他环境问题发表过公开观点。然而，随着 WHCC 成为媒体关注的焦点，他们也迅速被卷入全球变暖的争论之中。他们在每次面对媒体时都小心翼翼地提出他们的观点，但仍然不时把自己置于舆论的焦点。这使得他们开始反思如下几个问题：

媒体在放大科学家之间的分歧并使虚假信息合法化中的作用；媒体、政治以及万维网对科学过程的意义；气候科学家、政策制定者和记者之间的价值分歧。

显然，此时的库里根本不是一名全球变暖怀疑者，虽然也并非她自己认为的那样中立。她对媒体把全球变暖否认者和实际进行研究的气候科学家并列感到不满。她自称"我们科学家"，并假定他们会联合一致（collegially）地不同意那些全球变暖否认者的观点。所以，如果要对此时的库里划分阵营的话，显然应该像她自认的一样把她划在全球变暖支持者的阵营中（也就是她本人说的与怀疑者或否认者对立的"我们科学家"那一方）。但是，全球变暖与飓风的战

---

① 2019 年 2 月 17 日，库里完成一份有关飓风与气候变化报告的第三章，得到了和 WHCC 类似但有些微妙区别的结论：有关飓风活动的历史记录相对较短，特别是卫星记录更短，因此不足以评估近期飓风活动在目前这个间冰期内是否属于不正常。北大西洋古风暴学的相关研究显示当前强化的活动并非不正常，因为在 3400 到 1000 年前有一个明显的"极端活跃期"。20 世纪 70 年代以来的全球飓风活动在整体上没有显示出任何趋势，尽管有证据显示范畴 4 和 5 的飓风活动有明显增加。详见 JUDITH CURRY. Hurricanes & Climate Change：Detection ［EB/OL］.（2019-02-17）［2019-03］.

争让她开始自觉关注并思考气候变化科学的政治问题，使她开始转变并最终成为怀疑者的起点。

作为一名主流气候学家以及 AGW 支持者，朱迪思·库里从未像她的许多同行那样对气候怀疑者持有敌意并拒之千里。飓风与全球变暖战争以后，库里开始认识到全球变暖的政治意义，并开始尝试与所谓怀疑者（特别如斯蒂芬·麦金泰尔）进行沟通交流，同时也开始审视她的一些同行（如迈克尔·曼恩等人）对待批评和怀疑的态度。2006 年曲棍球杆曲线听证会之后，库里很快在麦金泰尔的气候审计网站上发文进行讨论。韦格曼报告公布之后不久，库里在气候审计上发表了评论文章。① 她几乎接受了所有韦格曼报告的建议。此后，她多次在麦金泰尔的网站上发帖，耐心解释各种气候科学发现和问题，并回答网站游客和怀疑者们提出的各种疑问。对于一位主流气候学家来说，虽然库里的目的是捍卫气候科学主流的基本观点，但她如此真诚地与怀疑者进行平等的交流与沟通，实属主流气候科学界中的清流/异类。

然而，尽管曲棍球杆曲线争议没能改变库里，但无疑对她产生了潜移默化的影响。她慢慢发现，像麦金泰尔这样的怀疑者提出的许多问题不但真诚，而且很有根据，主流气候科学界不应冷淡、充满敌意地对待他们。气候门促使库里发生了关键性的转变。

2009 年 11 月 22 日，也就是气候门邮件被公布在网上之后的第五天，经过慎重思考和犹豫，库里在网上发布了一篇评论。作为主流科学家阵营中的一员，库里与 CRU 邮件各个主角没有任何合作往来，这样一个身份使库里能够提供一个"外部但内行"（external but insider）的看法。她认为，气候门邮件揭示了气候科学界存在着两大问题：一是数据和方法不透明，二是存在"部落主义"（tribalism）阻碍了同行评议和评估过程。②

库里对琼斯等人掌控的 HADCRU 数据历来缺乏透明度提出了直言不讳的批评。她说："HADCRU 表面气候数据库和古气候数据库进入各种'曲棍球杆'分析，但很明显缺乏这样的透明度。只是在麦金泰尔的持续公开压力下，部分古气候数据和元数据（引者按：指处理数据的方法、假设）才可为外界利用。"库里还对 CRU 处理数据的方法提出了怀疑："例如，1940 年前后的温度升高需要单独列出来，对 CRU 对这段时间温度的处理方法，我个人表示缺乏信心。"总之，她呼吁"必须对气候数据和原数据的透明性和公用性运用和强化更高的

① JUDITH CURRY. Curry on the Wegman Reports [EB/OL]. (2006-10-09) [2019-03].

② Judith Curry. On the Credibility of Climate Research [EB/OL]. (2009-11-22) [2019-03].

标准。这些标准应该由相关的国家资金部门以及出版相关期刊的专业学会加以澄清、实施和强化"。

库里首次提出"部落主义"这个概念。她认为，气候科学界中的"部落主义"是气候科学政治化的一个结果，反过来又深深伤害了气候科学的健康发展。库里所说的"部落主义"，是指"一种强烈的认同，将自己的群体与其他群体的成员区分开来，其特点是具有强烈的群体内忠诚，并认为与该部落特点不同的其他群体是低劣的。在科学研究的语境中，部落不同于那些彼此之间合作并与其他专业相联系的同行群体"。根据库里的分析，气候部落的形成是气候科学政治化的结果。少数气候研究者联合以来以应对政治动机驱动的气候虚假信息制造机器，比如埃克森美孚、CEI 等石油公司和传统能源巨头。这些科学家串联起来一致对外，努力对抗来自政治化支持群体的错误信息。库里承认，她自己和几位同事因在 2005 年飓风与全球变暖的争论中受到攻击而加入了一个这样的"部落"。然而，成为部落成员的库里逐渐发现，一些部落竟然把枪口对准了那些质疑他们研究或没有通过各种忠诚测试的同行。库里说，当她本人向麦金泰尔及其气候审计博客获得"最佳科学博客奖"表示祝贺的时候，很快就受到了来自部落其他成员的攻击。最让库里无法理解的是，AR4 公布、IPCC 获得诺贝尔奖之后，在那些"否认者"早已变得无关紧要的情况下，一些气候研究者仍然把枪口对着任何具有怀疑态度的同行。他们一再拒绝公布数据，不断阻挠同行评议，坚持将一些论文排挤出评估过程。特别是 CRU 邮件，更让她对那些"拥有编辑职位，担任重要理事会和委员会成员并参与重要评估报告的一些科学家的明显是系统性的、持续性的行为"深感困惑和忧虑。

简而言之，最初应对外来政治攻击而形成的各种小"气候群体"即"部落"，却最终调转枪口指向了持有不同观点或怀疑态度的同行。可以看出，库里提出的"部落主义"实际上就是斯托奇等人一再批评的"护门"现象，也就是韦格曼报告中发现的部分气候科学家的团伙化。这些"部落"对外打击批评者和反对者，对内压制异议者。可以说，气候门邮件以及库里提出的"部落主义"证实了韦格曼报告的结论。

库里的这篇博文很快产生了广泛而激烈的反响。她收到了来自各方面的邮件，特别是一些年轻气候科学家纷纷发邮件表示对她的支持和对气候科学的担忧。于是，她写了一封致气候研究领域研究生和年轻科学家的公开信，再次阐述她对气候科学现状的思考、忧虑并提出了一些建议。由于这封信的全文发表在《纽约时报》上并产生了巨大影响，现将其全文翻译如下：

致气候研究领域研究生和年轻科学家的公开信
朱迪思·库里

基于我最近收到的许多佐治亚理工学院研究生的反馈，我想你们花大量时间读了气候门邮件和许多博客文章之后感到迷惑、不安或焦虑，于是我写了一篇文章，呼吁气候研究中使用的气候数据和其他方法更加透明。文章贴在了 climateaudit.org。

截至目前，关于气候门的讨论中，最值得注意的是缺少气候研究者们对我们基本研究价值的公开再确认：严格的科学方法（包括可重复性）、研究诚信和伦理、开放态度，以及批判性思考。无论什么情况，我们都不应该牺牲这些价值；然而，CRU 邮件违反了这些。

我在网上讨论这一问题的动机，源自我收到的来自佐治亚理工学院研究生和校友们的邮件。在气候审计网站上贴出我的文章之后，我开始收到很多其他大学的研究生的邮件。我在此公布其中的一封，隐去了学生名字和所在学院的名称。

嗨，库里博士，

我是一名年轻的气候研究者（刚刚从×××大学获得了硕士学位），看到 CRU 邮件后感到非常不安。我只是想表达赞同和支持您在 climatesudit.org 上的回应。你的声明完全代表了我逐渐进入这个共同体以来的感受。这些邮件的一些内容让我停了下来，开始思考是否应该继续在 2010 年秋季申请这门科学的博士学位。我还对我们这个领域的科学家同行对待反对观点的方式（双方都是这样）而感到异常苦恼。我希望，我们所有人都可以从中吸取教训，我真的感到，我们需要更多您这样的声音，才能在未来数月或数年里修复这些问题。

这个问题的核心是气候研究者如何对待怀疑者。我曾在有关飓风与全球变暖的争论语境里跃入了"气候战争的战壕"。毫无疑问，确实存在着利用气候变化怀疑者的研究和声明来制造政治噪声的机器。为了处理这个问题，我认为存在三种应对怀疑者的策略：

1. 退回到象牙塔。

2. 串联起来一致对外：人身/动机上的攻击；诉诸权威；让敌人无法获得数据；利用同行评议过程。

3. 占据"高地"：用我们自己的方式（会议、网络博客）与怀疑者交涉；使数据/方法公开/透明；澄清不确定性；公开我们的价值观。

很多科学家退回到象牙塔。CRU 邮件显示的是串联策略。过去三年多来，我一直思考如何在策略 3 的语境下与怀疑者进行有效的交涉，我认为这是有效反驳怀疑者的方法，同时还可以坚守我们的核心研究价值。我尝试理解怀疑者并努力更有效抵制错误信息，包括在 climatesudit. org 这样的怀疑者博客上发帖，邀请有名望的怀疑者到佐治亚理工学院来开讨论班等。为此我受到许多同事的热议（人们说我给了怀疑者正当性并在误导我的学生），但是我认为，如果我们想有效地面对怀疑者并教我们的学生进行批评性的思考，我们需要尝试这些事情。

如果气候科学要坚守核心研究价值并获得公众的信任，就需要回应任何其他科学家在分析中提出的对数据和方法的批评。无视领域外的怀疑是不恰当的。爱因斯坦开始他的研究生涯不是在普林斯顿，而是在一个邮政局办公室①。我不是说气候研究者们要反复与同一个论点作战。科学家们声称，如果他们无休止地回应怀疑者将无法完成任何研究。那你们应该公布你们的数据、元数据和代码。这样就会大大减少回应怀疑者所需要的时间。试试看！如果有任何人在你的数据或方法中发现了错误，承认它并修正它。这样做将使鼠丘不至于发展成大山，卷入一次次国会听证会，聘请律师，等等。

所以，确认了这些核心研究价值，我鼓励你们与你的学生和教授们一起讨论这里提出的问题。你们的教授也许不会同意我；关于这个问题有很多不同的立场。我希望其他人愿意分享他们的智慧，为处理这些问题提供一些观点和指导。花些时间浏览一些博客（既包括怀疑者的也包括 AGW 支持者的）以对我们这个领域的政治问题有所了解。要想对我们领域的巨大政策意义有更好的理解，应该在我们所有研究者心中灌注更大的责任感，并坚守研究伦理的最高标准。磨炼你的沟通技巧，我们所有人都需要更有效的交流。公布你的数据作为补充材料或者上传到一个公共网站。保持开放的态度并提高你批判性思考的能力。我最良好的祝福就是希望你们在学习、研究和职业发展上取得进步。我盼望着能在这个话题上与你们展开对话。

朱迪思·库里②

---

① 库里这里所说有误。爱因斯坦最初的研究生涯是从他担任专利局的职员开始的，而不是邮政局。

② JUDEITH CURRY. An Open Letter to Graduate Students and Young Scientists in Fields Related to Climate Research［N］. New York Times，2009-11-27.

　　库里的气候审计博文以及这封公开信在网上发表之后，很快为许多博客和网站转载，引发了大量的评论和争议。2010 年 2 月 24 日，库里在 wattsupwith-that.com 和自己的网站上发表了第二篇评论气候科学信用的文章①，进一步讨论气候门对气候科学的伤害及应对的方法。可以说，这篇文章标志着库里的公开转变：她自觉将自己与灾难论者切割开来，并成为怀疑者的支持者。

　　库里认为，气候门事件爆发以后，气候科学界的应对只是求助于自身的权威性，没有认识到气候门事件本质上是信任危机。② 库里指出，不仅两所大学几位气候科学家因为不端行为而丧失信用，实际上 IPCC 评估报告的信用也因气候门而受到损害。那些带有明显政策倾向的科学家成为 IPCC 报告的参与者；有些 IPCC 科学家们的部落主义排斥怀疑意见；还有些 IPCC 科学家狂妄自大；他们夸大全球变暖的后果，且对统计学不确定性以及问题的复杂性没有给予充分的重视。那些卷入 CRU 邮件的科学家和 IPCC 拒不承认自身存在的问题，反而指责黑客事件是"气候否认机器"的运作，把自己描述为向错误信息作战的英雄。问题不止如此。库里质问道：

　　　　还有更严重的关切特别是关于 IPCC 影响评估（第二工作组）：是否有一种合并了群体思考、政治鼓吹和高尚动机的综合征堵塞了科学争论、阻碍了科学进步并败坏了评估过程？如果学术机构认真对待工作的话，那这一小撮科学家个人的不端行为应该快速得到确认，此类不端行为的后果应该得到控制和迅速的矫正。因此，科学家个人和科学机构都需要认真审视一下自己，想一想他们如何导致了目前这一疯狂的局面，使得气候研究和评估报告丧失了公众的信任。

---

① JUDEITH CURRY. On the Credibility of Climate Research, Part II: Towards Rebuilding Trust. [EB/OL]. (2010-02-24) [2019-03].

② 实际上，直到 2010 年 2 月，也就是库里发表第二篇讨论气候研究信用文章前不久，美国科学院院长 Ralph Cicerone 在 Science 杂志上发表文章，讨论如何应对 CRU 邮件泄露导致的公众对气候科学的信任危机。Cicerone 说："UEA 争议发生之后，美国和世界上许多国家的科学、商业和政府领导人纷纷联系我。他们的评论以及各种社论，加上零零散散的民意测验结果，显示出公共观点已经倾向于认为科学家们常常压制不同假说、观点，他们隐瞒数据并经常操纵同行评议过程以压制不同意见。……这表明少数科学家的不端行为可以破坏整个科学的信用。" CICERONE R J. Ensuring Integrity in Science [J]. Science, 2010, 327 (5966): 624. 但是，库里认为，Cicerone 的文章姗姗来迟，且发表在 Science 这样的付费阅读刊物上，很难产生什么公众影响力。

库里对全球变暖怀疑者的评价发生了根本性改变。她明确提出，那些部落主义科学家与怀疑者的战争是"误入歧途"的，而CRU邮件显示核心研究价值已经打了折扣。库里说，现在的全球怀疑主义已经与五年前大不相同了。我认为，库里所说的怀疑主义与五年前并无本质不同，实际上真正改变的是库里本人这五年来的认识。

首先，库里开始用"灾难论"来描述部分AGW的鼓吹者。她说："从20世纪80年代开始，詹姆斯·汉森和斯蒂芬·施耐德带头告知公众人为气候变化的潜在风险。约翰·霍顿爵士和伯特·伯林在欧洲扮演了相同的角色。他们受到环境倡导群体的支持，并由此诞生了全球变暖灾难论（global warming alarmism）。我想说，在这个过程中，即使不是绝大多数也有许多研究者，包括我本人，怀疑能在温度记录中检测到全球变暖并且它将产生可怕的后果。"据我所知，这是库里第一次在肯定的意义上使用"全球变暖灾难论"这个词。对库里的思想发展来说，这是一个微妙但很关键的转变。库里认为，虽然那时环境运动的传统对手就开始对抗环境运动的灾难论，但争论仅限于双方支持者阵营之间，并没有在主流媒体和公众舆论中成为一个主要话题。直到21世纪初，随着利益相关性越来越大，就有了所谓的"巨型气候否认机器"，也就是受石油工业资助的各种智库及其支持者群体，学术界持怀疑态度的学者们发表的成果成为他们利用的工具。

然而，2006年阿尔·戈尔的电影《难以忽视的真相》的上映加上IPCC AR4的发表，全球变暖变成了一个看起来无法阻挡的巨大灾难，事情随之发生了变化。IPCC及参与完成IPCC的3000多页报告的、来自一百多个国家的数千位科学家获得了全世界人民的信任和尊敬。在这一情形下，来自学术界的科学怀疑急剧减少。用库里的话说，科学家们发现，与其抵制这个巨大灾难，不如去粉饰IPCC的发现来得更加惬意。同时，来自石油资金对相反观点的支持几乎全部萎缩了，而主流媒体都一边倒地支持IPCC共识。库里认为，就在这个时候，另外一个重要的变化悄悄发生了。库里说，这个变化就是由史蒂夫·麦金泰尔发起的网络博客运动，她把他们称为"气候审计者"（climate auditors，引者按：这个词首先是麦金泰尔用来自称的）。然而，气候变化研究界没能及时和准确地理解这一变化。

库里高度肯定了创立climateaudit.org的麦金泰尔以及创立wattsupwiththat.com的气象员安东尼·瓦特（Anthony Watts）。他们虽然身在学术界之外，但掌握了足够多的气候科学专业的知识技能去对气候科学进行审计而不是从事创造性的科学研究。库里说："他们是监察者（watchdogs）而不是否认者

（deniers）。”他们要求数据公开和气候研究及评估报告的透明，关注 CRU、GISS 等数据库的质量以及数据处理中的偏见。而这些数据库很难为外界人士所获得，数据质量缺乏管控，没有独立的监察。像麦金泰尔和安东尼·瓦特这样的审计者，本身对气候科学的健康发展是非常必要和有价值的，但为什么被卷入 CRU 邮件的那些主流气候研究者视为仇敌？他们污蔑麦金泰尔等人是受雇于石油公司的打手，否认麦金泰尔对曲棍球杆曲线的批评，阻挠这些审计者在科学刊物和学术会议上发表自己的成果，拒绝向他们公布数据和计算机程序。

库里说，气候门就是这种部落主义的结果。那么，如何恢复和重建公众对气候科学的信心呢？库里建议，在增加透明度、改革同行评议制度、严查科研不端行为以及加强关于不确定性和不同选择的讨论等等之外，一个重要的途径就是鼓励气候科学家与怀疑者之间的争论，比如 climateprogress. org vs. wattsup-withthat. com 以及 realclimate. org vs. climateaudit. org 之间的“博客对决”（Dueling blogs）就可以让公众了解到不同观点之间的论辩，从而有助于培养公众对气候科学的信心。然而，许多研究者认为，与怀疑者的争论会降低公众的信任，对此，库里指出：

> 没有人真的相信“科学已经论定”或者“争论已经结束”。科学家们和其他人这样说就像是在鼓吹一个特殊的议程。没有什么比这种说法更有损公众的信任。①

库里的这两篇文章加上她的公开信标志着一个转折点。对她本人来说，她看待变暖论者和怀疑论者乃至气候科学现状的态度发生了微妙但果断的改变；而对她的许多气候科学同行来说，特别是在某些部落主义者眼中，库里的这篇文章意味着反叛和决裂。

库里在网上发表《论气候研究的信誉，II：走向信任重建》一文后，仅仅几个小时，库里以前的朋友、ClimateProgress 创立者、海洋学家约瑟夫·罗姆（Joseph J. Romm）就在网上发表文章，言辞激烈地回应了库里的“毫无建设性的文章”，认为库里的这篇文章“对气候争论没有任何助益”，并几乎是逐字逐句地对库里进行了反驳②。不久之后，库里就被冠上了“气候异端”的称号，

---

① JUDITH CURRY. On the Credibility of Climate Research, Part II: Towards Rebuilding Trust. [EB/OL]. (2010-02-24) [2019-03].

② BENJAMIN D. SANTER. My Response to Dr. Judith Curry's Unconstructive Essay. [EB/OL]. (2010-02-24) [2019-03].

被公开打成了另类。① 对于这一结果，库里虽然感到震惊但并不感到意外。当她开始直言不讳地批判气候科学中的"部落主义"时，就已经做好了思想准备。当看到自己被攻击为"异端"的时候，库里风趣地说自己又在经历一次"爱丽丝跳进兔子洞"② 的时刻。可见，库里早已有所准备。但是，让她感到惊讶的是，自己竟然被冠以"异端"的名号。因此，她决定回应。她问道：

> 勒莫尼克使用"异端"这个词意味着"内部人士"普遍将 IPCC 作为教条（dogma）接受。如果 IPCC 是教条，那就把我算为一个异端吧。这样一来，故事就不应该是关于我的，而是要说一说为什么 IPCC 变成了教条？
>
> ……我所说的绝大多数都是大家视而不见的东西，类似于"皇帝的新装"。我的一个佐治亚理工的同事，另外一个系的主任，说过这样的话："我在媒体上看到你的一些声明。那些声明看起来确实很有道理。但是，我不能理解的是，为什么这些声明被大家当成了新闻？"③

库里说，在 2005 年那场"飓风与全球变暖战争"中，她自觉采取了 IPCC 的正统立场。她当时这样做基于两个理由：第一，全球变暖话题过于复杂，而她自己只研究相对很小的话题；第二，她接受了"不要相信一个科学家所说的，要相信数千名 IPCC 科学家所说的"这样一种错误的说法。其结果就是库里本人在气候门邮件曝光之后的绝大多数本能反应，就像她的绝大多数同行一样，被诱骗着去维护 IPCC 及卷入气候门丑闻的那些科学家的声望，用 IPCC 的观点代替她本人的判断。但她很快醒悟，认识到这样做最终会毁了 IPCC，对气候科学也无任何助益。她开始担心整个气候科学领域的信用。当她看到 IPCC 开始调查那些指责和批评自己的科学家时，她也加入了批评的行列，希望恢复和拯救 IPCC 的信用。

---

① LEMONICK M D. Climate Heretic: Judith Curry Turns on Her Colleagues [J]. Scientific American, 2010, 303 (5).

② "爱丽丝跳进兔子洞"是著名童话《爱丽丝漫游奇境记》中的故事，指爱丽丝好奇地尾随一只从背心口袋里掏出一块表的兔子跳进一个兔子洞，从而进入了一个神奇国度，开始了一系列的冒险。所有中文译本都翻译成"掉进"显然是错的，因为掉进是无意被动的，而跳进是有意主动的。库里说她又在经历一次"爱丽丝跳进兔子洞"的时刻，是因为她 2005 年发表 WHCC 时曾经历过一次。

③ JUDITH CURRY. Heresy and the Creation of Monsters [EB/OL]. (2010-10-25) [2019-03].

但是，有那么多批评 IPCC 的科学家，其中有一些比如林尊、老皮尔克等人甚至有着比库里更高的声望，为何单单朱迪思·库里被公开打为"异端"？我想，其首要原因是，用库里本人的话说，她本来是一名"全球变暖高级女祭司"（high priestess of global warming），却转变成了一个 IPCC 的怀疑者和批评者。换句话说，她是一名反叛者，因此遭到同行们格外的痛恨。数年之后，库里回顾了自己"跳进兔子洞"之后的经历，以及其他几位所谓气候异端和气候变暖温和论者（lukewarmers）① 的遭遇。其中，小皮尔克（Roger Pielke Jr）相信气候变化的真实性，并认可应对温室气体排放风险需要采取行动包括征收碳税。但是，仅仅因为他认为没有足够证据证明飓风、洪水、龙卷风或干旱等灾难性天气变得更加频繁和强烈，就被一些科学家、媒体和政客打为另类，不断受到攻击，职业发展也受到了很大伤害。②

自称为"变暖温和论者"（Lukewarmer）的马特·里德利（Matt Ridley）有类似的经历。他不反对人为全球变暖的真实性，只是不认为 AGW 会带来严重危险的后果。据里德利本人描述，他开始是 AGW 教条的信仰者，但随着时间的推移，AGW 不断预言的许多灾难远未发生，他慢慢改变了自己的认识。尤其是曼恩、琼斯等所谓的气候科学主流科学家们对待曲棍球杆曲线所受质疑特别是麦金泰尔等批评者的骄横态度，以及主流气候学界对待气候门的态度，促进了他态度上的转变。他不能接受那些科学家所说的全球变暖危险"已经在科学上论定"并将 IPCC 共识奉为神圣不可置疑的真理，更无法接受他们表现得好像从未犯过任何错误。为此，他不断受到主流科学家、政客的各种攻击、辱骂甚至恐吓和迫害。里德利说，他"从未遇到过一名气候怀疑者，更不要说温和论者，要他们的反对者住口"③。

库里指出，小皮尔克等人和她自己的遭遇真正让人震惊的是，这几位所谓的气候异端，实际上只偏离了 IPCC 科学共识很小的距离：小皮尔克严格同意 IPCC 共识，里德利则位于共识中相对温和的一边，而库里本人不过是强调不确定性过大因此不能证明 IPCC 共识主张的高信度。然而，他们都受到了"来自其他科学家、记者、当选的政客和其他一些拥有政府职位的人的不道德的人格上

---

① lukewarmers，与 warmist 和 alarmist 相对而言，指那些不反对或怀疑 AGW，但不认为 AGW 会产生严重、危险后果的人。我把 warmist 译为变暖主义者或变暖分子，把 alarmist 译为灾难论者，把 lukewarmers 译为温和论者。

② PIELKE JR R. My Unhappy Life as a Climate Heretic ［N］. Wall Street Journal, 2016-12-05.

③ MATT RIDLEY. My Life as a Climate Change Lukewarmer ［N］. The Times, 2015-01-19.

的攻击"①。那么，面对这样一种情况，"做还是不做一名气候异端？"库里的回答是，"我正在计划一篇气候异端博文……也许我会用'幸福的异端'作为篇名。"看来，对当初"跳进兔子洞"的选择，库里无怨无悔。

2010 年以后，被列为"气候科学异端"的库里开始对气候科学共识包括气候科学共识的真实性、气候模式的有效性、AGW 假说的可疑性以及 IPCC 报告的信度等展开了全方位批评。

我们知道，IPCC 之所以强调共识，首要原因是为了给各国政府气候谈判和决策提供一个科学基础。但是，这种基于科学共识的评估，其政策制定者相关性与科学信用之间有一个微妙的平衡。科学信用以评估专家的合法身份、透明的共识建立过程和廉洁的评估过程为基础。然而，在 IPCC 评估报告撰写和评审过程中，专家挑选充满偏见，共识建立缺乏透明，评估过程排挤异见。这些问题严重破坏了 IPCC 共识的科学信用。库里本人曾一度把 IPCC 共识当成自己判断气候变化问题的标准，直到气候门事件爆发之后，她逐渐认识到所谓共识具有的问题。在库里看来，正是 IPCC 一再强调此类共识，才是各种争议的根源。②

库里认识到，问题的根本在于气候变化的高度复杂性和不确定性，因此，科学家们在很多问题上存在不同意见实在是再正常不过的了。但是，IPCC 共识却被描述为代表了几乎气候科学领域内所有专家的观点，这显然是不正常的。库里问道："对于这个非常复杂的科学问题，气候科学家们自己承认存在大量根本性的不确定性，那么，他们是如何以及为什么要达成一个共识？"③ 显然，这样一种共识只能是人为制造出来的，而这种人为制造出来的共识毫无理智上的价值。

如果真如库里所说，这种气候科学共识"既无必要，也不值得期待"。④ 那么，为什么有那么多科学家接受所谓的科学共识？对于这个问题，库里借用了心理学中的一个概念，"Confirmation bias（确认偏向）"来解释。所谓确认偏向，又称自我中心偏向，是指在评估事实依据的时候倾向于附和自己已经接受或相信的观点，同时忽视不利的方面。库里认为，在 IPCC 报告撰写的过程中，

① JUDITH CURRY. Climate Heretic: to be or not to be [EB/OL]. (2016-12-05) [2019-03].

② JUDITH CURRY. Manufacturing Consensus [EB/OL]. (2011-07-16) [2019-03].

③ CURRY J A. Climate change: No Consensus on Consensus [J]. CAB Reviews Perspectives in Agriculture Veterinary Science Nutrition and Natural Resources, 2013, 8 (1).

④ JUDITH CURRY. No consensus on consensus [EB/OL]. (2010-09-27) [2019-03].

这种"确认偏向"可以说无处不在，并使得共识在一个越来越自我强化的过程中被建立起来。

库里所说的"确认偏向"给我们揭示了 IPCC 共识的心理学根源，这样，我们就很容易理解 IPCC 共识支持者们为何很难接受不同观点、不利的证据以及各种质疑和批评，还可以理解为何他们一再声称气候变化问题"已经在科学上解决了"，并拒绝任何进一步的讨论。正如已故著名作家迈克尔·克莱顿（Michael Crichton）所说："从历史看，共识是流氓的第一个庇护所；它通过主张事情已经解决了从而逃避争论。"①

以色列政治家阿巴·埃班（Abba Eban）曾一语道破此类共识的本质。他说："所谓共识，就是以集体名义声称的东西，每一个人都表示同意，但每一个人都不相信。"② 了解 IPCC 评估报告撰写、评审和通过程序的人都知道，IPCC 报告的起草、接受和通过要经历复杂的过程。特别是决策者摘要，更是需要科学家以及各国政府代表逐字逐句的审议，要经过漫长的争议和谈判。显然，经过争议和谈判达成的与其说是共识，不如说是妥协。因此，伯尼·勒温（Bernie Lewin）准确地把 IPCC 共识称为"疲劳共识"（consensus by exhaustion）③。库里同意勒温的这一说法，在她看来，IPCC 有意制造并大力宣扬的这种共识显然对气候科学的发展没有任何积极的影响。它不仅扭曲了气候科学本身的发展，也极大地损害了公众对气候科学的信任。对这种共识，库里说：

感谢 CRU 邮件，我们现在理解了创造共识的过程就像制作香肠一样。在 IPCC 的环境中制造共识，使科学与政策争论变得过于政治化，

---

① Michael Crichton，Aliens Cause Global Warming［EB/OL］.（2003-01-17）［2019-03］.

② Wikiquote：Talk：Abba Eban［EB/OL］.（2010-10-03）［2019-03］https：//en. wikiquote. org/wiki/Talk：Abba_ Eban.

③ BERNIE LEWIN. Searching for the Catastrophe Signal：The Origins of The Intergovernmental Panel on Climate Change［M］. London：The Global Warming Policy Foundation，2012：1. Lewin 在描述 1995 年马德里会议经过漫长争议谈判之后最终达成共识的时候说："It is diplomacy by exhaustion. And then it becomes consensus by exhaustion as we shall see." 所谓疲劳外交，指的是外交谈判过程过于漫长，使人在极度困乏劳累的情况下仓促达成协议；而科学家们经漫长讨论后在极度劳累困乏的情况下仓促达成的共识就是"疲劳共识"。显然，疲劳共识并不真正代表各方的观点，倒不如说是相互妥协的结果。有意思的是，Brent Ranalli 将这种"疲劳共识"称为"来之不易的共识""更值得人们的信任"。RANALLI B. Climate Science，Character，and the "Hard-Won" Consensus［J］. Kennedy Institute of Ethics Journal，2012，22（2）：183-210.

也使二者都受到损害。到了抛弃共识概念的时候了。①

　　库里对气候模式也进行了深入的分析和批评。我们知道，气候模式是气候变化科学研究的基本工具，也是预言未来气候变化的首要手段。可以说，计算机模拟已经统治了气候科学以及与之相关的各个领域。但是，过于依赖模拟常常牺牲了对传统的理论分析和观察验证的重视。因此，气候模式的可靠性一直广受人们质疑。从创办网站 Climate Etc. 开始，库里的目的之一就是希望能引起人们注意气候模式的不足和缺陷。在 2010 年 10 月初的一篇博文中，库里就直言不讳地说她"不确定""能从气候模式中学到什么"。②

　　我们知道，因为气候门的冲击，人们普遍丧失了对包括气候模式在内的整个气候科学的信任。在完成"论气候研究的信誉 II"之后不久，库里也开始思考如何重建气候模式的信誉。③ 库里认为，采用计算机科学和工程领域中的证实与核实（verification and validation④，V&V）程序以对气候模式进行正式的评估，也许可以重建人们对气候模式的信心。实际上，此前，美国科学院 NRC 的一个委员会曾提出气候模式应该满足的标准。该报告称：

　　　　监管模式的评估必须考虑一个模式的应用再现模拟对象的精确程度，要可重复、透明，有助于监管的决策。满足这些需要，可能要求不同形式的同行评议、不确定性分析和外推方法。它还意味着监管用模式采取的管理方式应保证模式得到适时的提高，帮助用户和其他人理解模式的概念基础、假定、输入数据要求和发展过程。

　　　　……

　　　　EPA 应该持续推出措施确保它的监管用模式尽可能向更广泛的公

---

① JUDITH CURRY. Consensus or not ［EB/OL］. (2012-02-06)［2019-03］.

② JUDITH CURRY. What can we learn from climate models ［EB/OL］. (2010-10-03)［2019-03］.

③ JUDITH CURRY. The culture of building confidence in climate models ［EB/OL］. (2010-10-07)［2019-03］.

④ "证实（Verification）"是指"通过提供客观证据对规定要求已得到满足的认定"，指"通过提供客观证据对特定的预期用途或应用要求已得到满足的认定"。换句话说，核实要保证"做得正确"，而验证则要保证"做的东西正确"。关于 V&V 过程，见：Wikipedia: Verification and validation ［EB/OL］. (2019-03-10)［2019-03］以及 Wikipedia: Verification and validation of computer simulation models ［EB/OL］. (2018-09-29)［2019-03］.

众和利益相关者群体开放。……最重要的是，要明确关键性的模式假定，特别是一个模式的概念基础以及重大不确定性的来源。①

库里认为，监管用模式和研究用模式都应该遵守 NRC 委员会提出的这些规则，并过渡到一个正式的评估过程。气候模式界应该向计算机科学和工程界请教并寻求合适的验证策略，特别是应该更严肃地对待验证问题，以及全球卫星数据记录。库里说，V&V 问题不只可以满足模式重建公共信用的需要，还可以用来量化模式的进步和其中存在的不确定性的程度，以在模式不断进步的过程中为资源分配提供指导。总之，一个开放环境中的 V&V 程序，将是合理可行的办法。

我们在前文看到，库里认为重建气候科学信誉的途径之一是充分承认并交流气候变化研究中的不确定性。然而，气候科学家和哲学家们并没有对不确定性进行持续、系统的探索。2009 年气候门之后，库里自觉把不确定性作为自己重点探究的课题。实际上，早在 2003 年，库里就曾在 NRC 气候研究委员的一次会议上首次表达了自己对不确定性的关注。此后，她不断思考不确定性问题。经过数年的酝酿和研究之后，最终形成了一篇题为"气候科学与不确定性怪兽"②的著名文章。

"不确定性怪兽"（uncertainty monster）是卑尔根大学凡·德·斯卢耶斯（J. P. van der Sluijs）提出的概念。③库里借用了这个概念，并详细地分析了气候模式中的不确定性怪兽、不确定性怪兽对 IPCC 的挑战以及 20 世纪气候变化归因的不确定性等几个问题。库里认为，气候科学界和 IPCC 没有有效对待不确定性的策略，而是试图掩藏、忽略或者过于简单化地对待气候系统中的不确定性，这导致了误导性的过度自信。其结果就是激怒了这个怪兽，引起了决策者们以及社会公众广泛的困惑、不安和怀疑。④库里指出，不确定性怪兽太大了，以至于无法将其隐藏、驱逐或简化。因此，气候科学，特别是 IPCC 这样的气候科学评估，需要更好地确认和论证不确定性，否则，不确定性怪物只会越来越

① National Research Council. Models in Environmental Regulatory Decision Making [M]. Washington D C：National Academies Press, 2007：2, 9.

② CURRY J A, WEBSTER P J. Climate Science and the Uncertainty Monster [J]. Bulletin of the American Meteorological Society, 2011, 92（12）：1667-1682.

③ VAN DER SLUIJS J. Uncertainty as a Monster in the Science-policy Interface：Four Coping Strategies [J]. Water Science and Technology, 2005, 52（6）：87-92.

④ CURRY J. Reasoning about Climate Uncertainty [J]. Climatic Change, 2011, 108（4）：723-732.

难以控制，人们对气候科学信誉的质疑也会越来越强烈。

除了不断写文章批评主流气候科学界和 IPCC 的过度自信，库里还多次不辞辛劳参加国会听证会，向议员们揭示气候科学存在的缺陷和不确定性。2019 年 2 月 7 日，刚刚参加完国会听证会的库里在机场等待晚点的回家的航班。她已经退休了，并且曾是享誉世界的气候科学家，为什么还要如此奔波？她被列为"气候变化否认者"，或全世界最重要的五位怀疑者科学家①，甚至常常要忍受曼恩等人的污蔑和人身攻击？她到底想要什么？是不是像她的同行们所指责的，她坐上了共和党的小桌子②，放弃了科学③？还是她想利用自己的科学声望与石油公司进行利益勾兑？或她本人有某种政策倾向？对这些指责和猜测，库里明确回应说：

> 所有我想要的，只是气候科学共同体换挡调头去做科学，回归一个科学争论是学术生活正常趣味的环境。因为我们领域的高度政策相关性，我们需要想清楚，如何提供尽可能好的科学信息和对不确定性的评估。这意味着要抛弃那种对某种共识教条的宗教性忠诚。④

---

① JAMES A BARHAM. The Top 15 Climate-Change Scientists: Consensus & Skeptics. [EB/OL]. (2019-03) [2019-03]. 除了库里之外，位列五大怀疑者气候学家中的另外四位是：瑞典大气科学家、德国马克斯·普朗克大气研究所前主任、荣休教授 Lennart O. Bengtsson，美国阿拉巴马大学亨茨维尔分校地球系统科学主任、大气科学杰出教授 John R. Christy，MIT 荣休教授 Richard S. Lindzen，以色列希伯来大学拉卡物理研究所主任 Nir J. Shaviv。

② BRAD JOHNSON. Dr. Judith Curry Joins Tiny Stable of GOP Climate Witnesses [EB/OL]. (2010-11-17) [2019-03].

③ JOE ROMM. Judith Curry abandons science [EB/OL]. (2010-11-11) [2019-03].

④ JUDITH CURRY. Heresy and the creation of monsters [EB/OL]. (2010-10-25) [2019-03]. 库里还写道："2010 年的库里和 2003 年的库里是同样的科学家，只不过更加明智、更加悲伤，对全球变暖问题了解得更多了，更加关心气候科学的信誉，更愿意聆听怀疑者的声音……人们发现很难相信我对气候变化/能源问题没有一个政策议程（相信我，小皮尔克 [引者按：小皮尔克是一名气候政策学家，是气候科学家老皮尔克的儿子，父子俩都是全球变暖怀疑者] 想尽办法要证明我是一名；'秘密支持者' [stealth advocate，指不公开声明但隐秘支持全球变暖的人]）。"

结　语

再论 IPCC 共识与气候科学争论

气候变化问题无疑已经成为全世界范围内人们普遍关注的焦点话题之一，许多科学家、政治家、政府及政府间组织、媒体以及普通公众特别是环保主义者不断讨论全球变暖及其可能导致的灾难性后果。然而，与此同时，关于气候变化的争论却几乎发生于所有的层次上，包括一些科学家、政治家乃至部分普通公众一再提出不同的观点。争论的激烈，在一些情况下可以用"战争"来形容。科学家们不仅在国会山进行激烈的交锋，甚至不惜走上法庭，进行法律诉讼。在得到最后的结论之前，我们再明确一下关于气候变化的科学事实，包括已经基本确立的科学事实，以及那些尚存争论的问题。根据前文讨论，我们可以总结如下。

气候科学家基本达成一致的结论，没有人再提出异议，包括：

1. 温室效应是真实的，CO_2 是一种温室气体。

2. 过去 50 年来，大气中 CO_2 的浓度由大约 0.029% 增加到了 0.039%。

3. CO_2 的温室暖化潜力随浓度升高遵守收益递减的对数曲线。

4. 没有反馈或其他类似过程的话，增加前工业化时期 CO_2 浓度的一倍，大气温度会大约升高 1.1℃。

5. 自 1980 年以来，全球温度大约每 10 年升高 0.1℃。显著低于绝大多数 GCMs 的预报。

科学家们基本达成一致但由于无法对结果进行量化因而存在争议的事项：

1. 水蒸气和烟尘的正反馈，云和气溶胶的负反馈，还有其他一些因素，意味着关于气候系统对外部强迫以及快速热力学反馈的敏感性和递减率，尤其是有关云的气候动力学，科学家们存在着激烈的科学争论。

2. 海洋涛动、太阳变化以及其他因素导致的自然变率既有可能升高也有可能降低温度。特别是太阳活动影响气候（包括非直接影响）的物理机制和量级，以及深海热容量变化和海洋表面与深海之间的垂直热量输送机制，仍需要深入探索。因此，整体上预报未来气候的温度变化是双重不确定的。

3. 多年代和世纪时间尺度上的地球气候系统自然内部变率的本质和机制，这些内部变率的模式如何与外部强迫相互影响，在什么程度上可以将它们与外部强迫导致的气候变化区分开来，都需要进一步研究。

3. 卫星数据表明，虽然北极圈夏季海冰减少，但近年来南极海冰却增加了许多。这一事实，更加符合烟尘引起的反照率变化，而非温室暖化引起的全球温度变化。

4. 关于最近气候变化影响了天气或极端天气事件的频率，科学家们并没有达成共识。

5. 经济学家们一般都同意，如果暖化超过 2℃，将会带来净经济损害，也就是经济收益低于经济损害，但这一点并不确定。

基于如下事实和原因，存在显著的怀疑甚至否定所谓全球变暖科学共识的观点：

1. 1900—1940 年的暖化；1940—1976 年的降温；以及 1998 年以后 16 年（截至 2014 年）的全球温度没有净增长，大致与此前暖化时期的长度相等。如何用 AGW 假说解释上述事实？

2. 古气候代理资料表明，在大约 1000 年、2000 年、4000 年、8000 年以及 12000 年前，全球气温更高，气候变化更加剧烈。

3. 对热带对流层湿度和温度上升的预报，已经被实验数据所证伪。我们知道，热带对流层湿度和温度的上升是急剧全球温室暖化的关键指标，因此科学家们高度怀疑，1980—2000 年的暖化是否人为。

4. 冰芯资料清楚表明，在冰川期和消冰期，CO_2 浓度的改变是对温度变化的响应，而不是先于温度变化。因此，CO_2 的增加可能是温度上升的结果而不是原因。更重要的是，关于 20 世纪晚期，树木年轮资料得到的温度（下降）与仪器测量的温度（上升）之间存在趋异现象，无法得到合理解释。

5. 卫星数据表明，自然以及农业生态系统中的植被密度增加了，部分原因可能是 CO_2 浓度的增加。21 世纪如果发生 2℃ 或更高的暖化也许不是有害的，世界上许多地区可能因此而获益。因此，关于燃烧化石燃料对气球气候产生的环境影响，科学家们并不存在一致观点。

6. 那些支持人为全球变暖灾难论假说的所谓科学共识调查报告或文章全部存在方法论缺陷，且常常是有意误导的。

7. IPCC 过于政治化了，受到某种政治议程的驱动，其报告撰写和评审过程充满了腐败（如气候门所揭示的琼斯、曼恩等人对异议者的打击和迫害，涉嫌造假的曲棍球杆曲线被 IPCC 奉为招牌），并不是真正的科学组织，不是可靠科学信息的来源。

综合上述事实，我们可以得出，关于气候变化，在下面三个最核心的问题上仍存在科学争议：

1. 20 世纪 50 年代以来变暖的主导原因是否人类活动？
2. 21 世纪地球将（因人类活动）变暖多少摄氏度？
3. 变暖有益还是有害，在哪里，对谁？

当然，需要注意的是，通过前文的讨论，我们可以清楚地看到，仅从科学上说，气候科学争论涉及的科学问题已经变得越来越复杂和微妙，任何简单的描绘和陈述都有可能在一定程度上偏离真相，因此不能像以往那样用非黑即白的观点来判断气候变化的科学争论。气候系统是一个极其复杂的体系，经过数代气候科学家的艰苦探索，已经取得了巨大的进步，但对于气候变化的很多机制仍缺乏充分的了解。此外，气候变化科学涉及许多学科，包括气象学、海洋学、物理学、天文学、生物学、地质学、地球化学、古生物学、统计学、计算机科学，等等，很少有科学家能拥有如此广阔的知识背景。对于绝大多数科学家来说，一旦稍稍超出自己熟悉的领域，他们就很难充分掌握关键的技术细节以形成准确的判断。NIPCC 形象地用盲人摸象的故事来比喻气候科学家们对气候系统的认识。因此，如果有哪些科学组织或科学家做出某些整体性断言时高度自信，那会是十分可疑的。当然最重要的，如数次 IPCC 报告和 NIPCC 报告以及朱迪斯·库里，理查德·林尊等科学家分别一再指出的，就是气候系统以及气候科学研究中无处不在的不确定性，包括观测数据、数据的解释和模式的模拟，这些都使得气候科学知识的普及传播交流以及政治经济决策变得更加复杂。

基于以上事实和我们在前文中的分析和讨论，我们对围绕 IPCC、气候科学共识以及相关的科学争论再做一些总结性的评论，并讨论一下对我国的启示。

首先，关于 IPCC 以及科学共识。我们在前文详细讨论了气候科学的发展，明确了气候系统和气候科学的高度复杂性以及大量的不确定性，并得出结论，认为，气候科学和气候模式近几十年来有了巨大的进步，这是无可否认的，但是，同时也应该认识到，气候模式以及全球变暖的假说并未真正得到观测的确证，主要是因为气候模式和气候变化理论中有太多的不确定性和大量的特设性调整，导致所有那些支持 AGW 假说的证据的科学性大打折扣，用波普尔的话说，任何特设性调整或说明都是以牺牲其科学性为代价的。最严重的是，气候科学假说实际上一直面对着一些关键事实的反驳。从科学哲学的角度说，对一个理论或假说的确证并不能证实该假说或理论，但相反的事实却可以证伪该假说或理论。因此，考虑到气候和气候科学的复杂性，我们虽然不能断言，温室全球变暖说，特别是人为全球变暖说，已经被证伪了，但我们可以确定地说，这两个假说是有待确证的假说。我们绝不能说，它们是科学上已经解决了的定论（settled）。

在这个基础上，我们就更容易理解本书关于 IPCC 及其代表的所谓气候科学共识所得到的结论：

1. IPCC 给自己确立的任务是"为世界提供清晰的科学观点"，但同时又把自己定位为"政策相关的同时又是政策中立的、没有政策立场"的机构。然而，事实是，政策立场或政治因素严重影响了 IPCC 科学观点的呈现。

2. IPCC 明确其工作原则是达成共识，但是，由于气候科学的复杂性和利益冲突的尖锐性，一味强化共识，导致 IPCC 报告成了政治斗争的竞技场，并为部分科学家和政治力量所操纵。

3. IPCC 的同行评议过程存在严重缺陷。一方面主要作者的遴选缺乏透明、公开和中立的机制（比如曼恩发表迎合 IPCC 观点的曲棍球杆曲线后，很快就被选为 IPCC 主要作者），同时，没有确立回避机制，导致许多运动员同时也是裁判员，比如曼恩、琼斯等人。他们作为主要作者，在 IPCC 报告中大量引用自己的成果和观点，忽视、排挤其他人的工作以及不同观点。

4. 由于 IPCC 的巨大影响，IPCC 的立场或路线（line）成为气候科学家的科学研究的指针或不断强化的"中心"，越来越多的科学家被迫站队，否则就有被边缘化甚至淘汰出局的巨大风险，这深刻败坏了气候科学（自由、健康）的发展。

5. 综上，IPCC 虽然自命为科学评估机构，但本质上更多是一个政治机构。其科学性我们要审慎地怀疑，其政治性我们要清醒地重视。

与此相应，关于所谓的气候科学共识，我们也可以得出如下结论：

1. 真正意义上的气候科学共识并不存在。比如，仅仅从气候门邮件就可以看到，即使曲棍球杆小组内部核心成员（如布里法多次质疑）都不认可所谓的 IPCC 气候科学共识。

2. 因此，现在所谓的气候科学共识，核心是人为全球变暖论（AGW），不是科学家自发形成选择的结果。这个所谓的共识实际上将不同观点以及证据拼凑挤压在一起（如库里所说，像制作腊肠一样），比如地球正在变暖而且会继续暖化，这个变暖是人类导致的，并且将会带来灾难性的后果。这些观点不但各自需要证明，实际上面临许多挑战和否定。

3. 气候科学共识的达成是政治、科学、媒体宣传等多重因素驱动的结果，本质上是政治共识（协商共识、必要性共识、疲劳共识），不是真正意义上的科学共识（自发、自由、开放讨论选择）。

4. 所谓的气候科学共识，通过政府、媒体和环保运动以及部分科学家的宣传，已经成了科学—政治的双重正确（不仅在科学上不容置疑，同时也在政治上或道德上不容挑战）。因此那些质疑和反对 AGW 的人，就需要面对来自科学和政治的双重压力，轻则面临人身攻击，无法获得研究资金，难以正常发表研究成果，重则面临职业终结的危险，比如 MM、库里等人受到的人身攻击，亨德里克·田内科斯被免职，等等。他们被冠以"否认者""反对派"等侮辱性的外号，甚至被拿来与大屠杀否认者相提并论。

5. 因此，在巨大的政治和职业压力下，科学家们被迫站队、妥协，谨守所谓的气候科学共识红线，不得不掩盖或放弃自己的观点，比如CRU 的布里法。

6. 一旦科学共识成了政治正确，就为一小撮人所利用，变为为自己谋利（基金、文章发表、获得永久职位等）、打击异己的工具，科学活动赖以正常开展的同行评议过程被严重破坏。比如，像《自然》《科学》这样著名的顶级期刊都未能摆脱偏见（如《自然》在 MBH98 问题上对曼恩的袒护和对 MM 的傲慢、偏见，《科学》发表奥瑞斯科那篇有严重问题的关于气候科学共识的文章，却拒发更严谨的但结论不同的其他作者的文章）。因此，毫不夸张地说，所谓的气候科学共识已经深刻伤害了气候科学研究。

在此，笔者重申本书关于科学共识的哲学观点。从科学史和科学哲学的观点看，科学共识是存在的，但绝非科学真假的标准。科学共识更多是一个社会学意义上的概念（只有在科学家们自发选择接受某些理论或方法的前提下，这些理论和方法才能成为库恩所说的范式，一定程度上也具有认识论的指导意义）。科学共识的达成是科学家们自发认可、接受科学理论和方法的结果，这个过程，用富勒的术语说是"偶发性共识"，用迈克尔·波兰尼的说法，是"自发性"共识。再比如，托马斯·库恩所说的"范式"或"科学共同体"，也是不同的科学理论或流派进行竞争后由科学家们自主选择的结果。库恩说：

> 一个科学共同体由同一个科学专业领域中的工作者构成，在一种绝大多数其他领域无法比拟的程度上，他们都经受过近似的教育和专业训练；在这个过程中，他们都钻研过同样的技术文献，并从中获取同样多的教益。通常这种标准文献的范围标出了一个科学学科的界限，每个科学共同体一般都有一个它自己的主题。在科学中，在科学共同体中都有学派，即以不相容的观点来探讨同一主题。但是比起其他领域，科学中的学派少得多。他们总是在竞争，而且通常很快就会结束，其结果，科学共同体的成员把自己看作，并且别人也认为他们是唯一的去追求同一组共有的目标，包括训练他们的接班人的人。在这种团体中，交流相当充分，专业判断也相当一致。另一方面，由于不同的科学共同体集中于不同的主题，不同的团体之间的专业交流有时就十分吃力，并常常导致误解。如果继续下去，还可能引发重大的、难以预料的分歧。①

---

① 托马斯·库恩. 科学革命的结构［M］. 金吾伦, 胡新和, 译. 北京：北京大学出版社, 2012：148.

在库恩看来，一个理论战胜其他理论，从而成为范式或科学共识①，这个过程当然是科学家们自发选择的结果，其原因自然是该理论在逻辑融贯、经验检验（尤其是定量预言）等方面所具有的吸引力。在战胜其他范式之后，新范式得到了越来越多科学家的支持。这一点，库恩与富勒和波兰尼的观点并无二致。另外，请注意，库恩也看到，在一个科学共同体内部，科学家们虽然探讨同一个主题，但依然可能存在不同的甚至"不相容的"观点或不同的学派。实际上，现在所谓的气候科学，与其说是一个共同体，不如说是由库恩所说的"集中于不同主题"的"不同的科学共同体"聚积而成。比如大气物理、海洋动力学、环境科学以及古气候学，等等，这些学科之间显然差异很大，更不要说气候经济学等社会科学学科了。想一想如此广泛的领域，理论方法存在巨大差异，要达成真正的科学共识，几乎是不可能的事情。因此我们很可以理解，为什么气候学家朱迪斯·库里说"气候科学共识既不存在也无必要"。

认识到 IPCC 科学共识的本质，那么，我们如何看待那些对所谓 IPCC 气候科学共识持怀疑和批评态度的科学家？从一般意义上说，怀疑主义或批评是科学的本质。如卡尔·波普尔说，"科学以由真理观念为指导的理性批评为特征。"② 科学社会学家罗伯特·默顿也把有条理的怀疑主义作为科学的规范结构中的一条。此外，美国科学家卡尔·萨根也认为：

　　科学的核心是平衡两种看起来相互矛盾的态度——对新想法的开

---

① 托马斯·库恩并没有专门论述科学共识，但我们可以轻易看出科学共识与范式概念的相通甚至相同之处。实际上，库恩本人曾在一次演讲中把常规科学看成科学家们共识的产物。库恩说："我相信，物理光学发展中的尚未达成共识的阶段（在这里我们可称之为发散阶段），也为所有其他学科的历史所重复，只是那些由已有学科的分化或综合而诞生的新学科除外。有些领域如数学和天文学，第一次共识在史前期已经实现。其他领域，如动力学、几何光学和一部分生理学，第一次达成共识的范式要从古典时期算起。大部分其他自然科学，尽管自古以来就在讨论这些问题，但直到文艺复兴以后才第一次达成共识。物理光学如我们所见，第一次牢固的共识只能从 17 世纪末算起，电学、化学以及热学研究，要从 18 世纪算起，而地质学和生物学的非分类部分，直到 19 世纪的第一个 1/3 以后才真正取得共识。本世纪所表现的特点，是少数社会科学中第一次出现了部分的共识。"（托马斯·库恩. 必要的张力 [M]. 范岱年，纪树立，等译. 北京：北京大学出版社，2004：228. 原译文将"consensus"译为"一致意见"，此处一律改译为"共识"。）后来库恩曾试图确认共识的内容，很快就发现极为困难，以至于认为"很明显，我探求的这种共识根本不存在"，而且"这种共识毫无存在的必要"。（野家启一. 库恩 [M]. 毕小辉，译. 河北：河北教育出版社，2001：118.）

② 卡尔·波普尔. 通过知识获得解放 [M]. 杭州：中国美术学院出版社，1996：52.

放，不管它是多么古怪，多么与直觉相反；以及对所有想法，新的或旧的，进行最无情的怀疑性的调查。这是从极端的谬误中分离出深刻真理的方法。……科学要求最强有力的和最不妥协的怀疑主义，因为大多数的想法完全是错误的，唯一把麦子从谷壳中筛出来的方法是批判性的实验和分析。①

波普尔把批判性视为约束想象力的必要因素，约翰·齐曼把怀疑主义视为抑制"独创性"的科学特征，他们的说法虽然各有道理，但并不透彻。说到底，有条理的批评或怀疑，之所以构成科学的最重要的特征，是因为它是去伪存真的保障。正如萨根所说，我们的很多观点很可能是错误的，只有批评或怀疑才能把那些错误筛选出来。这实际上就是波普尔所说，科学的过程就是试错。

齐曼认为，"有条理的怀疑主义承担了正式文献的护门人（gatekeeper）责任"，通过同行评议过程，确保正式发表的文献符合基本的可信性标准。然而，"所有的科学家都完全清楚，在官方文献中，整理和保存的多数知识远非令人信服。分配于整个共同体的批判过程是不系统的……许多错误和误解直到影响了其他研究成果的阐释时才被怀疑……甚至从来不会得到改正。因此，大量在官方文献中被（非常真诚地）宣传的东西，后来往往被证明是非常错误的"。② 我们已经看到，齐曼看到的现象在气候科学领域中也很常见，甚至更加严重。比如，像MBH98这样的论文不但顺利通过了《自然》的同行评议过程，甚至在其错误被指出之后，作者和《自然》杂志社迄今拒绝诚实地承认和纠正。

科学文化是争论的文化，而科学共同体是一个热爱争论的群体，公开的争论经常是活力的表现，而不是社会或思想混乱的标志。因此，正如齐曼所说，"真正检验一个认识机构是看它如何处理导致社会争论的思想分歧"③。对于气候科学如此复杂的科学领域，科学家之间存在怀疑、批评和争论，实在是太正常不过的事情。能够结束争论的，只有压倒性的经验证实或无法反驳的逻辑证明，而不是任何所谓的共识。科学共识只是在科学争论自然地暂停之后所形成的状态。如齐曼所说，虽然"科学致力于争取最大范围的共识，但这种共识必

---

① 卡尔·萨根. 魔鬼出没的世界——科学，照亮黑暗的蜡烛 [M]. 李大光，译. 长春：吉林人民出版社，1998：343.

② 约翰·齐曼. 真科学——它是什么，它指什么 [M]. 曾国屏，等译. 上海：上海科技教育出版社，2002：300.

③ 约翰·齐曼. 真科学——它是什么，它指什么 [M]. 曾国屏，等译. 上海：上海科技教育出版社，2002：303.

须是在自由、公开的批判条件下实现的自愿共识"①。也就是说，科学共识是科学争论结束的产物，而非原因。我们不可以以所谓共识的名义来强行终结科学上的争论。

当然，鉴于气候科学的高度复杂性，气候科学的许多理论很难证实或证伪，但这不是终结科学争论的理由，更不是强加一个共识的理由。恰恰相反，气候科学（以及 IPCC）应该向怀疑、批评和争论开放。科学争论要透明、开放和真诚，就要给怀疑者以及持各种不同观点的人以发表观点的机会和权利。真理不怕质疑，真理需要质疑，真理越辩越明。几百年前，英国思想家密尔顿在国会的陈词中说："假如压制新颖而不能见容于流俗的意见，竟证明非但是有害的，而且是螳臂当车，那么最好的办法究竟是什么？……虽然各种学说被释放到大地上，真理就不得不与之作战，但是如果我们实施审查和禁止，就是怀疑真理的力量，从而对她是有害的。让她和错误格斗吧，谁曾见过真理会在自由、开放的争论中落荒而逃呢？"② 科学更是如此。我们在前文所提到的康特罗维兹的"科学法庭"，以及辛格等人提出的 B 小组（IPCC 是 A 小组），还有克里斯蒂等人提出的气候红队，都是尝试给予异议者、怀疑者合法发表观点、呈现证据的机会和权利。科学真理不会也不应该惧怕和拒绝质疑。

只有这样，气候科学才能健康地发展。然而，许多机构和科学家却以所谓的气候科学共识为名，试图终止科学争论，排挤、边缘化甚至打击那些持有怀疑态度和反对态度的科学家。这使得所谓气候科学共识成了教条，因此一些人认为，气候科学已经变成宗教。

这就带来一个复杂的局面：在科学争议与未来风险并存的情况下，是否应该以及如何决策？许多科学家和政治家乃至普通公众认为，在存在科学上的不确定性并因此存在相当大的争议的情况下，可以通过达成所谓的科学共识来交流不确定性的知识，并在此基础上作出政策和行动选择，"也许是最不糟糕的办法"。休尔姆说，只要形成共识的过程是"开放的、透明的，得到很好的管理"，只要它"真诚对待很多不确定性"，这样的共识就足以为决策者提供最好的科学③。甚至，在理想状况下，这种共识还能在一定程度上容纳科学家的不同观

---

① 约翰·齐曼. 真科学——它是什么，它指什么［M］. 曾国屏，等译. 上海：上海科技教育出版社，2002：309.

② 约翰·密尔顿. 论出版自由［M］. 吴之椿，译. 北京：商务印书馆，1958：45-46. 此处引文对译文有较大的调整。

③ HULME M. Why We Disagree about Climate Change：Understanding Controversy，Inaction and Opportunity［M］. Cambridge：Cambridge University Press，2009：81.

点。然而，通过前文关于 IPCC 和科学共识的讨论，以及气候门邮件和曲棍球杆曲线争论所表明的，这样人为达成的共识是极为可疑的，往往堕落成为"护门"现象，甚至成为打击异议的工具。所谓气候科学共识本身不是科学，它的形成过程是科学家之间以及科学家和政治家甚至媒体之间的交流和协商，在这个过程中，不可能不受到不同利益、政治和价值观的影响甚至左右。事实一再证明，所谓的"开放""透明"和"真诚"仅仅存在于字面状态。气候门和曲棍球杆曲线事件以及更多的科学史案例告诉我们，即便是在科学界，在那些雷维茨所谓的科学核心层之间，同行之间的争议和竞争往往都不是"公开""透明"的，更不要说"真诚"了。

因此，科学中，解决争议的唯一办法是科学的进步，而不是共识的达成。而科学的进步在于严格遵守其基本的方法，即缜密的观察和严谨的推理以及进一步的严格检验。科学不是共识，更不是对共识的信仰。不久前，哈佛大学教授，美国政治家，被誉为"民主党的良知"的马萨诸塞州参议员伊丽莎白·沃伦（Elizabeth Warren），2020 年美国总统的民主党候选人之一，她曾宣称："我相信科学。任何与我们的环境问题决策相关的人也是如此。"① 沃伦主要是回应当时白宫刚宣布成立专家小组调查气候变化的新闻。很难确定，沃伦此处"相信科学"到底是何含义。但从她一贯的立场和言论来看，她相信的是全球变暖以及持全球变暖观点的科学家。不久，民主党另一位总统候选人、华裔政治家杨安泽（Andrew Yang）也效仿沃伦，在网上宣称："我爸爸有物理学博士学位。我相信科学。"②

在科学上，笔者对美国政治并无任何党派立场，可以说，民主党利用科学正确作为政治工具，而共和党有时也会对科学不友善。但此处两位民主党总统候选人沃伦和杨安泽的逻辑是有问题的。③ 一位网友回复杨安泽说："科学从未被认为是一种你所谓相信的宗教。科学是我们发现的工具。发现从未完成。结论可能看起来是真的，但不久会有新发现，就会改变你认为你知道的东西。"科学不是关于信仰的，而是关于事实、证据、理论和实验。在当前的气候争论中，

---

① ELIZABETH WARREN. I believe in science, and anyone who doesn't has no business making decisions about our environment [Z/OL]. (2019-02-25) [2019-03].

② ANDREW YANG. My father has a PhD in Physics, I believe in science [Z/OL]. (2019-03-19) [2019-03].

③ 特别是 Andrew 的说法更是让人啼笑皆非。有不少网友的回复更是让人忍俊不禁。比如：我的爸爸有一个金融学 MBA。我相信金钱。又如：我爸爸有几个工程师学位。我相信火车。

所谓"我相信科学"，实际上就是"我相信科学共识"，也就是"我相信全球变暖"。琼斯、曼恩等人以及 IPCC 就是这一科学共识的代表，因此沃伦和杨安泽的"我相信科学"，就意味着"我相信琼斯、曼恩和 IPCC"。这里，我们会理解，丁仲礼院士多次告诫我国科学家和民众要坚持独立思考，"不要人云亦云"是多么重要。

"我相信科学"的目的或结果，是逃避任何严格的检验和审慎的批评，在科学中是压抑异议观点的手段，在政治中则是抢占政治正确制高点的伎俩。从科学史来看，这样做没有任何意义。有很多理论和观点，曾经一度被认为是科学的共识，但后来被证伪了，也有很多理论最初被主流科学所忽视甚至反对，但后来被确认并获得科学界的普遍接受，如板块构造学说、太阳风暴理论，等等。不论是曾被认为是对的后来被证明是错的，还是最初被认为是错的后来被证明是对的，关键不在于科学家们犯了错，因为科学本来就是在试错中进步的，问题的关键在于，科学是严格的。因此，在气候变化的时代，科学争论一直在持续，其关键不在于所谓的主流气候科学共识可能是错的，那些持有异议的科学家可能是对的，问题的关键在于，科学是严格的。只要有不利的证据，无法合理解释的事实，有争议的理解，科学争议就应该也必定会继续下去。科学不是共识，更不是信仰，科学是严格的证据和推理，是审慎的怀疑和求真的精神。后常规科学或不论什么状态的科学都没有也不可能改变这一点。

由于气候和气候科学的高度复杂性和不确定性，气候科学争论在短期内没有平息的可能，而未来气候变化却与人类命运密切关联，需要科学研究为政治决策提供参考。这就带来一种史无前例的复杂情况。不论是科学家还是外行在面对这种复杂情况的时候难免感到困惑。传统的科学观以及科学哲学理论似乎已经无法处理和应对，为科学哲学和咨询、决策和管理科学提出了新挑战。在2006 年美国众议院关于曲棍球杆曲线的听证会上，德国著名气候学家冯·斯托奇在证词中说：

> 绝大多数环境科学都是社会学家说的"后常规的"（post-normal），也就是一些具有重大实践意义的问题中充满了高度的不确定性。气候变化科学就是这样一种后常规科学的例子。后常规科学的一个特点，是科学与价值驱动的议程之间的界线变得模糊了；NGOs 的代表们被认为是比科学家更了解气候系统的动力学和运作；国会议员们深入了解科学的技术细节；外行也加入技术性争论；以及一些科学家试图把一些"解决方案"强加给政策制定者和公众。在这样的情况下，非常可

能的是，一些个别科学家会过分强调那些会对决策产生影响的观点同时贬低其他的观点。这种后常规情景的一个典型表现，就是媒体、书籍和影视中充斥着大量的夸张描述。最近的例子包括《后天》（*The Day After Tomorrow*）、《恐惧之邦》（*State of Fear*）、《撒旦气体》（*Satanic Gases*）、《盖亚的报复》（*The Revenge of Gaia*）以及《难以忽视的真相》（*An Inconvenient Truth*）。[①]

斯托奇所说的"后常规科学"是英国著名科学哲学家杰罗姆·雷维茨和数学家西尔维奥·丰托维奇最早于1990年提出的。[②] 他们认为，全球环境问题和其他复杂政治技术问题给人类带来了新的挑战，因此需要新的科学，即后常规科学。所谓后常规科学，是指这样一种科学，它具有如下四个核心特征：事实不确定、价值有争议、高风险、决策紧迫。根据雷维茨和丰托维奇本人的观点，后常规科学主要是指与全球环境问题有关的科学。显然，被认为是人类有史以来最大环境危机的气候变化是全球环境问题中最重要的，因而，气候变化科学完全符合后常规科学的四个要素。因此，这个概念一经提出，很快就得到不少气候科学家的认可。1999年，斯托奇就提出用"后常规科学"来理解气候科学不确定性带来的复杂性。[③] 英国气候学家迈克·休尔姆也认为气候变化成为后常规科学的一个典型案例。[④] 如今，PNS理论已经成为理解和解释气候变化科学及决策的最有影响的哲学框架。因此，笔者以为有必要在这里简要地加以讨论和分析。

首先，对于后常规科学理论，笔者认为，它确实是一个很有价值的理论框架，但我们要明白，它处理的是科学与政策的交叉问题，其主要领域应该是在社会行动和政策领域，而不是科学研究自身。但是，休尔姆却错误地认为，PNS理论的一个重要结果，就是美国科学社会学家罗伯特·默顿（Robert Merton）提出的科学研究的四条经典的行为规范不再适用了，即怀疑论（scepticism）、普遍主义（universalism）、共有主义（communalism）和无私利性（disinterested-

① Prepared Statement of Dr. Hans Von Storch [C]. House Hearing Before The Subcommittee on Oversight and Investigations, 109 Congress, second session. 2006, 109-128.

② FUNTOWICZ S, RAVETZ J. Post-normal Science: A New Science for New Times [J]. Scientific European, 1990, 266 (10): 20-22.

③ BRAY D, VON STORCH H. Climate Science: An Empirical Example of Postnormal Science [J]. Bulletin of the American Meteorological Society, 1999, 80 (3): 439-456.

④ HULME M. Why We Disagree about Climate Change: Understanding Controversy, Inaction and Opportunity [M]. Cambridge: Cambridge University Press, 2009: 81.

ness）。在这个问题上，笔者以为，休尔姆显然是误解了后常规科学，或者做了不适当的推广。

我们知道，上述四点被称为默顿规范，实际上也被公认为科学精神的基本要素。所谓共有主义，是指所有科学家都应该有获得科学产品或信息的权利，以促进集体合作和知识增长。普遍主义是指科学应该是客观而普遍有效的，独立于科学家个人的政治、社会和经济背景以及价值信仰。无私利性，则是指科学家的研究不应该服务于个人或某集团的利益。怀疑主义是指任何科学主张或假说在被接受之前都应该接受批判性的审视和验证。①

可以说，这四点被公认为科学研究最基本的价值规范，是获取真理的基本保障。如果违背了其中的任何一条，科学研究的结果将是不可信的。在前面关于曲棍球杆曲线和气候门的讨论中，我们清楚地看到，正是 IPCC 以及以琼斯和曼恩等人为核心的曲棍球杆小组违背了科学信息的共有主义（拒绝公开数据和方法），普遍主义（典型的护门行为），无私利性（操控学术杂志以发表支持或有利于自己观点的文章，甚至操控 IPCC 评估报告的撰写和评审程序），尤其是怀疑主义（打击和迫害任何对所谓 IPCC 气候科学共识持怀疑态度的科学家），是导致 IPCC 以及整个气候科学信誉受损的最重要的原因。因此，就科学研究或科学争论而言，默顿规范仍然是科学家需要遵守的基本行为规范。但是到了更复杂的决策领域，已经超出了科学探究的范围，就不是默顿规范所适用的了。因此，休尔姆的说法，即后常规科学条件下，默顿规范不再适用，是具有误导性的，甚至是错误的。

另外，对于理解气候科学争论参与决策来说，后常规科学最值得注意的一点是提出了"扩展的同行共同体"的概念。由于传统科学是以解决科学问题为主要导向的，科学讨论并不涉及科学共同体之外的人员。但是，对于气候变化这样的后常规科学来说，科学讨论往往事关气候变化的决策，涉及复杂的政治、经济利益。因此，在现代民主社会中，在问题尚未得到有效解决、不确定性无法摆脱就需要进行决策的情况下，科学家、政府和社会公众之间需要建立有效沟通、交流和民主决策的机制。在这种情况下，传统方法论已经无法有效认识和处理，于是，丰托维奇和雷维茨提出了"扩展的同行共同体"（Extended Peer Community）的概念。所谓扩展的同行共同体概念，是指：在后常规科学中，由于在过程和结果中都存在多重不确定性，要求强化相关人们的重要性。因此，

---

① R. K. 默顿. 科学社会学：理论与经验研究 [M]. 鲁旭东，林聚任，译. 北京：商务印书馆，2009：365-376.

要确立参与者的合法性和能力，将不可避免地设计更广泛的社会和文化机构和运动。例如，相对于其他人，直接受环境影响的人们将会对问题有更敏锐的认识，对官方保证的质量有更高程度的关心。他们扮演的角色类似于传统科学中同行评议过程中的专业同事，而在新情景中，其他的事情有可能不会发生。①

也就是说，丰托维奇和雷维茨所说的"扩展的同行共同体"实际上是指在决策过程中，参与者或相关方由传统意义上的专业科学家同行扩展到了包括了所有利益相关的非科学外行。此外，鉴于气候科学的复杂性和多学科交叉性，扩展的同行共同体还意味着相关科学问题的评议不再局限于单一或少数几个学科的专业同行。气候门和曲棍球杆曲线事件表明，像斯蒂芬·麦金泰尔和麦吉特里克这样的外行，都参与了气候科学同行评议的过程，并取得了伟大的成就。这表明，同行共同体的扩展不仅在道德上公平、政治上正确，而且事实上还有可能提高科学研究的质量。很难想象，如果没有麦金泰尔坚持不懈的关注和批评，曲棍球杆曲线骗局或者至少是错误将会维持多长时间。因此，就决策而言，扩展的同行共同体确实是很有意义的概念。

此外，特别需要注意的是，扩展的同行共同体并不意味着科学标准有任何改变。相反，气候门和曲棍球杆曲线事件证明，扩展的同行共同体更有益于维持或保证科学的严格标准。就像雷维茨指出的，"具体的技术性工作是专家的任务，但是有关此类工作的质量控制，却可以由那些具有更广泛专业能力的人们来完成。对问题本身的定义，人事的选择，特别关键的是结果的所有权，扩展的同行共同体有充分的权利参与其中"，更重要的是，"扩展的同行共同体给这个系统注入了批评精神和诚实精神"②，这已经在气候门和曲棍球杆曲线事件中的 MM 等人身上得到了有力证明。③

①　FUNTOWICZ S O, RAVETZ J R. Science for the Post-normal Age ［J］. Futures, 1993, 25（7）: 739-755.

②　JEROME RAVETZ. Climategate: Plausibility and the Blogosphere in the Post-normal Age ［EB/OL］. (2010-02-09) ［2018-08］.

③　至于扩展的同行共同体对于决策过程的重要性和价值，是一个复杂议题，本书无力再深入，只能留待未来进一步的研究和讨论了。

参考文献

一、中文文献

[1] 安东尼·吉登斯. 气候变化的政治 [M]. 曹荣湘, 译. 北京: 社会科学文献出版社, 2009.

[2] 芭芭拉·沃德, 勒内·杜博斯. 只有一个地球: 对一个小小行星的关怀和维护 [M].《国外公害丛书》编委会, 译校. 长春: 吉林人民出版社, 1997: 225-230.

[3] C. D. 伊狄梭, R. M. 卡特, S. F. 辛格. 气候变化再审视——非政府国际气候变化研究组报告 [M]. 张志强, 曲建升, 段晓男, 等译. 北京: 科学出版社, 2013.

[4] 陈国森, 王林, 陈文. 大气 Rossby 长波理论的建立和发展 [J]. 气象科技进展, 2012, 2 (6): 50-54.

[5] 陈克明, 金向泽, 张学洪. 关于海气耦合模式气候漂移及敏感性的一点探讨 [J]. 海洋学报 (中文版), 1997 (2): 39-46, 51-52.

[6] 陈星, 马开玉, 黄樱. 现代气候学基础 [M]. 南京: 南京大学出版社, 2014: 162-174.

[7] 陈秀玲, 刘秀铭, 李志忠, 江修洋, 雷国良, 朱芸, 靳建辉. 中国中世纪暖期气候变化的基本特征 [J]. 亚热带资源与环境学报, 2012, 7 (1): 21-28.

[8] 陈育峰. 自然植被对气候变化响应的研究: 综述 [J]. 地理科学进展, 1997 (2): 72-79.

[9] 笛卡尔. 笛卡尔论气象 [M]. 陈正洪, 叶梦姝, 贾宁译, 北京: 气象出版社, 2016.

[10] 丁一汇. 中国气候变化: 科学, 影响, 适应及对策研究 [M]. 北京: 中国环境科学出版社, 2009.

[11] 丁永建，效存德. 冰冻圈变化及其影响研究的主要科学问题概论 [J]. 地球科学进展，2013，28（10）：1067-1076.

[12] E. 布莱恩特，气候过程和气候变化 [M]. 刘东生等，编译. 北京：科学出版社，2004：98.

[13] 高庆先，吴绍洪，等. 未来几年气候变化研究向何处去 [M]，北京：中国科学技术出版社，2007.

[14] 葛全胜，方修琦，程邦波. 气候变化政治共识的确定性与科学认识的不确定性 [J]. 气候变化研究进展，2010，6（2）：152-153.

[15] 葛全胜，王绍武，方修琦. 气候变化研究中若干不确定性的认识问题 [J]. 地理研究，2010，29（2）：191-203.

[16] 葛全胜，郑景云，方修琦，等. 过去2000年中国东部冬半年的温度变化 [J]. 第四纪研究，2002（2）：166-173.

[17] 国家气候变化对策协调小组办公室，中国21世纪议程管理中心. 全球气候变化：人类面临的挑战 [M]. 北京：商务印书馆，2004：16.

[18] 黄荣辉. 大气科学发展的回顾与展望 [J]. 地球科学进展，2001（5）：634-657.

[19] 黄为鹏. "曲棍球杆曲线" 丑闻，气候泡沫与气候政治的未来 [J]. 北京大学中国与世界研究中心研究报告，2010，8（38）.

[20] 贾朋群，郑秋红. 基林和基林曲线：人类定量认识自身与自然关系的先行者和风向标 [J]. 气象科技进展，2015，5（3）：76-80.

[21] 卡尔·波普尔. 猜想与反驳 [M]. 傅季重，纪树立，周昌忠，蒋弋，译. 杭州：中国美术学院出版社，2003：47.

[22] 卡尔·波普尔. 通过知识获得解放 [M]. 杭州：中国美术学院出版社，1996：52.

[23] 卡尔·萨根，魔鬼出没的世界-科学，照亮黑暗的蜡烛 [M]. 李大光译，长春：吉林人民出版社，1998：343.

[24] 满志敏. 中国东部4000aBP以来的气候冷暖变化 [M]，施雅风，张丕远. 中国历史气候变化. 济南：山东科学技术出版社1996：281-300.

[25] 潘志华，郑大玮. 气候变化科学导论 [M]. 北京：气象出版社，2015：331.

[26] 皮埃尔·迪昂. 物理学理论的目的与结构 [M]. 李醒民，译. 北京：华夏出版社，1999.

[27] 皮尔斯·福斯特. 气候模式50年 [N]. 田晓阳，译. 中国气象报，

2017-06-28.

[28] 普雷斯顿·詹姆斯, 杰弗雷·马丁. 地理学思想史（增订本）[M].
李旭旦, 译. 北京：商务印书馆, 1989：35.

[29] 乔治·萨顿. 希腊黄金时代的古代科学 [M]. 鲁旭东, 译. 北京：大
象出版社, 2010：653.

[30] R. K. 默顿. 科学社会学：理论与经验研究 [M]. 鲁旭东, 林聚仁,
译. 北京：商务印书馆, 2009：365-376.

[31] 任国玉. 气候变化的历史记录和可能原因-IPCC 1995 第一工作组报告
评述 [J]. 气候与环境研究, 1997（2）：81-95.

[32] 任国玉. 气候变暖成因研究的历史、现状和不确定性 [J]. 地球科学
进展, 2008（10）：1084-1091.

[33] 三上岳彦, 李景生. 火山喷发与气候变化 [J]. 地理译报, 1992
（4）：54-57.

[34] 申文斌, 宁津生, 李建成, 晁定波. 论大地水准面 [J]. 武汉大学学
报（信息科学版）, 2003（6）：683-687.

[35] 石广玉, 王喜红, 张立盛, 黄兴友, 赵宗慈, 高学杰, 徐影. 人类活
动对气候影响的研究Ⅱ. 对东亚和中国气候变化的影响 [J]. 气候和环境研究,
2002（2）：255-266.

[36] 斯蒂芬·施耐德. 地球：我们输不起的实验室 [M]. 诸大建, 周祖
翼, 译. 上海：上海科技出版社, 1998.

[37] 斯潘塞·R·沃特. 全球变暖的发现 [M]. 宫照丽, 译. 北京：外语
教学与研究出版社, 2008：148.

[38] 苏从先, 胡隐樵, 张永丰, 卫国安. 河西地区绿洲的小气候特征和
"冷岛效应" [J]. 大气科学, 1987,（4）：390-396.

[39] 孙侦, 贾绍凤, 吕爱锋, 朱文彬, 高彦春. IPCC AR5 全球气候模式
对 1996—2005 年中国气温模拟精度评价 [J]. 地理科学进展, 2015, 34（10）：
1229-1240.

[40] 托马斯·库恩. 科学革命的结构 [M]. 金吾伦, 胡新和, 译. 北京：
北京大学出版社, 2012：148.

[41] 王斌, 周天军, 俞永强. 地球系统模式发展展望 [J]. 气象学报,
2008, 66（6）：857-869.

[42] 王连喜, 杨有林, 何雨红, 郑有飞. 气候变化和植被关系研究方法探
讨 [J]. 生态学杂志, 2003,（10）：43-48.

[43] 王明星，杨昕. 人类活动对气候影响的研究 I. 温室气体和气溶胶 [J]. 气候与环境研究，2002 (2)：247-254.

[44] 王绍武，罗勇，赵宗慈. 关于非政府间国际气候变化专门委员会 (NIPCC) 报告 [J]. 气候变化研究进展，2010，6 (2)：89-94.

[45] 王绍武，赵宗慈，龚道溢，周天军. 现代气候学概论 [M]. 北京：气象出版社，2005：14.

[46] 王绍武. 现代气候学进展 [M]. 北京：气象出版社，2001：6-7.

[47] 乌尔里希·贝克. 为气候而变化：如何创造一种绿色现代性 [M] // 载曹荣湘. 全球大变暖：气候经济、政治与伦理. 北京：中国社会科学出版社，2009：355.

[48] 亚里士多德. 天象论 宇宙论 [M]. 吴寿彭，译. 北京：商务印书馆，1999.

[49] 杨萍. 笛卡尔与《气象学》[J]. 气象科技进展，2016，6 (1)：46-49.

[50] 杨萍. 亚里士多德与《天象论》[J]. 气象科技进展，2016，6 (3)：160-163.

[51] 叶鑫欣，焦艳，傅刚. 挪威学派气象学家的研究工作和生平：J. 皮叶克尼斯、H. 索尔伯格和T. 贝吉龙 [J]. 气象科技进展，2014，4 (6)：35-45.

[52] 约翰·霍顿. 全球变暖 [M]. 戴晓苏，赵宗慈，译. 北京：气象出版社，2013：27.

[53] 约翰·密尔顿. 论出版自由 [M]. 吴之椿，译. 北京：商务印书馆，1958：45-46.

[54] 约翰·齐曼. 真科学-它是什么，它指什么 [M]. 曾国屏，等译. 上海：上海科技教育出版社，2002：303.

[55] 张腾军. 美国环境政治的历史演变及特点分析 [J]. 改革与开放，2017 (21)：62-63.

[56] 郑景云，葛全盛，刘浩龙，萧凌波. "气候门" 与20世纪增暖的千年历史地位之争 [J]. 自然杂志，2013，35 (1)：22-29.

[57] 周淑贞，张如一，张超. 气象学与气候学（第三版）[M]，北京：高等教育出版社，1997：4.

[58] 周淑贞. 上海近数十年城市发展对气候的影响 [J]. 华东师范大学学报（自然科学版），1990，(4)：64-73.

[59] 竺可桢. 中国五千年来气候变迁的初步研究 [J]. 考古学报，1972.

[60] 左昕昕，靳鹤龄. 中世纪暖期气候研究综述 [J]. 中国沙漠，2009，

29 (1): 136-142.

二、英文文献

[1] AARSTAD J. Expert credibility and truth [J]. Proceedings of the National Academy of Sciences, 2010, 107 (47): E176.

[2] AGRAWALA S. Context and early origins of the Intergovernmental Panel on Climate Change [J]. Climatic Change, 1998, 39 (4): 605-620.

[3] AGRAWALA S. Structural and process history of the Intergovernmental Panel on Climate Change [J]. Climatic Change, 1998, 39 (4): 621-642.

[4] ANDEREGG W R L, PRALL J W, HAROLD J, et al. Expert credibility in climate change [J]. Proceedings of the National Academy of Sciences, 2010, 107 (27): 12107-12109.

[5] ANDERSON R G, GREENE W H, MCCULLOUGH B D, et al. The role of data & program code archives in the future of economic research: No. 2005-014C [R]. Louis, MO: Federal Reserve Bank of St. Louis, 2005.

[6] ARRHENIUS S. XXXI. On the influence of carbonic acid in the air upon the temperature of the ground [J]. The London, Edinburgh, and Dublin Philosophical Magazine and Journal of Science, 1896, 41 (251): 237-276.

[7] BAST J, TAYLOR J M. Scientific consensus on global warming: results of an international survey of climate scientists [M].Chicago, IL: The Heartland Institute, 2009.

[8] BESEL R D. Accommodating climate change science: James Hansen and the rhetorical/political emergence of global warming [J]. Science in Context, 2013, 26 (1): 137-152.

[9] BOLIN B. A history of the science and politics of climate change: the role of the Intergovernmental Panel on Climate Change [M]. Cambridge: Cambridge University Press, 2007.

[10] BRADLEY R S, JONES P D. When was the little ice age [C] //MIKAMI T. Proceedings of the International Symposium on the Little Ice Age Climate. Tokyo: Tokyo Metropolitan University, 1992: 1-4.

[11] BRAY D, VON STORCH H. Climate science: An empirical example of postnormal science [J]. Bulletin of the American Meteorological Society, 1999, 80 (3): 439-456.

[12] BRIFFA K R, OSBORN T J. Blowing hot and cold [J]. Science, 2002,

295（5563）：2227-2228.

［13］BRUMFIEL G. Academy affirms hockey-stick graph ［J］. Nature, 2006, 441（7097）：1032-1033.

［14］BRUNNER R D. Science and the climate change regime ［J］. Policy Sciences, 2001, 34（1）：1-33.

［15］CICERONE R J. Ensuring integrity in science ［J］. Science, 2010, 327（5966）：624-624.

［16］CURRY J A, WEBSTER P J, HOLLAND G J. Mixing politics and science in testing the hypothesis that greenhouse warming is causing a global increase in hurricane intensity ［J］. Bulletin of the American Meteorological Society, 2006, 87（8）：1025-1038.

［17］CURRY J A, WEBSTER P J. Climate science and the uncertainty monster ［J］. Bulletin of the American Meteorological Society, 2011, 92（12）：1667-1682.

［18］DEMING D. Climatic warming in North America：analysis of borehole temperatures ［J］. Science, 1995, 268（5217）：1576-1577.

［19］DUNLAP R E, JACQUES P J. Climate change denial books and conservative think tanks：exploring the connection ［J］. American Behavioral Scientist, 2013, 57（6）：699-731.

［20］DUNLAP R E. Climate change skepticism and denial：an introduction ［J］. American Behavioral Scientist, 2013, 57（6）：691-698.

［21］DYSON F J. A many-colored glass：reflections on the place of life in the universe ［M］. Charlottesville, VA：University of Virginia Press, 2007.

［22］DöRRIES M. The politics of atmospheric sciences："nuclear winter" and global climate change ［J］. Osiris, 2011, 26（1）：198-223.

［23］EDWARDS P N. A vast machine：computer models, climate data, and the politics of global warming ［M］. Cambridge, MA：The MIT Press, 2010.

［24］EDWARDS P N. Global climate science, uncertainty and politics：data-laden models, model-filtered data ［J］. Science as Culture, 1999, 8（4）：437-472.

［25］EMANUEL K. Increasing destructiveness of tropical cyclones over the past 30 years ［J］. Nature, 2005, 436（7051）：686-688.

［26］ESPER J, COOK E R, SCHWEINGRUBER F H. Low-frequency signals in long tree-ring chronologies for reconstructing past temperature variability ［J］. Science, 2002, 295（5563）：2250-2253.

[27] FERREL W. An essay on the winds and currents of the ocean [J]. Nashville Journal of Medicine and Surgery, 1856, 11 (4-5): 287-301, 375-389.

[28] FISCHER H, WAHLEN M, SMITH J, et al. Ice core records of atmospheric CO2 around the last three glacial terminations [J]. Science, 1999, 283 (5408): 1712-1714.

[29] FLEMING J R. The Callendar effect: the life and work of Guy Stewart Callendar (1898—1964). The scientist who established the carbon dioxide theory of climate change [M]. Boston, MA: American Meteorological Society, 2007.

[30] FRANZ W E. The development of an international agenda for climate change: connecting science to policy: No. IR-97-034 [R]. Laxenburg: International Institute for Applied Systems Analysis, 1997.

[31] FULLER S. Social epistemology [M]. 2nd ed. Bloomington: Indiana University Press, 2002.

[32] FULTZ D, LONG R R, OWENS G V, et al. Studies of thermal convection in a rotating cylinder with some implications for large-scale atmospheric motions [M]. Boston, MA: American Meteorological Society, 1959.

[33] FUNTOWICZ S O, RAVETZ J R. A new scientific methodology for global environmental issues [M] //COSTANZA R. Ecological economics: the science and management of sustainability. New York, NY: Columbia University Press, 1992: 137-152.

[34] FUNTOWICZ S O, RAVETZ J R. Post-normal science: a new science for new times [J]. Scientific European, 1990, 266 (10): 20-22.

[35] FUNTOWICZ S O, RAVETZ J R. Uncertainty and quality in science for policy [M]. Dordrecht: Kluwer Academic Publishers, 1990.

[36] FUNTOWICZ S O, RAVETZ J R. Uncertainty, complexity and post-normal science [J]. Environmental Toxicology and Chemistry, 1994, 13 (12): 1881-1885.

[37] GATES W L. AMIP: the atmospheric model intercomparison project [J]. Bulletin of the American Meteorological Society, 1992, 73 (12): 1962-1970.

[38] GE Q, ZHENG J, TIAN Y, et al. Coherence of climatic reconstruction from historical documents in China by different studies [J]. International Journal of Climatology, 2008, 28 (8): 1007-1024.

[39] HADLEY G. Concerning the cause of the general trade-winds [J]. Philosophical Transactions (1683-1775), 1735, 39: 58-62.

[40] HALLEY E. An historical account of the trade winds, and monsoons, observable in the seas between and near the Tropicks, with an attempt to assign the physical cause of the said winds [J]. Philosophical Transactions of the Royal Society of London, 1686, 16 (183): 153-168.

[41] HANSEN J, JOHNSON D, LACIS A, et al. Climate impact of increasing atmospheric carbon dioxide [J]. Science, 1981, 213 (4511): 957-966.

[42] HANSEN J, SATO M, HEARTY P, et al. Ice melt, sea level rise and superstorms: evidence from paleoclimate data, climate modeling, and modern observations that 2°C global warming could be dangerous [J]. Atmospheric Chemistry and Physics, 2016, 16 (6): 3761-3812.

[43] HANSEN J. Statement of Dr. James Hansen, director, NASA Goddard Institute for Space Studies [R] //U. S. Senate Committee on Energy and Natural Resources. Greenhouse effect and global climate change. Hearings before the Committee on Energy and Natural Resources, United States Senate, One Hundredth Congress, first session, November 9 and 10, 1987. Washington, DC: U. S. Government Printing Office, 1988: 39-42.

[44] HARE F K. Review of inadvertent climate modification, by C M Wilson, W H Matthews [J]. Annals of the Association of American Geographers, 1972, 62 (3): 520-522.

[45] HARTMANN D L, MICHELSEN M L. No evidence for IRIS [J]. Bulletin of the American Meteorological Society, 2002, 83 (2): 249-254.

[46] HEGERL G. The past as guide to the future [J]. Nature, 1998, 392 (6678): 758-759.

[47] HESSE M B. Models and analogies in science [M]. London: Sheed and Ward, 1963.

[48] HOLDREN J P. Science in the White House [J]. Science, 2009, 324 (5927): 567-567.

[49] HULME M. On the origin of 'the greenhouse effect': John Tyndall's 1859 interrogation of nature [J]. Weather, 2009, 64 (5): 121-123.

[50] HULME M. The conquering of climate: discourses of fear and their dissolution [J]. The Geographical Journal, 2008, 174 (1): 5-16.

[51] HULME M. Why we disagree about climate change: understanding controversy, inaction and opportunity [M]. Cambridge: Cambridge University Press, 2009.

[52] HUNTINGTON E. Civilization and climate [M]. 2nd ed. New Haven, CT: Yale University Press, 1925.

[53] IDSO C D. S. Fred Singer and the Nongovernmental International Panel on Climate Change [J]. Energy & Environment, 2014, 25 (6-7): 1137-1148.

[54] IPCC. Climate change 1995: the science of climate change. Contribution of WGI to the 2nd assessment report of the Intergovernmental Panel on Climate Change [R]. Cambridge: Cambridge University Press, 1996.

[55] IPCC. Climate change 2001: the scientific basis. Contribution of Working Group 1 to the third assessment report of the Intergovernmental Panel on Climate Change [R]. Cambridge: Cambridge University Press, 2001.

[56] IPCC. Climate change 2007: the physical science basis. Contribution of Working Group I to the fourth assessment report of the Intergovernmental Panel on Climate Change [R]. Cambridge: Cambridge University Press, 2007.

[57] IPCC. Climate change 2013: the physical science basis. Working Group I Contribution to the fifth assessment report of the Intergovernmental Panel on Climate Change [R]. Cambridge: Cambridge University Press, 2013.

[58] IPCC. Climate change: the IPCC scientific assessment [R]. Cambridge: Cambridge University Press, 1990.

[59] JASTROW R, NIERENBERG W A, SEITZ F. Scientific perspectives on the greenhouse problem [M]. Ottawa, IL: The Marshall Press, 1989.

[60] Jeroen V D S. Uncertainty as a monster in the science-policy interface: four coping strategies [J]. Water science and technology, 2005, 52 (6): 87-92.

[61] JONES P D, MANN M E. Climate over past millennia [J]. Reviews of Geophysics, 2004, 42 (2): RG2002.

[62] KANTROWITZ A. Proposal for an institution for scientific judgment [J]. Science, 1967, 156 (3776): 763-764.

[63] KAPLAN L D. On the pressure dependence of radiative heat transfer in the atmosphere [J]. Journal of Atmospheric Sciences, 1952, 9 (1): 1-12.

[64] KEIGWIN L D. The little ice age and medieval warm period in the Sargasso Sea [J]. Science, 1996, 274 (5292): 1504-1508.

[65] KEMP J, MILNE R, REAY D S. Sceptics and deniers of climate change not to be confused [J]. Nature, 2010, 464 (7289): 673-673.

[66] KERR R A. Hansen vs. the world on the greenhouse threat [J]. Science,

1989, 244 (4908): 1041-1043.

[67] KERR R A. Milankovitch climate cycles through the ages: earth's orbital variations that bring on ice ages have been modulating climate for hundreds of millions of years [J]. Science, 1987, 235 (4792): 973-974.

[68] KERR R A. New greenhouse report puts down dissenters: an international panel assessing greenhouse warming pointedly denies the validity of objections raised by a prominent minority [J]. Science, 1990, 249 (4968): 481-482.

[69] KINNE O. Climate research: an article unleashed worldwide storms [J]. Climate Research, 2003, 24 (3): 197-198.

[70] KITCHER P. The climate change debates [J]. Science, 2010, 328 (5983): 1230-1234.

[71] LABOHM H. Climate scepticism in Europe [J]. Energy & Environment, 2012, 23 (8): 1311-1317.

[72] LAHSEN M. Seductive simulations? Uncertainty distribution around climate models [J]. Social Studies of Science, 2005, 35 (6): 895-922.

[73] LEMONICK M D. Climate heretic: Judith Curry turns on her colleagues [J]. Scientific American, 2010, 303 (5): 78-83.

[74] LEWIN B. Searching for the catastrophe signal: the origins of the Intergovernmental Panel on Climate Change [M]. London: Global Warming Policy Foundation, 2017.

[75] LINDZEN R S, CHOU M D, HOU A Y. Does the earth have an adaptive infrared iris? [J]. Bulletin of the American Meteorological Society, 2001, 82 (3): 417-432.

[76] LINDZEN R S. A skeptic speaks out [J]. EPA Journal, 1990, 16: 46-47.

[77] LINDZEN R S. Climate physics, feedbacks, and reductionism (and when does reductionism go too far?) [J]. The European Physical Journal Plus, 2012, 127 (5): 52.

[78] LINDZEN R S. Global warming: the origin and nature of the alleged scientific consensus [J]. Problems of Sustainable Development, 2010, 5 (2): 13-28.

[79] LINDZEN R S. Science in the public square: global climate alarmism and historical precedents [J]. Journal of American Physicians and Surgeons, 2013, 18 (3): 70-73.

[80] LINDZEN R S. Some coolness concerning global warming [J]. Bulletin of the American Meteorological Society, 1990, 71 (3): 288-299.

[81] LINDZEN R S. Some remarks on global warming [J]. Environmental Science & Technology, 1990, 24 (4): 424-426.

[82] LINDZEN R S. There is no 'consensus' on global warming [N]. Wall Street Journal, 2006-06-26 (A14).

[83] LYNCH P. The origins of computer weather prediction and climate modeling [J]. Journal of computational physics, 2008, 227 (7): 3431-3444.

[84] LYNCH P. "Richardson's Forecast: What Went Wrong?" [C] //Symposium on the 50th Anniversary of Operational Numerical Weather Prediction. College Park MD: University of Maryland, 2004: 14-17.

[85] MANABE S, WETHERALD R T. Thermal equilibrium of the atmosphere with a given distribution of relative humidity [J]. Journal of the Atmospheric Sciences, 1967, 24 (3): 241-259.

[86] MANN M E, BRADLEY R S, HUGHES M K. Global-scale temperature patterns and climate forcing over the past six centuries [J]. Nature, 1998, 378 (6678): 779-787.

[87] MANN M E, BRADLEY R S, HUGHES M K. Northern hemisphere temperatures during the past millennium: Inferences, uncertainties, and limitations [J]. Geophysical Research Letters, 1999, 26 (6): 759-762.

[88] MANN M, et al. On Past Temperatures and Anomalous Late-20th Century Warmth [J]. Transactions American Geophysical Union, 2011, 84 (27): 256.

[89] MANN M. E. The hockey stick and the climate wars: dispatches from the front lines [M]. New York: Columbia University Press, 2012.

[90] MANN, C C. The Wizard and the Prophet: Two Remarkable Scientists and Their Dueling Visions to Shape Tomorrow's World [M]. New York: Knopf Publishing Group, 2018.

[91] MANN, MICHAEL E. Responses of dr. michael mann to questions propounded by the committee on energy and commerce subcommittee on oversight and investigations. [EB/OL]. [1995-05-17]. http://www.meteo.psu.edu/holocene/public_html/house06/HouseFollowupQuestionsMann31Aug06.pdf.

[92] MARTIN B. Nuclear winter: science and politics [J]. Science and Public Policy, 1988. 15 (5): 321-334.

[93] MASON, B. The World Climate Programme [J]. Nature, 1978 (276), 327-328.

[94] MAURITSEN T, STEVENS B. Missing iris effect as a possible cause of muted hydrological change and high climate sensitivity in models [J]. Nature Geoscience, 2015, 8 (5): 346-351.

[95] MAURY M F. The Physical Geography of the Sea and Its Meteorology [M]. New York: Harper and Brothers. 2013.

[96] MCCRIGHT A M, DUNLAP R E. Challenging global warming as a social problem: an analysis of the conservative movement's counter-claims [J]. Social Problems, 2000, 47 (4): 499-522.

[97] MCINTYRE S, MCKITRICK R. Corrections to the Mann et. al. (1998) Proxy Data Base and Northern Hemispheric Average Temperature Series [J]. Energy & Environment, 2009, 14 (6): 751-771.

[98] MCINTYRE S. Presentation to the National Academy of Sciences Expert Panel, "Surface Temperature Reconstructions for the Past 1, 000-2, 000 Years" [D]. Washington D. C.: University of Guelph, 2006.

[99] MCINTYRE, S. Hockey sticks, principal components, and spurious significance [J]. Geophysical Research Letters, 2005, 32 (3): 348-354.

[100] MCKITRICK, R. "What is the 'Hockey Stick' Debate About?" [D]. Washington D C : University of Guelph, 2005.

[101] MEADOWS D H, MEADOWS D L, RANDERS J, BEHRENS III W W. The Limits to Growth, A Report for The Club of Rome's Project on the Predicament of Mankind [R]. New York: Universe Books, 1971.

[102] MOBERG A, SONECHKIN D M, HOLMGREN K, et al. Highly variable Northern Hemisphere temperatures reconstructed from low- and high-resolution proxy data [J]. Nature, 2005, 433 (7026): 613-617.

[103] MONASTERSKY R. Climate Science on Trial: How a single scientific graph became the focus of the debate over global warming [EB/OL]. The Chronicle of Higher Education, (2006-09-08) [2023-10-01]. https://www. chronicle. com/article/climate-science-on-trial/.

[104] MONTFORD, A W. The Hockey Stick Illusion: Climategate and the corruption of science [M]. London: STACEY INTERNATIONAL, 2010.

[105] MUDELSEE M. The phase relations among atmospheric CO2 content, tem-

perature and global ice volume over the past 420 ka [J]. Quaternary Science Review, 2001, 20 (4): 583-589.

[106] MULLER R. Global warming bombshell [J]. Article in MIT Technology Review, 2004.

[107] National Research Council, Carbon Dioxide Assessment Committee. Changing climate: Report of the carbon dioxide assessment committee [M]. Washington, D. C.: National Academy Press, 1983.

[108] National Research Council. Climate change science: an analysis of some key questions [M]. Washington, DC: The National Academies Press, 2001.

[109] National Research Council. Models in environmental regulatory decision making [M]. Washington, DC: The National Academies Press, 2007.

[110] National Research Council. Surface Temperature Reconstructions for the Last 2, 000 Years [M]. Washington, D. C.: The National Academies Press. 2006.

[111] National Research Council. Surface Temperature Reconstructions for the Last 2, 000 Years [M]. Washington, D. C.: The National Academies Press, 2006.

[112] NEBEKER F. Calculating the weather: Meteorology in the 20th century [M]. California: Academic Press, 1995.

[113] NORTH G R, BIONDI F, BLOOMFIELD P, et al. Surface Temperature Reconstructions for the Last 2, 000 Years [M]. Washington, D. C.: National Academies Press, 2006.

[114] OPPENHEIMER M, O'NEILL B C, WEBSTER M, et al. The Limits of Consensus [J]. Science, 2007, 317: 1505-1506.

[115] ORESKES N, CONWAY E M. Merchants of doubt: How a handful of scientists obscured the truth on issues from tobacco smoke to global warming [M]. New York: Bloomsbury Press, 2011.

[116] Oreskes N. The Scientific Consensus on Climate Change: How Do We Know We're Not Wrong? Climate change what it means for us our children & our grandchildren [M]. Cambridge: the MIT Press, 2018.

[117] ORESKES, N, SHRADER F, et al. Verification, validation, and the confirmation of numerical models in the earth sciences [J]. Science, 1994, 263 (5147): 641-642.

[118] ORESKES, N, SHRADER F, et al. Verification, validation, and the confirmation of numerical models in the earth sciences [J]. Science, 1994, 263 (5147):

641-642.

[119] ORESKES, N. Beyond the Ivory Tower: The Scientific Consensus on Climate Change [J]. Science, 2004, 306 (5702): 1686.

[120] PAGANI, M. ZACHOS J C. Freeman KH, et al. Marked Decline in Atmospheric Carbon Dioxide Concentrations During the Paleogene [J]. Science, 2005, 309 (5734): 600-603.

[121] PEARCE F. The Climate Files [M]. London: Random House, 2010.

[122] PEISER, B. J. The Dangers of Consensus Science [J]. Can. Natl. Post, 2005.

[123] PETERSEN, A C. Philosophy of Climate Science [J]. Bulletin of the American Meteorological Society, 2000, 81 (2): 265-271.

[124] PETIT J R, JOUZEL J, RAYNAUD D, et al. Climate and atmospheric history of the past 420, 000 years from the Vostok ice core, Antarctica [J]. Nature, 1999, 399 (6735): 429-436.

[125] PLASS G N. Infrared Radiation in the Atmosphere [J]. American Journal of Physics, 1956, 24 (5): 303-321.

[126] RANALLI B. Climate science, character, and the " hard - won " consensus [J]. Kennedy Inst Ethics, 2012, 22 (2): 183-210.

[127] RANDALLS S. History of the 2°C climate target [J]. Wiley Interdisciplinary Reviews Climate Change, 2010, 1 (4): 598-605.

[128] REVELLE R, SUESS H E. Carbon Dioxide Exchange Between Atmosphere and Ocean and the Question of an Increase of Atmospheric CO_2 during the Past Decades [J]. Tellus, 2010, 9 (1): 18-27.

[129] REVKIN A C. A climate scientist who engages skeptics [N/OL]. New York Times, 2009-11-27 [2023-09-20]. https: //archive. nytimes. com/dotearth. blogs. nytimes. com/2009/11/27/a-climate-scientist-on-climate-skeptics/.

[130] RICHARDSON, L. F. Weather Prediction by Numerical process [M]. New York: Cambridge University Press, 1922.

[131] ROBERTS, L. Global warming: Blaming the sun A report that essentially wishes away greenhouse warming is said to be having a major influence on White House policy [J]. Science, 1989, 246 (4933): 992-993.

[132] ROGER A, PIELKE, NAOMI, et al. Consensus about climate change? [J]. Science, 2005. 308 (5724): 952-954.

[133] ROTHMAN D H. Atmospheric carbon dioxide levels for the last 500 million years [J]. Proceedings of the National Academy of Sciences, 2002, 99 (7): 4167-4171.

[134] SALORANTA T M. Post-Normal Science and the Global Climate Change Issue [J]. Climatic Change, 2001, 50, 395-404.

[135] SCHROPE M. Consensus science, or consensus politics? [J]. Nature, 2001, 412 (6843): 112-115.

[136] SEITZ F. A major deception on global warming [J]. Wall Street Journal, 1996, 12.

[137] SENATE U S. Greenhouse Effect and Global Climate Change [C] // Greenhouse Effect and Global Climate Change: Hearing before the Committee on Energy and Natural Resources, 100th Cong., 2nd sess. Washington D. C.: U. S Government Printing Office, 1988.

[138] SHACKLEY S, YOUNG P, PARKINSON S, et al. Uncertainty, Complexity and Concepts of Good Science in Climate Change Modelling: Are GCMs the Best Tools? [J]. Climatic Change, 1998, 38 (2): 159-205.

[139] SILVERSTONE R. Media and Morality: On the Rise of the Mediapolis [M]. Cambridge: Polity Press, 2006.

[140] SINGER S F. Climate Change and Consensus [J]. Science, 1996, 271 (5249): 581-582.

[141] SINGER S F. Human contribution to climate change remains questionable [J]. EOS, Transactions American Geophysical Union, 1999, 80 (16): 183-187.

[142] SINGER S F. Nature, Not Human Activity, Rules the Climate: Summary for Policymakers of the Report of the Nongovernmental International Panel on Climate Change [M]. Chicago: Heartland Institute, 2008.

[143] SINGER S F. Nature, Not Human Activity, Rules the Climate: Summary for Policymakers of the Report of the Nongovernmental International Panel on Climate Change [M]. Chicago: Heartland Institute, 2008.

[144] SINGER S F. Warming theories need warning label [J]. Bulletin of the Atomic Scientists, 1992, 48 (5): 34-39.

[145] SOON W, BALIUNAS S, IDSO C, et al. Reconstructing climatic and environmental changes of the past 1000 years: a reappraisal [J]. Energy & Environment, 2003, 14 (2-3): 233-296.

[146] SOON W, BALIUNAS S. Proxy climatic and environmental changes of the past 1000 years [J]. Climate Research, 2003, 23 (2): 89-110.

[147] SPENCER R W, BRASWELL W D, CHRISTY J R, et al. Cloud and radiation budget changes associated with tropical intraseasonal oscillations [J]. Geophysical Research Letters, 2007, 34 (15): 87-101.

[148] STEVENS, W K. The change in the weather: people, weather, and the science of climate [M]. New York: Delacorte Press, 2001.

[149] STORCH H V, ZORITA E, JONES J M, et al. Reconstructing Past Climate from Noisy Data [J]. Science, 2004, 306 (5696): 679-682.

[150] STORCH H V, Zorita, E. The decay of the hockey stick [EB/OL]. (2017-05-03) [2023-10-01]. http: //blogs. nature. com/climatefeedback/2007/05/the_ decay_ of_ the_ hockey_ stick. html.

[151] TENNEKES H. Protesting against Dogma [J]. Energy & Environment, 2006, 17 (4): 609-612.

[152] TRENBERTH K. Uncertainty in hurricanes and global warming [J]. Science, 2005, 308 (5729): 1753-1754.

[153] TURCO R P, TOON O B, ACKERMAN T P, et al. Nuclear winter: Global consequences of multiple nuclear explosions [J]. Science, 1983, 222 (4630): 1283-1292.

[154] U. S. House Committee on Energy and Commerce. Questions surrounding the 'hockey stick' temperature studies: Implications for climate change assessments. Implications for climate change assessments: hearings before the Subcommittee on Oversight and Investigations of the Committee on Energy and Commerce, House of Representatives, One Hundred Ninth Congress, second session, July 19 and July 27, 2006: No. 109-128 [R]. Washington, DC: U. S. Government Printing Office, 2006.

[155] VON STORCH H. Prepared statement of Dr. Hans von Storch, director of Institute for Coast Research, Gkss-Research Center, Germany [R] //U. S. House Committee on Energy and Commerce. Questions surrounding the 'hockey stick' temperature studies: Implications for climate change assessments. Implications for climate change assessments: hearings before the Subcommittee on Oversight and Investigations of the Committee on Energy and Commerce, House of Representatives, One Hundred Ninth Congress, second session, July 19 and July 27, 2006. Washington, DC: U. S. Government Printing Office, 2006: 215-221.

［156］ WALLACE J M, HOBBS P V. Atmospheric science: an introductory survey ［M］. Elsevier, 2006.

［157］ WEART, S. The Discovery of Global Warming ［EB/OL］. ［2023-10-01］. https: //pdfs. semanticscholar. org/520a/c24b38f8c5815262c6f95b2e479d68f6fea1. pdf.

［158］ WEBSTER P J, HOLLAND G J, CURRY J A, et al. Changes in tropical cyclone number, duration and intensity in a warming environment ［J］. Science, 2005, 309 (5742): 1844-1856.

［159］ WHITE R M. Science, Politics, and International Atmospheric and Oceanic Programs ［J］. Bulletin of the American Meteorological Society, 1982, 63 (8): 924-933.

［160］ WILSON, C M, MATTHEWS W H, et al. Inadvertent Climate Modification ［M］. Cambridge, Mass: MIT Press, 1971.

［161］ WINSBERG E. Science in the Age of Computer Simulation ［M］. University of Chicago Press, 2010.

［162］ WMO. Report of the international conference on the assessment of the role of carbon dioxide and of other greenhouse gases in climate variations and associated impacts ［R］. Austria: Villach, 1986.

［163］ YOHE G, OPPENHEIMER M. Evaluation, characterization, and communication of uncertainty by the intergovernmental panel on climate change—an introductory essay ［J］. Climatic Change, 2011, 108: 629-639.